内 容 简 介

　　本教材是新形态纸数融合教材，也是国家职业教育专业教学资源库配套教材。教材配套在线开放课程在"智慧职教"平台上线。师生使用本教材的同时，可以结合智慧职教云课堂进行线上线下混合式教学。

　　本教材基于组培岗位与职业能力分析，以项目为载体，以能力培养为主线，按照组培职业发展路径安排工作任务。教材分为6个模块：行业认知与岗位认知、组培实验室设计与管理、组培基本操作技术、组培技术研发、植物脱毒与快繁技术和组培苗工厂化生产与经营管理。

　　本教材可作为高等职业院校园艺技术、园林技术、农业生物技术、现代农业技术等相关专业以及应用型本科教育、继续教育的专业课教材，也可作为组培企业员工的培训教材，还可供从事组培工作的技术人员和经营管理者参考使用。

职业教育农业农村部"十四五"规划教材
国家在线精品课程配套教材

植物组织培养

刘淑芳 主编

中国农业出版社
北京

图书在版编目（CIP）数据

植物组织培养 / 刘淑芳主编 . —北京：中国农业出版社，2022.5（2024.7 重印）
高等职业教育"十四五"新形态教材
ISBN 978-7-109-29378-6

Ⅰ.①植… Ⅱ.①刘… Ⅲ.①植物组织－组织培养－高等职业教育－教材 Ⅳ.①Q943.1

中国版本图书馆 CIP 数据核字（2022）第 071546 号

中国农业出版社出版
地址：北京市朝阳区麦子店街 18 号楼
邮编：100125
责任编辑：吴 凯
版式设计：杨 婧 责任校对：周丽芳
印刷：中农印务有限公司
版次：2022 年 5 月第 1 版
印次：2024 年 7 月北京第 2 次印刷
发行：新华书店北京发行所
开本：787mm×1092mm 1/16
印张：15
字数：370 千字
定价：43.00 元

版权所有·侵权必究
凡购买本社图书，如有印装质量问题，我社负责调换。
服务电话：010-59195115 010-59194918

编审人员名单

主　编　刘淑芳

副主编　张彩玲　张璐璐　关丽霞　孙航军

编　者（以姓氏笔画为序）

　　　　马诗铭（大连中植构树产业技术研发有限公司）
　　　　刘淑芳（辽宁农业职业技术学院）
　　　　关丽霞（辽宁农业职业技术学院）
　　　　孙航军（河南农业大学）
　　　　李　靖（四川省农业科学院园艺研究所）
　　　　李佩玲（信阳农林学院）
　　　　宋　扬（辽宁职业学院）
　　　　张彩玲（黑龙江农业经济职业学院）
　　　　张璐璐（西安职业技术学院）
　　　　岳建华（信阳农林学院）
　　　　姜　秋（辽宁省农业科学院果树研究所）
　　　　梁春莉（辽宁农业职业技术学院）

审　稿　陈杏禹（辽宁农业职业技术学院）
　　　　张　青（海城市三星生态农业有限公司）

前　言

植物组织培养（简称"组培"）是现代生物技术的重要组成部分，现已渗透到生命科学的各个领域，成为许多基础理论研究的必要手段和方法，并广泛应用于农业、林业、工业、医药等多种行业，有力地推动了我国农业和生物制药等领域的现代化进程，特别是在农业工厂化高效生产领域显现出强大的技术优势。现阶段，社会对植物组织培养人才的需求越来越大。为适应这种农业人才需求形式的变化，各高校在种植类专业中陆续开设了植物组织培养这门课程。为此，我们吸纳国内外最新研究成果和企业先进实用技术，并针对高职学生的特点和人才培养需求，组织多所院校教师、组培企业的专家及生产一线技术人员编写了本教材。

本教材具有以下特点：

第一，体现工学结合。基于组培岗位与职业能力分析，以项目和任务为载体，以能力培养为主线，相关理论知识合理分布其中，有利于学生的组培技术应用能力、理论知识水平和职业素养融通并进。

第二，支持信息化教学。本教材为国家职业教育专业教学资源库标准化课程配套教材，配有丰富的数字资源，配套的在线开放课程在"智慧职教"平台上线，师生可使用智慧职教云课堂 App 观看课程全部资源，完成课前预习、课中研学、课后拓学、上传作业和考核评价等教学环节，运用信息化教学手段，实施线上线下混合式教学。

第三，体现专业与创业融合。教材配套任务工单，不仅能培养学生的自主学习、归纳总结能力，还能通过制订生产计划、制订培训方案、预算生产效益等培养学生的创新创业能力。

本教材共分为行业认知与岗位认知、组培实验室设计与管理、组培基本操作技术、组培技术研发、植物脱毒与快繁技术和组培苗工厂化生产与经营管理 6 个模块，下设 16 个项目。具体编写分工如下：模块一及全部技能训练、任务工单由刘淑芳编写；模块二由张璐璐编写；模块三中的项目一由宋扬编写；模块三中的项目二由李靖编写；模块四由孙航军、岳建华编写；模块五中的项目一由梁春莉编写；模块五中的项目二由张彩玲编写；模块五中的项目三、项目四由关丽霞编写；模块五中的项目五、项目六由李佩玲编写；模块六中的项目一由姜秋编写；模块六中的项目二由马诗铭编写。教材由刘淑芳进行统稿。

  本教材在编写过程中参考了部分学者和同行的研究成果，得到了参编院校、合作企业的大力支持和帮助，并承蒙辽宁农业职业技术学院陈杏禹教授、海城市三星生态农业有限公司张青研究员进行了审稿，在此一并表示诚挚的谢意。

  由于编者水平有限，加之时间仓促，教材中难免存在不妥或疏漏之处，敬请读者批评指正。

编　者
2022 年 2 月

目　录

前言

模块一　行业认知与岗位认知 ... 1
项目一　行业认知 ... 1
　　任务　了解植物组织培养 ... 1
项目二　岗位认知 ... 10
　　任务　熟悉工作岗位 ... 10

模块二　组培实验室设计与管理 ... 14
项目一　组培室设计 ... 14
　　任务一　认识组培室 ... 14
　　任务二　设计组培室 ... 16
项目二　组培室管理 ... 24
　　任务一　常用设备和仪器的使用 ... 24
　　任务二　玻璃器皿的洗涤 ... 32
　　任务三　组培室日常管理 ... 34

模块三　组培基本操作技术 ... 37
项目一　培养基制备 ... 37
　　任务一　母液配制 ... 37
　　任务二　培养基制备 ... 48
项目二　无菌操作 ... 54
　　任务一　外植体选择与处理 ... 54
　　任务二　接种 ... 60

模块四　组培技术研发 ... 68
项目一　组培试验方案设计 ... 68
　　任务一　组培信息搜集 ... 68
　　任务二　试验方案设计 ... 82
项目二　数据调查与分析 ... 90

任务一　组培数据调查 ·· 90
　　　任务二　异常问题分析与处理 ·· 94

模块五　植物脱毒与快繁技术 ··· 102

项目一　植物脱毒技术 ·· 102
　　　任务一　植物脱毒方法 ·· 102
　　　任务二　脱毒苗鉴定与保存 ··· 109

项目二　花卉组培与快繁 ·· 120
　　　任务一　蝴蝶兰组培与快繁 ·· 120
　　　任务二　红掌组培与快繁 ·· 129
　　　任务三　大花蕙兰组培与快繁 ··· 132

项目三　蔬菜组培与快繁 ·· 140
　　　任务一　紫背天葵组培与快繁 ··· 140
　　　任务二　马铃薯脱毒与快繁 ·· 145
　　　任务三　龙牙楤木组培与快繁 ··· 150

项目四　果树组培与快繁 ·· 154
　　　任务一　草莓脱毒与快繁 ·· 154
　　　任务二　蓝莓组培与快繁 ·· 159
　　　任务三　大樱桃砧木组培与快繁 ····································· 163
　　　任务四　香蕉组培与快繁 ·· 166

项目五　多肉植物组培与快繁 ·· 172
　　　任务一　玉露组培与快繁 ·· 172
　　　任务二　万象组培与快繁 ·· 174
　　　任务三　西瓜寿组培与快繁 ·· 176

项目六　名贵药材组培与快繁 ·· 181
　　　任务一　铁皮石斛组培与快繁 ··· 181
　　　任务二　刺五加组培与快繁 ·· 184
　　　任务三　川贝母组培与快繁 ·· 185
　　　任务四　黄精组培与快繁 ·· 186
　　　任务五　苍术组培与快繁 ·· 188

模块六　组培苗工厂化生产与经营管理 ································· 193

项目一　组培苗工厂化生产 ·· 193
　　　任务一　生产计划的制订与实施 ····································· 193
　　　任务二　生产工艺流程与技术环节 ································· 198
　　　任务三　组培效益核算 ·· 204

项目二　组培企业经营管理 ·· 212
　　　任务一　组培企业机构设置与生产管理 ························· 212

任务二　组培苗木市场调研与销售 ………………………………………… 215

参考文献 …………………………………………………………………………… 223
附录 ………………………………………………………………………………… 225

模块一　行业认知与岗位认知

项目一　行业认知

 知识目标
- 掌握植物组织培养的含义、类型、特点与应用。
- 了解植物组织培养的基本理论。
- 了解植物组织培养的发展历史与产业发展趋势。

 能力目标
- 了解植物组织培养与常规繁殖技术的异同点。
- 掌握不同植物组织培养类型的异同点。

素质目标
- 具备自学能力，能自主学习组培新知识、新技术和新技能。
- 具备科学思维方法、计划能力和自我管理能力。

 知识准备

任务　了解植物组织培养

植物组织培养是在植物细胞全能性理论的指导下，以植物学、植物生理学、遗传学为理论基础发展起来的一门新兴技术，是现代生物技术的基础和重要组成部分，也是现今植物生物技术中应用最广泛的技术。它为植物快速繁殖和脱毒、种质保存和植物基因库建立、基因突变筛选培育等开辟了新途径，并广泛应用于工业、农业、林业、医药等行业中，创造了巨大的经济效益和社会效益。

一、植物组织培养的含义

植物组织培养是指在无菌条件下，将离体的植物器官、组织、细胞或原生质体，在人工配制的培养基和人为控制的培养条件下培养，使其生长、分化并再生为完整植株或生产次生代谢物质的过程和技术（图 1-1-1、图 1-1-2）。由于组织培养是在脱离植物母体的条件下进行的，所以也称为离体培养。

植物组织培养的含义

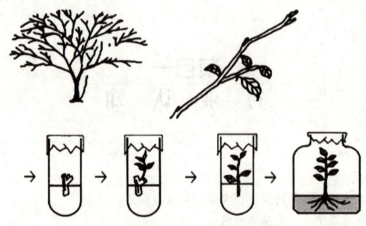

图 1-1-1　植物组织培养的基本流程Ⅰ

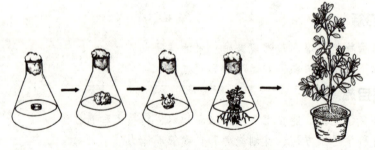

图 1-1-2　植物组织培养的基本流程Ⅱ

植物组织培养的概念有广义和狭义之分。广义的植物组织培养是指对植物的植株、器官、组织、细胞以及原生质体等通过无菌操作，在人工控制条件下进行培养以获得再生的完整植株或生产具有经济价值的次生代谢物的技术。狭义的植物组织培养是指用植物各部分组织进行培养获得再生植株，也指在培养过程中从各器官上产生愈伤组织，然后愈伤组织再分化形成再生植株的培养。

二、植物组织培养的基本原理

（一）植物细胞全能性

植物细胞全能性是指植物的每个细胞都具有该植物的全部遗传信息和发育成完整植株的能力。在适宜条件下，任何一个细胞都可以发育成一个新个体。

一切植物都是由细胞构成的。在植物的生长发育中，一个受精卵可以成为具有完整形态和结构机能的植株，这就是全能性，即该受精卵具有该物种全部遗传信息的表现。同样，植物的体细胞是通过合子的有丝分裂产生的，也具有全能性，具备遗传信息的传递、转录和翻译的能力。由于它们受到具体器官或组织所在环境的束缚，在一个完整的植株上某部分的体细胞只表现出一定的形态，具有一定的功能，但其遗传潜力并没有丧失。一旦它脱离原来所在的器官或组织，不再受到原植株的控制而成为离体状态，在一定的营养、激素和外界条件的作用下，就可能表现出全能性而生长发育成完整的植株。植物组织培养正好能满足细胞全能性表达的条件，从而能使外植体发育成完整植株。

（二）植物再生性

植株再生的过程即为植物细胞全能性表达的过程，可分为脱分化和再分化两个阶段。首先是细胞脱分化恢复到分生状态，形成愈伤组织，然后进入再分化阶段，由愈伤组织分化形成完整植株。但也有植物在培养过程中由分生组织直接出芽，而不需经历愈伤组织的中间形式。

1. 脱分化　脱分化指在一定条件下，已分化成熟的植物组织或器官恢复到分生状态，细胞开始分裂形成无分化的细胞团，即形成愈伤组织的过程。愈伤组织是一团无定形、高度液泡化、具有分生能力而无特定功能的薄壁组织。恢复分生能力的植物细胞体内的溶酶体将失去功能的细胞质组分降解，并合成新细胞组分，同时细胞内酶的种类与活性发生改变，细胞的性质和状态发生了扭转，转入分生状态恢复原有分裂能力。

植物的再生过程

2. 再分化　再分化指在一定的条件下，脱分化形成的愈伤组织转变为具有一定结构、执行一定生理功能的细胞团和组织，并进一步形成完整植株的过程，即从愈伤组织再生形成完整植株的过程。愈伤组织中的细胞常以无规则方式发生分裂，此时虽然也发生了细胞分化，形成了薄壁细胞、分生组织细胞、导管和管胞等不同类型的细胞，但并无器官发生，只有在适当的培养条件下，愈伤组织才可发生再分化形成完整植株。

（三）根芽激素理论

1955年，Skoog和Miller提出了有关植物激素控制器官形成的理论，即根芽激素理论：根和芽的分化由生长素和细胞分裂素的比值所决定，二者比值高时促进生根，比值低时促进茎芽的分化，比值适中则倾向于以一种无结构的方式生长。通过改变培养基中这两类激素的相对浓度可以控制器官的分化。关于激素控制器官形成的模式在许多植物组织培养中得到了验证。但在一些情况下，不是生长素/细胞分裂素的比值决定器官的发生，而是绝对浓度。此外，赤霉素（GA）、脱落酸（ABA）等也在组织培养中不同程度地发挥作用。因此，究竟采用哪些生长调节物质，采用什么样的细胞分裂素与生长素比例，要根据培养的目的、植物的种类和细胞分裂素与生长素的种类而定。

三、植物组织培养的类型

植物组织培养按照不同的分类标准，可分为不同的类型。

（一）根据培养过程划分

1. 初代培养　初代培养是将从植物体上分离下来的芽、茎段、叶片、花器等外植体在离体培养条件下诱导愈伤组织、侧芽或不定芽、胚状体的过程。初代培养的目的是建立无菌培养物，也称为启动培养。

2. 继代培养　继代培养是将初代培养诱导产生的培养物更换新鲜培养基继续繁

植物组织培养的类型

殖的过程。继代培养的目的是使培养物大量繁殖，也称为增殖培养。

3. 生根培养 生根培养是将芽苗转接到生根培养基上培养成为完整植株的过程。

(二) 根据外植体的来源划分

外植体是指在植物组织培养过程中，从植株母体上分离下来用于离体培养的初始材料。用于离体培养的原生质体、细胞、组织或器官统称为外植体。

1. 植株培养 植株培养是指对具有完整植株形态的幼苗或较大的植株进行离体无菌培养。一般以种子为材料进行无菌培养。

2. 胚胎培养 胚胎培养是指以从胚珠中分离出来的成熟或未成熟胚为外植体的离体无菌培养。常用幼胚、成熟胚、胚乳、胚珠、子房等为材料进行培养。

3. 器官培养 器官培养是指以植物的根、茎、叶、花、果等器官为外植体的离体无菌培养。常用的培养材料有根的根尖和切段，茎的茎尖、茎节和切段，叶的叶原基、叶片、叶柄、叶鞘、子叶，花器的花瓣、雄蕊（花药、花丝）、胚珠、子房、果实，等等。

4. 组织培养 组织培养是指以分离出植物各部位的组织或已诱导的愈伤组织为外植体的离体无菌培养，是狭义的植物组织培养。常用的培养材料有分生组织、形成层、木质部、韧皮部、表皮、皮层、胚乳组织、薄壁组织、髓部等。

5. 细胞培养 细胞培养是指以单个游离细胞或较小细胞团为接种体的离体无菌培养。常用的材料为从组织中分离的体细胞和性细胞。

6. 原生质体培养 原生质体培养是指以除去细胞壁的原生质体为外植体的离体无菌培养。

此外，根据培养基状态，植物组织培养可分为固体培养、液体培养、半固体培养；根据培养目的可分为脱毒培养、微体快繁、试管育种、试管嫁接等。

四、植物组织培养的特点

1. 培养材料经济 通过植物组织培养技术能使单个细胞、组织、茎段等离体材料经培养获得再生植株。在生产实践中，以茎尖、根、茎、叶、子叶、下胚轴、花芽、花瓣等材料进行培养时，只需要几毫米甚至不到1mm的材料，做到了材料经济使用。常规无性繁殖方法需要几年或几十年才能繁殖一定数量的苗木，通过组织培养技术可在1~2年内生产数万株苗，由于取材少，培养效果好，对于新品种的推广和良种复壮更新，尤其是"名、优、特、新"品种的保存利用与开发都有很高的应用价值和重要的实践意义。

2. 培养条件可以人为控制 植物组织培养采用的植物材料完全是在人为提供的培养基和小气候环境条件下进行生长，摆脱了大自然中四季、昼夜的变化以及灾害性气候的不利影响，且条件均一，对植物生长极为有利，便于稳定地进行周年培养生产。

3. 生长周期短，繁殖率高 植物组织培养是通过人为控制培养条件，根据不同植物不同部位的不同要求而提供不同的培养条件，因此生长较快，一般1个月左右就完成1个培养周期。虽然组培需要一定设备及能源消耗，但由于植物材料能按几何级数繁殖生产，繁殖率高，故总体来说成本低廉，且能及时提供规格一致的优质种苗或脱毒种苗。

4. 管理方便，利于工厂化生产和自动化控制 植物组织培养是在一定的场所和环境下，人为提供一定的温度、光照、湿度、营养、激素等条件，极利于高度集约化和高密度工厂化生产，也利于自动化控制生产。它是未来农业工厂化育苗的发展方向，与盆栽、田间栽培等相比省去了中耕除草、浇水施肥、防治病虫等一系列繁杂的劳动，可以大大节省人力、物力及田间种植所需要的土地。

五、植物组织培养的应用

1. 植物种苗快速繁殖　植物离体快速繁殖是植物组织培养在生产上应用最广泛、产生经济效益较大的一项技术。应用植物组织培养技术繁殖种苗，具有繁殖速度快、繁殖系数高、繁殖周期短、能周年生产等特点，加之培养材料和所培养出的组培苗小型化，这就可以使在有限的空间内短期培养出大量种苗，远比常规嫁接、扦插、压条和分株繁殖快得多。例如，1个兰花外植体1年可以繁殖400万个原球茎，1个草莓芽1年内可繁殖108个芽。我们把这种利用植物组织培养法快速繁殖种苗的技术称为组培快繁技术。这种快繁技术已在果树、花卉、蔬菜、林木、珍稀植物等几千种植物上得到成功的应用，而且这种应用越来越广泛；所取用的外植体已不仅限于茎尖，其他如侧芽、鳞片、花药、球茎等都可应用。在此技术支撑下，工厂化育苗已逐渐成为国内外种苗规模化生产的重要方式。由于组织培养繁殖种苗的明显特点是"快速"，每年以数百万倍速度繁殖，这对于一些繁殖系数低而不能用种子繁殖的"名、优、特、新、奇"的植物种类及品种在短期内实现快速繁殖具有重大的意义。

2. 植物苗木脱毒培育　植物在生长过程中几乎都会遭受病毒病不同程度的危害，许多原本优良的农作物，特别是无性繁殖植物，如马铃薯、甘薯、草莓、大蒜等，因生产管理不善等原因而感染某些病毒，会导致大面积的减产和质量下降，给生产造成重大经济损失。大量的生产和实践证明，通过植物组织培养技术可有效地去除植物体内的病毒。脱毒后的马铃薯、甘薯、香蕉等植物可大幅度提高产量，改善品质，最高可增产300%，平均增产也在30%以上；兰花、水仙、大丽花等观赏植物脱毒后植株生长势强，花朵变大。其具体方法主要通过微茎尖离体培养来实现。若再与热处理相结合，则更能提高脱毒效果。木本植物茎尖培养得到的植株发根困难，可采用茎尖微体嫁接的方法来脱除病毒。

自20世纪50年代发现采用茎尖培养方法可除去植物体内的病毒以来，脱毒培养就成为解决病毒危害的主要办法。目前，通过茎尖脱毒获得无病毒种苗的植物已超过100多种，被脱除的病毒更多。脱毒组培苗在国际市场上已形成产业化，茎尖培养脱毒往往与快速繁殖相结合，由此产生的经济效益非常可观。

3. 植物新品种培育　由于植物组织培养技术为育种提供了许多手段和方法，目前在国内外的作物育种上得到了普遍应用。其具体应用方法是：

（1）通过花药培养和花粉培养，进行单倍体育种，不仅可以迅速获得纯的品系，而且便于对隐性突变进行分离。

（2）通过胚胎培养，采用胚的早期培养可以使杂交胚正常发育，实现远缘杂交，育成新品种。

（3）通过原生质体融合和体细胞杂交，可部分克服有性杂交不亲和性，获得体细胞杂种，从而创造新种或育成优良品种。

（4）在组织培养条件下开展基因工程育种，在分子水平上有针对性地定向重组遗传物质，改良植物性状，培育优质高产作物新品种。

（5）选择细胞突变体，通过有用的细胞突变体的筛选和培养育成新品种。目前，用这种方法已应用到筛选抗病、抗盐、高赖氨酸、高蛋白、矮秆高产的突变体，有些已用于生产。

4. 植物种质资源的离体保存与交换 种质资源是农业生产的基础，常规的植物种质资源保存方法耗资巨大，且由于自然灾害和生物之间的竞争以及人类活动对大自然的影响，已有相当数量的植物物种在地球上消失或正在消失。利用植物组织培养技术和低温条件保存种质，可大大节约人力和土地，同时也便于种质资源的交换和转移，防止病虫害的人为传播，给保存和抢救有用的物种基因带来了希望。例如，胡萝卜和烟草等植物的细胞悬浮物在$-196 \sim -20℃$的低温下贮藏数月尚能恢复生长，再生成植株。离体保存还可避免病虫害侵染与外界不利气候及其栽培因素的影响，可长期保存，有利于种质资源的远距离之间的交换。

人工种子

5. 人工种子 人工种子是指植物离体培养中产生的胚状体或不定芽被包裹在含有养分和保护功能的人工胚乳和人工种皮中，从而形成能发芽出苗的颗粒体。

农业生产中使用的天然种子一般由种皮、胚乳和胚三部分构成。种皮通常在种子的外层起保护作用；胚乳含有大量的营养物质，是种苗萌发生长不可缺少的营养来源；胚由胚芽、胚轴、胚根和子叶构成，将来发成植株。随着农业生物技术的发展，通过组织培养可以把植物组织的细胞培养成在形态及生理上与天然种子胚相似的胚状体，也称为体细胞胚，然后把体细胞胚包埋在胶囊内形成球状结构，使其具备种子机能。所以，人工种子是一种人工制造的代替天然种子的颗粒体，可以直接播种于田间。

6. 生产植物性药物和生物制品 结合发酵技术，利用组织或细胞的大规模培养，可提取出人类所需要的多种天然有机化合物，如蛋白质、脂肪、药物、香料、生物碱及其他活性化合物。目前，已有20多种植物所培养的组织中的有效物质含量高于原植物。近年来，用单细胞培养生产蛋白质，将给饲料和食品工业提供广阔的原料生产前途；用组织培养方法生产微生物以及人工不能合成的药物或有效成分的研究正在不断深入，有些已投入工业化生产，预计今后将有更大发展。

总之，植物组织培养目前仍处于发展阶段，它给遗传学、细胞学、植物生理学、植物胚胎学、植物病理学等的研究提供了条件和方法，对农业、工业、医药、环境卫生等的发展将产生巨大的影响，其应用范围将日趋广泛。

六、植物组织培养的发展概况及展望

（一）植物组织培养的发展概况

植物组织培养是20世纪初开始，以植物生理学为基础，并在德国植物学家G. Haberland提出的"植物细胞具有全能性"的设想指导下，经许多学者努力开拓而逐步发展起来的一项生物技术。1934年荷兰植物学家F. W. Went发现了生长素吲哚乙酸，随后不少学者又相继发现了吲哚丁酸、萘乙酸和2,4-滴等生长素，并用于植物组织培养。White首先建立了人工合成的综合培养基。细胞分裂素的发现是20世纪50年代的一大突破，它能促进细胞团产生不定芽或直接从组织表面形成不定芽，并长出越来越多的侧芽。1952年法国的G. Morel等将带病毒的大丽花茎尖切离培养，获得去病毒植株。20世纪60年代以后，植物组织培养又进入了一个新时期，开始走向大规模的应用阶段，同时研究工作也更加深入和扎实，为生产应用服务。

20世纪70年代初，我国掀起了单倍体育种高潮，在作物上取得了一批有实用价值的育种成果。24种（包括小麦、水稻、烟草、玉米、三叶橡胶等）以上的花粉植株是我国学者首先完成的。在此期间，国外组培苗生产发展很快，欧洲许多国家纷纷建立植物微繁殖公司，重点是繁殖那些经济价值较高的植物。20世纪80年代以来，以商品为目的的组培苗生产量以20%～30%的速度递增。

在组织培养技术的不断完善过程中，与之相应的设备、环境也在不断发展。美国犹他州立大学用植物克隆工厂生产的小麦，全生育期不到2个月，每年可收获4～5次。奥地利生产的一种塔式植物克隆工厂现已被北欧、俄罗斯、中东国家采用。丹麦建成了绿叶菜植物克隆工厂，可快速生产独行菜、鸭儿芹等。日本建成一座由电子计算机调控的花卉蔬菜植物克隆工厂，有5栋2层的楼房，面积8 300m^2，2栋栽培温室，每栋1 800m^2。北京已建成花卉克隆工厂、蔬菜克隆工厂、林木克隆工厂30多家。浙江省农业科学院植物组培中心从事花卉组织培养研究生产近20年，拥有1 000m^{2}植物组培室和100m^{2}无菌操作车间，年产组培苗达500万株以上，并在省内建有2个年产500万株以上的组培苗卫星生产车间，先后建立了观叶植物、多肉植物、林木、中草药等400多种植物的培养技术体系。

（二）组培技术的发展前景

1. 培养容器大型化　目前大量使用的是玻璃或耐高温塑料制成的三角瓶、罐头瓶，最大体积不超过500mL。通过模拟植物在微生态条件下的气体交换、营养吸收、形态建成，计算植物微群落生长的最佳空间形状与大小，以此改进容器形态，扩大体积，增加单位培养面积中组培苗的数量。同时改良封口材料，以达到优质（通气隔菌）、方便、耐久的目的。

2. 技术简单化　这里主要是指免转接一步成苗。培养基的配制与组培材料的转接是植物组培快繁的两大主要日常工作，而实际上植物的正常生长只需水分、矿质营养、空气等，并不需要经常移植。经常移植还会对植物的生活力造成一定程度的影响。在培养基成分分析与植物营养分析的基础上可通过培养容器中水分、矿质、激素和气体的交换与调整，实现免转接一步成苗。其中包括组培苗根原基的诱导与瓶外生根。

3. 培养环境自然化　除培养基原料和人工费之外，目前组织培养企业的最大支出是能源费。某些地方实行的自然光照培养虽然减少了照明用电，却极大地增加了夏季降温和冬季加温的能源费。二者相比，得不偿失。通过对光、温、气（含真菌、水汽）的综合调控，可达到恒温、恒光、恒湿、无菌的低成本运行。

任务工单

任务工单1-1

知识拓展

马铃薯种质资源的保存

马铃薯是粮菜兼用的重要作物。马铃薯等无性繁殖作物的繁殖器官体积大，含水量高，贮藏过程中易发芽，需年年田间种植，并且为大株行距作物，占地面积大，还易受病毒侵染造成退化，因此，用常规方法保存数量极大的马铃薯种质是非常困难的事情。采用组织培养技术建立无菌试管苗保存马铃薯种质，免去了大田种植保存的费工费时以及危险性，贮藏空间小，繁殖系数高，并且便于提供原种、地区间发放和国际间交流。因此，试管苗保存是当前保存种质既经济又实用的方法（图1-1-3）。

图1-1-3　组培方法保存的马铃薯种质

在植物种质资源离体保存中，改变培养基成分、添加植物生长抑制剂或渗透压调节剂等，使细胞生长速率降至最低限度，可以达到延长种质资源保存的目的。植物生长发育状况依赖于外界养分的供给，如果养分供应不足，则植物生长缓慢，植株矮小。通过调整培养基的养分水平，可有效地限制细胞生长，另外，在培养基中添加一些高渗化合物，如蔗糖、甘露醇、山梨醇等，也是一种常用的缓慢生长保存手段，这类化合物提高了培养基的渗透势负值，造成水分逆境，降低细胞膨压，使细胞吸水困难，减弱新陈代谢活动，从而延缓细胞生长。

自我测试

一、填空题

1. 植物组织培养技术主要应用在_____和_____两个技术领域。
2. 植物组织培养又称为植物克隆、离体培养，其本质是_____。
3. 按照培养对象划分，植物组织培养分为_____、_____、_____、_____、_____、_____和_____。
4. 植物组织培养的商业性应用始于20世纪70年代美国的_____。
5. 植物组织培养的发展大体分为_____、_____和_____三个阶段。

二、判断题

1. 外植体是指用于离体培养的植物材料。（   ）
2. 植物组织培养繁殖苗木是呈倍数增长的。（   ）
3. 初代培养是指离体材料接入培养基的第一代培养。（   ）
4. 以种子为外植体的培养属于器官培养中的一种。（   ）
5. 推动我国组培苗商品化发展的重要原因是为外方提供"组培苗代加工"业务。
（   ）

三、简答题

1. 根据根芽激素理论，说明应该怎样调整生长素与细胞分裂素的比例，才能促使愈伤组织再分化。
2. 植物组织培养与常规繁殖有何异同？

四、论述题

1. 实际生产中采用植物组织培养进行苗木快速繁殖有何现实意义？
2. 结合实际，请谈谈植物组织培养技术在现代农业发展中的作用和意义。

项目二
岗 位 认 知

  知识目标
- 了解组培苗生产操作流程。
- 熟悉组培工作岗位和工种。

  能力目标
- 清楚组培岗位的任务、目标、工作职责与任职要求。
- 初步形成组培岗位意识。

  素质目标
- 具备自学能力和独立分析问题的能力。
- 具备爱岗敬业、吃苦耐劳、诚实守信的职业道德。

 知识准备

任务　熟悉工作岗位

一、组培苗木生产操作流程

组培苗生产操作流程如图 1-2-1 所示。

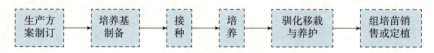

图 1-2-1　组培苗生产操作流程

二、组培工作岗位与工种

尽管植物组织培养企业的规模实力和技术水平有差异，但工作岗位大体相同。根据组培苗生产操作流程，可以设置的工作岗位主要包括生产岗、研发岗、管理岗和营销岗。其中，生产岗的技术工种包括培养基制备工（图 1-2-2）、接种工（图 1-2-3）、培养工（图 1-2-4）、驯化移栽养护工（图 1-2-5）。高校刚毕业的学生最初主要从事组培苗的生产工作，经过几年的锻炼才有可能从事技术研发和管理工作。组培各工作岗位的任务、目标、职责与任职要求见表 1-2-1。

组培工作岗位与工种

模块一　行业认知与岗位认知

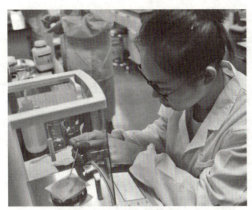

图 1-2-2　培养基制备工

图 1-2-3　接种工

图 1-2-4　培养工

图 1-2-5　驯化移栽养护工

表 1-2-1　组培企业生产岗位分析

岗位要素	岗位名称			
	培养基制备工	接种工	培养工	驯化移栽养护工
工作任务	配制母液和培养基	负责外植体接种、继代与生根转接，兼做脱毒处理	负责培养室（车间）的管理	负责组培苗的驯化移栽及日常养护
工作目标	按需、准确、规范、熟练配制培养基	无菌操作规范、熟练，污染率控制在5%～10%；脱毒彻底	培养材料正常生长分化，培养瓶分类管理，标识清晰，观察记录全面客观	组培苗成活率高，苗壮、长势强，达到规格要求，按计划交苗
工作职责	1. 对培养基配制质量负全责； 2. 按照母液和培养基配制操作流程及技能要求配制； 3. 认真做好计算、核对与操作，及时填写、保存工作记录； 4. 保证桌面整洁无残留液，用品摆放合理有序，保持所用器具及工作区域的卫生	1. 保持接种室洁净卫生； 2. 做好接种前的准备，严格按照无菌操作规程操作； 3. 遵守《接种须知》，认真做好工作记录； 4. 严格执行脱毒处理方案； 5. 保质保量完成生产任务	1. 保持培养室洁净卫生； 2. 每天及时拣出污染瓶、畸形苗； 3. 根据培养需要有效调控环境条件； 4. 定期做好观察记录，及时反馈； 5. 保证用电安全； 6. 脱毒苗鉴定准确	1. 保持棚室整洁卫生； 2. 按照驯化移栽要求规范操作； 3. 精心管理，科学管理，保证组培苗生长发育的营养与环境条件； 4. 认真观察并有效解决生产问题； 5. 保证组培苗驯化移栽成活率与养护质量符合销售要求

(续)

岗位要素		岗位名称			
		培养基制备工	接种工	培养工	驯化移栽养护工
任职要求	知识和能力	1. 清楚玻璃器皿洗涤方法，熟练清洗玻璃器皿； 2. 能熟练配制母液和培养基； 3. 能熟练使用高压灭菌锅； 4. 清楚培养基配制目的、操作流程与各环节技能要求	1. 准确识别植物器官，正确选择和处理外植体； 2. 能够根据外植体类型选择适宜的灭菌方法和接种方法； 3. 清楚无菌操作规程和注意事项，能够熟练、规范地进行无菌操作	1. 能够准确判别污染瓶和畸形苗，并有效处理； 2. 清楚组培原理、培养条件、组培快繁方法与影响因素； 3. 能够进行组培苗观察和分析并解决易发问题； 4. 能够科学有效地管理培养室	1. 熟悉组培苗驯化移栽的目的、原则、时期和要求等； 2. 能够科学制订驯化移栽方案，熟练进行组培苗驯化移栽； 3. 熟悉与驯化移栽相关设备的特点、性能和使用方法； 4. 具备组培苗栽养护能力
	素质	爱岗敬业、诚实守信、吃苦耐劳、服从领导、遵守操作规范和职业道德；工作积极主动，具有责任心，有担当；具有成本意识、市场意识、创新意识、团队精神和科学的研究方法；具备学习能力、沟通能力、计划能力以及分析问题、解决问题和自我管理能力				

任务工单

任务工单 1-2

知识拓展

组培岗位职业发展过程

一般情况下，组培岗位职业发展过程见图 1-2-6。

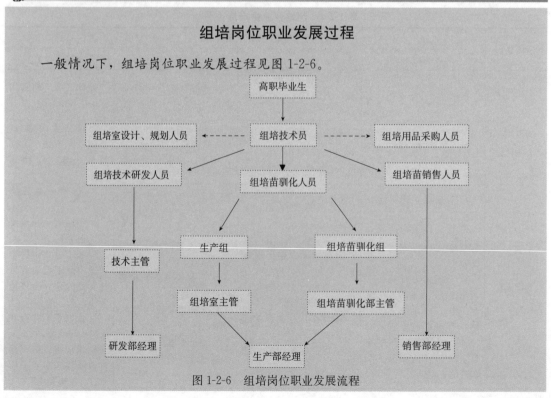

图 1-2-6　组培岗位职业发展流程

自我测试

一、填空题

1. 组培岗位包括_____、_____、_____和_____。
2. 培养基配制工、接种工、培养工和驯化移栽工属于_____岗。
3. 培养基配制工的工作目标是_____配制培养基。
4. 接种工主要负责_____接种，继代与生根转接。
5. 制订生产方案属于_____岗位的工作。

二、判断题

1. 组培岗位主要依据组培苗木生产操作流程来设置。（   ）
2. 任何组培岗位都对从业人员在知识、能力与素质三方面有明确要求。（   ）
3. 培养工日常工作主要是调控培养环境，跟踪观察记录组培苗生长分化情况，并及时妥善处理组培异常问题。（   ）
4. 组培苗生产流程是：制订培养方案→培养基制备→接种→培养→驯化移栽与养护。（   ）
5. 培养基配制工的工作目标是按需、准确、规范、熟练配制培养基。（   ）

三、论述题

1. 组培苗木生产各岗位的工作过程有何不同？
2. 谈谈组培研发岗与生产管理岗的工作职责与任职条件有何区别。

模块二 组培实验室设计与管理

项目一 组培室设计

 知识目标

- 清楚组培室的基本组成和功能定位。
- 认识组培实验室的主要仪器和设备。
- 了解组培实验室的设计原则和要求。
- 掌握组培室设计图的一般格式。

 能力目标

- 能够设计基本的植物组织培养室。
- 掌握组培实验室常用仪器和设备的使用方法。

素质目标

- 培养周密细致的观察和分析能力。
- 具备安全意识,熟悉安全生产规范和操作规程,并自觉遵守。
- 实事求是、遵纪守法,有整体意识和大局观念等。

 知识准备

任务一 认识组培室

植物组织培养是在无菌条件下进行的,培养材料的生长和分化过程都需要人为提供适宜的小气候条件,因此对环境和设施设备的要求都比较高。植物组织培养设施是进行组培研究和生产最基本的部分,因此在组培设施规划设计前要进行多方面的考察和分析,克服地域的不足,周密计划和设计,充分利用空间,提高生产效率,创造最适宜的环境来进行植物组织培养。

组培设施一般分为组培室、组培育苗工厂和家庭组培室。目前,国内花卉、果树类生产企业、学校、科研单位所建的组培设施大多属于组培实验室;南方一些地区及上海、北京等大中城市的种苗繁育企业建有组培育苗工厂;花卉、蔬菜、果树等产业体系和市场比较健全的地区的专业合作社或专业大户建有家庭组培室。

一、组培室设施构成

一个标准的组织培养实验室应包括洗涤室、配制室、灭菌室、缓冲间、接种室、培养室、观察室和驯化室等。在设计时结合具体情况,可以合并部分分室。各分室的功能定位见表 2-1-1。

表 2-1-1　组培室各分室的功能定位

分室名称	功能定位
洗涤室	玻璃器皿、实验用具的清洗、干燥和贮存;培养材料清洗和预处理;培养苗出瓶、清洗与整理等
配制室	母液、培养基的配制、分装、包扎和灭菌前的暂时存放;培养材料的预处理
灭菌室	培养基、接种用具与器皿的消毒灭菌
接种室	植物材料的表面灭菌、分离、切割、接种;培养物的转接等无菌操作。在接种室外设缓冲间
培养室	培养离体材料
观察室	培养材料的细胞学或解剖学观察、鉴定与成分检测;培养物的观察与摄影
驯化室	试管苗炼苗和移栽

二、设备与用品

植物组织培养技术含量高,操作复杂,除了需要建立组培无菌空间以外,还需要一定的仪器设备、玻璃器皿与器械用品。植物组织培养室配置的仪器设备、玻璃器皿等用品分别见表 2-1-2、表 2-1-3。

表 2-1-2　组培仪器设备

类别	仪器设备名称
洗涤设备	干燥箱、超声波清洗器、洗瓶机、工作台、药品柜、医用小推车等
培养基配制设备	冰箱、电子天平(精密度1/100)、电子分析天平(精密度1/10 000)、托盘天平、培养基分装器、蒸馏水器、酸度计、移液器、电炉、电磁炉、医用小推车等
灭菌设备	高压灭菌锅、过滤灭菌装置、干热消毒柜、烘箱、微波炉、臭氧发生器、紫外灭菌器、喷雾消毒器等
接种设备	超净工作台、解剖镜、接种工具、接种工具杀菌器、医用小推车、配电盘等
培养设备	培养架、空调、加湿器、除湿机、人工气候箱、光照培养箱、摇床、振荡器、照度仪、光照时控仪、温度计、湿度计等

(续)

类别	仪器设备名称
观察与生化鉴定设备	显微镜、培养箱、切片机、水浴锅、低温高速离心机、细胞计数仪、PCR 仪、酶联免疫检测仪、图像拍摄处理设备、制片和细胞学染色设备等
驯化设备	弥雾装置、遮阳网、防虫网、移植床、营养钵及移栽基质等

表 2-1-3　玻璃器皿与器械用品

类别	玻璃器皿与器械用品名称
洗涤用品	洗液缸、水槽、工作台、试管架、试管刷、周转筐、医用小推车等
培养基配制用品	试管、培养瓶（三角瓶、塑料瓶、果酱瓶、罐头瓶）、试剂瓶（棕色和白色）、烧杯、培养皿、移液管、移液枪、移液管架、注射器、吸管、滴瓶、量筒、容量瓶、分液漏斗、不锈钢桶、铝锅、周转筐、玻璃棒、记号笔、标签纸、封口膜、牛皮纸、蒸馏水桶、线绳、棉塞、纱布等
接种与灭菌用品	酒精灯、喷壶、紫外灯、接种工具架、钻孔器、手术剪、解剖刀、刀片、手术镊、培养皿、口罩、白大褂、实验帽等
培养用品	培养瓶、光照培养架、灯管等
观察与生化鉴定用品	载玻片、盖玻片、染色缸、滴瓶、试管、烧杯等

任务工单

任务工单 2-1-1

任务二　设计组培室

植物组织培养是一项技术性强的工作，建造组培室所需的投资较大，建成后的运转费用和维护费用也比较高。因此，在设计前要进行综合考察，充分利用有效的空间，根据工作性质和规模，结合实际条件进行综合考量和规划。设计组培室时，要做到统筹规划、科学设计，既避免一次性投资成本过高，又能充分发挥组培室的功能。

一、组培室的设计

设计前要进行综合考察，克服地理条件的先天性不足，充分利用有效的空间对后期工作所需要的仪器设备进行综合考量和规划。

1. 设计原则

（1）防止污染。选择天气条件良好、空气污染少、无水土污染的地方建立植物组织培养实验室。

（2）按照工艺流程科学设计，使之经济、实用和高效。应将实验室总平面按建筑物的使用性质进行归类，分区布置，按实验室区、温室区、苗圃区、行政区、生

组培室设计

活区和辅助区等来划分。

(3) 结构和布局合理,工作方便,节能、安全,整齐美观。

(4) 规划设计与工作目的、规模及当地条件等相适应。

2. 总体要求

(1) 实验室选址要求避开污染源,水电供应充足,交通运输便利。

(2) 保证实验室环境清洁。实验室环境清洁可从根本上有效控制污染,这是组织培养成败的最基本要求。否则会使植物组织培养遭受不同程度甚至是不可挽回的损失。因此,过道、设备防尘、外来空气的过滤装置等设计是必要的。

(3) 实验室建造时,应采用产生灰尘最少的建筑材料;墙壁和天花板、地面的交界处宜做成弧形,便于日常清洁;管道要尽量暗装,安排好暗装管道的走向,便于日后的维修,并能确保在维修时不造成污染;洗手池、下水道的位置要适宜,不得对培养带来污染,下水道开口位置应对实验室的洁净度影响最小,并有避免污染的措施;设置防止昆虫、鸟类、鼠类等动物进入的设施。

(4) 接种室、培养室的装修材料必须经得起消毒、清洁和冲洗,并设置能确保与其洁净度相应的控温控湿的设施。

(5) 实验室电源应经专业部门设计、安装和验证合格之后才能使用。应有备用电源,以保证停电时能继续操作。

(6) 实验室必须满足实验准备、无菌操作和控制培养三项基本工作的需要。

(7) 实验室各分室的大小、比例要合理。一般要求培养室与其他分室(驯化室除外)的面积之比为3∶2;培养室的有效面积(即培养架所占面积,一般占培养室总面积的2/3)与生产规模相适应。

(8) 明确实验室的采光、控温方式,应与气候条件相适应。一般采用人工光照和恒温控制,实验室为密封式或半地下式。

二、组培室各分室的设计

组培室基本组成、功能及设备

(一) 洗涤室

1. 主要功能 用于玻璃器皿和实验用具的洗涤、干燥和贮存;培养材料的预处理与清洗;组培苗的出瓶、清洗与整理等。

2. 设计要求 其大小取决于工作量的大小,一般为10m²左右。要求房间宽敞明亮,方便多人同时工作;有电源、自来水和水槽(池),上下水道畅通;地面耐湿、防滑、排水良好,便于清洁。

(二) 配制室

1. 主要功能 培养基的配制、植物材料的预处理。

2. 设计要求 小型实验室面积一般为10~20m²。要求房间宽敞明亮、通风、干燥、清洁卫生,便于多人同时操作;有电源、自来水和水槽,保证上下水道畅通。有时可将配制室内部间隔为称量分室和配制分室。规模较小时,配制室可与洗涤室合并为准备室。

(三) 灭菌室

1. 主要功能 用于培养基、器皿、工具和其他物品的消毒灭菌。

2. 设计要求 专用的小灭菌室面积一般为 5~10m²。要求安全、通风、明亮；墙壁和地面防潮、耐高温；配备水源、水槽、电源或煤气加热装置和供排水设施；保证上下水道畅通，通风措施良好。生产规模较小时，可与洗涤室、配制室合并在一起，但灭菌锅的摆放位置要远离天平和冰箱，而且必须设置换气窗或换气扇，以利于通风换气。为了便于材料从灭菌室到接种室的转移，可以在墙壁上设置传递窗（图 2-1-1），传递窗里面安装紫外线，可对传递物品进行消毒。

（四）缓冲间

1. 主要功能 防止带菌空气直接进入接种室和工作人员进出接种室时带进杂菌。接种人员在缓冲间更衣、换鞋、洗手、戴上口罩后才能进入接种室。

2. 设计要求 面积不宜太大，一般为 2~3m²。要求空间洁净，墙壁光滑平整，地面平坦无缝。缓冲间应安装 1~2 盏紫外光灯，用以接种前的照射灭菌；配备电源、自来水和小洗手池，备有鞋架、拖鞋和衣帽挂钩，分别用于接种前洗手、摆放拖鞋和悬挂已灭过菌的工作服（图 2-1-2）。

图 2-1-1 无菌传递窗

图 2-1-2 缓冲间

在缓冲间和接种室之间用玻璃隔离（图 2-1-3），配置平滑门，以便于观察、参观和减少开关门时的空气扰动。有些缓冲间和接种室中间还设置有风淋室（图 2-1-4），人员进入后系统自动打开开关就可以对进入人员进行若干秒的全身消毒，进入人员需要在内部进行 180°转身以达到全身清洁和初步消毒的目的。

图 2-1-3 玻璃观察窗

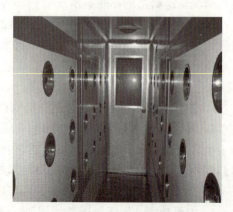

图 2-1-4 风淋室

（五）接种室

1. 主要功能　进行植物材料的接种、培养物的转移等无菌操作，因此接种室也称为无菌操作室。其无菌条件的好坏对组织培养的成功与否起着重要作用。

2. 设计要求　接种室不宜设在易受潮的地方。其大小根据实验需要和环境控制的难易程度而定。在工作方便的前提下，宜小不宜大，小的接种室面积在 $5\sim7m^2$ 即可。接种室要求密闭、干爽安静、清洁明亮；塑钢板或防菌漆的天花板、塑钢板或白瓷砖的墙面光滑平整，不易积染灰尘；水磨石或水泥地面平坦无缝，便于清洗和灭菌。配备电源和平滑门窗，要求门窗密封性好；在适当的位置吊装紫外光灯，保持环境无菌或低密度有菌状态；安置空调机，实现人工控温，这样可以紧闭门窗，减少与外界空气对流。接种室与培养室通过传递窗相通。

（六）培养室

1. 主要功能　植物材料离体培养的场所。

2. 设计要求　保持清洁，有光照、温控设备和定时设备（图 2-1-5、图 2-1-6），温度一般保持在 $(25\pm2)℃$，光照度 $1\,000\sim5\,000lx$，光照时间 $8\sim16h/d$，在实际工作中应根据不同要求灵活掌握。

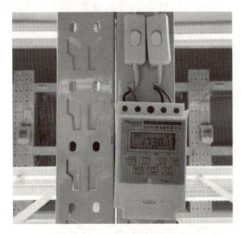

图 2-1-5　光周期调控设备

图 2-1-6　空调机组

培养室的大小可根据生产规模和培养架的大小、数目及其他附属设备而定（图 2-1-7）。每个培养室不宜过大，面积为 $10\sim20m^2$ 即可，以便于对条件的均匀控制。其设计以充分利用空间和节省能源为原则，最好设在向阳面或在建筑的朝阳面设计双层玻璃墙，或加大窗户，以利于接收更多的自然光线，高度比培养架略高为宜。培养室外最好有缓冲间或走廊。

（七）观察室

1. 主要功能　对培养材料进行细胞学或解剖学观察与鉴定；植物材料的摄影记录；对培养物的有效成分进行取样检测。

2. 设计要求　观察室可大可小，但一般不宜过大，以能摆放仪器和操作方便为准。要求房间安静、通风、清洁、明亮、干燥，保证光学仪器不振动、不受潮、不污染、不受光线直射。

（八）驯化室

1. 主要功能 用于组培苗的驯化。

2. 设计要求 驯化室应该具有一定的控温、保湿、遮阳条件，一般要求温度在15～25℃，相对空气湿度＞70%，避免强光。普通温室或塑料大棚经过适当改造均可使用，室内配有弥雾装置、遮阳网、防虫网、移植床、营养钵及移栽基质等（图2-1-8）。

图 2-1-7　培养室

图 2-1-8　驯化室

三、家庭组培室的设计

家庭组培室适合规模小、管理相对粗放的种苗组培生产。

1. 设计原则

（1）因地制宜，因陋就简。

（2）简化程序，安全、方便操作。

（3）有效防尘，防污染。

（4）经济实用。

2. 总体要求

（1）根据现有房间的结构与装修情况进行改建。要求合理利用家庭空间，控制用房面积，生产用电与生活用电分开，单独设置控电盘，生产用房与生活用房隔开使用。

（2）保证接种与培养空间洁净、密封性好。

（3）培养空间充分利用自然光照。如果房间不太宽余，将培养瓶摆放在光亮处即可。采用空调控温或不用空调，组培苗生产集中安排在春、秋两季，以减少能耗。

（4）自制或选购物美价廉的设备和用具，从而降低成本。

四、组培空间设计案例

1. 组培室设计案例　组培室设计案例见图 2-1-9、图 2-1-10。

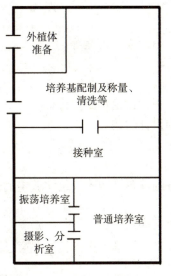
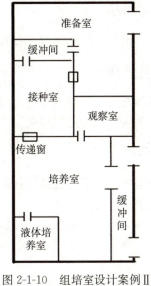

图 2-1-9　组培室设计案例Ⅰ　　　图 2-1-10　组培室设计案例Ⅱ

2. 家庭组培室设计案例　　家庭组培室设计案例见图 2-1-11、图 2-1-12。

图 2-1-11　家庭组培室设计案例Ⅰ　　　图 2-1-12　家庭组培室设计案例Ⅱ

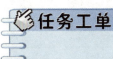

任务工单 2-1-2

组培实验室的识别

一、训练目标

能够准确说出组织培养实验室的设计原则与总体要求、各分室的功能与具体设计要求。清楚组培实验室的仪器设备与器皿用具的配置与用途。

二、材料与用品

组培实验室、组培常用的仪器设备和药品、笔记本、钢笔等。

三、方法与步骤

（1）教师总体介绍后，学生带着问题分组参观并讨论实验室设计。
（2）教师与学生共同讨论实验室组成与规划设计问题。

四、注意事项

（1）实训前实验员和指导教师必须做好充分的准备，明确组培实验室的规章制度及其特殊性，强调参观的纪律要求。
（2）分组分时间段交替训练，教师加强组织协调与指导。
（3）实训期间创设问题情境，调动学生的好奇心和学习积极性，并通过小组讨论促使学生自主生成新知识。
（4）从认知规律出发，建议本次实训安排在相关理论教学之前进行。

五、考核评价建议

考核重点是组培实验室的组成、功能和设计要求。考核方案见表2-1-4。

表2-1-4　组培实验室的识别考核评价

考核项目	考核标准	考核形式	满分
实训态度	1. 任务工单撰写字迹工整、详略得当（10分）； 2. 遵守实验室规定和实训纪律（5分）； 3. 认真听讲，积极思考，有协作精神（5分）	教师评价	20分
实验室组成与设计要求	1. 能够准确说出组培实验室的基本组成、设计原则和总计要求（20分）； 2. 能够准确说出组培实验室各分室的功能与具体设计要求（20分）； 3. 熟悉组培实验室的特点（10分）	现场抽查	50分
仪器设备与器械用具的识别	1. 能够识别组培实验室的仪器设备和器械用具，并说出各自的用途（20分）； 2. 实训记录详细、全面（10分）	现场检查	30分
合计			100分

知识拓展

LED植物灯走进了组培室

光环境是植物生长发育不可缺少的重要物理环境因素之一，通过光质调节，控制植株形态建成是设施生产中的一项重要技术。植物组培室所用的人工光源一般为多层架安装荧光灯，由于荧光灯的发热量较高，离植物太近会灼伤植物，不但增加了电能损耗还增加了室内的热负荷。目前组培新型光源——LED冷光源可代替荧光灯，进一步提高组培苗的增殖系数、生根质量，改良壮苗过程，加速炼苗，缩短总生长周期。

自我测试

一、填空题

1. 组培室一般由 _____、_____、_____、_____、_____ 和 _____ 等分室组成。
2. 在设计组培室时,一般要求培养室与其他分室面积之比为 _____,培养室的有效面积与生产规模相适应。
3. 在培养室,用 _____ 控制光照时间,利用空调机调控 _____。
4. 在缓冲间和接种室之间设置 _____,以减少开关门时的空气扰动。
5. 植物组培实验室必备的设备有 _____、_____、_____、_____ 等。
6. 组培室各分室的平面布局主要依据 _____ 进行规划。
7. 超净工作台的工作原理是利用 _____ 来过滤空气,使吹出来的风无菌。

二、判断题

1. 配制室的主要功能是洗涤培养器皿,配制培养基。（   ）
2. 设置缓冲间的目的主要是为了防止外界有菌空气进入接种室。（   ）
3. 接种室、培养室的装修材料须经得起消毒、清洁,并设置能确保与其洁净度相应的控温、控湿设施。（   ）
4. 组培室必须满足生产准备、无菌操作、控制培养三项基本工作的要求。（   ）

三、简答题

1. 植物组织培养实验室的设计原则及要求有哪些?
2. 植物组织培养实验室的组成是什么?每部分的功能是什么?
3. 组培室与常规实验室在设施构成与功能定位上有何不同?
4. 植物组织培养实验室与家庭组培室设计原则及要求有何异同?

四、设计题

请设计一个组培室,并绘制出平面图,标明应该具有哪些分室以及需要购置的主要仪器设备。

项目二
组 培 室 管 理

 知识目标
- 掌握组培设备、器械的用途及使用方法。
- 掌握不同玻璃器皿的洗涤方法。
- 了解组培室管理的一般规定和要求。
- 熟悉组培实验室日常管理的内容。

 能力目标
- 能够熟练使用组培室常用仪器和设备。
- 能够按照洗涤标准对玻璃器皿进行洗涤。
- 能够分类管理和使用接种工具与仪器设备。

 素质目标
- 自觉遵守安全生产规范和操作规程。
- 遵纪守法,具有环保意识、整体意识和大局意识等。

知识准备

任务一　常用设备和仪器的使用

一、配制设备和仪器

(一) 电子分析天平

1. 构造　电子分析天平主要由天平机体、称量舱、天平称盘、键板、液晶显示屏等构成(图 2-2-1)。

2. 操作步骤

(1) 调平。天平放平稳后,转动脚螺旋,使水平气泡在指示环内。

(2) 自检。空载条件下,单击"ON"键,天平显示自检,待天平稳定 30min 后进行称量。

(3) 清零。按"Tare"键,液晶屏显示"0.000 0",进入待测状态。

(4) 去皮重清零。将硫酸纸或空容器放在天平称盘上,显示其重量值,再按"Tare"键清零,液晶屏再显

电子分析天平的结构和使用

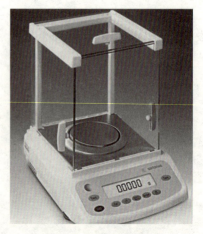
图 2-2-1　电子分析天平

示"0.000 0"状态。

(5) 称取样品。向硫酸纸或空容器中加入药品，至液晶屏左侧稳定标志"→"出现，读数即为样品质量。

(6) 关机。恢复零点平衡，按住"OFF"键。

3. 注意事项

(1) 天平为精密仪器，最好放置于空气干燥、凉爽的房间内，严禁靠近磁性物体。

(2) 使用时双手、样品、容器及硫酸纸一定要洁净干燥，切勿将药品直接放到天平称盘上。在使用过程中，不要撞击天平所在的台面，要关上附近的门窗，以防气流影响称量。

(3) 称量时不要在天平称盘上装载超过量程的称量物。

(4) 天平必须进入预热状态方可使用。

(5) 天平长时间不用再启用时，应用仪器原配外部标准砝码进行校准。

（二）精密 pH 计

1. 构造 精密 pH 计主要由控制与处理系统和电极两部分构成。在主体上有液晶显示屏、调节与控制按钮，用于测定培养基及其他溶液的酸碱度，一般要求可测定 pH 范围为 1～14，精度 0.01 即可（图 2-2-2）。

2. 操作步骤

(1) 先将电极夹放在电极架上，再将复合电极夹好，检查电极是否完好。

(2) 接通电源，将电源开关置于开的位置，预热 30min。

(3) 取下电极套，用水将电极清洗干净后用滤纸吸干，将仪器选择开关置 pH 档，调节温度补偿旋钮至被测溶液温度，再将斜率调节旋钮顺时针旋到 100% 位置。

(4) 将电极插入与被测溶液酸碱度相接近的标准缓冲液中，调节定位调节旋钮，使数字显示值与该缓冲溶液当时温度下的 pH 一致。取出电极用水冲洗干净，用滤纸吸干，插入另外一种相差约 3 个酸碱度的标准缓冲液中，轻微摇动溶液，使示值稳定，pH 应与标准缓冲液的 pH 相同，如有误差，可调节斜率旋钮，使读数为该标准缓冲液的 pH。

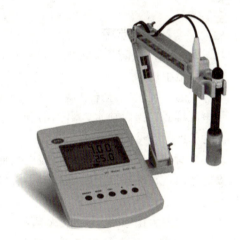

图 2-2-2 精密 pH 计

(5) 经上述校正后的定位调节旋钮和斜率调节旋钮不能再旋动。取出电极，用水冲洗干净，并用滤纸吸干，再插入被测溶液中，轻微摇动溶液，待稳定后显示的读数即为该溶液的酸碱度。若被测溶液与校正溶液温度不同，可调节温度调节旋钮至被测溶液的温度后依上法测定。应反复测定两次，取平均值。

(6) 测定完毕后切断电源，取出电极冲洗干净后及时套上电极套（套内放少量 3mol/L 氯化钾溶液），以备下次使用。

3. 注意事项

(1) 一般情况下，仪器在连续使用时，每天要标定一次；一般 24h 内仪器不需再标定。

（2）使用前要拉下电极上端的橡皮套，使其露出上端小孔。

（3）标定的缓冲溶液一般第一次用 pH 6.86 的溶液，第二次用接近被测溶液 pH 的缓冲液，如被测溶液为酸性时，缓冲液应选 pH 4.00；如被测溶液为碱性，则选 pH 9.18 的缓冲液。

（4）测量时，电极的引入导线应保持静止，否则会引起测量不稳定，电极切忌浸泡在蒸馏水中。

（5）保持电极球泡的湿润，如果发现干枯，在使用前应在 3mol/L 氯化钾溶液或微酸性的溶液中浸泡几小时，以降低电极的不对称电位。

二、灭菌设备和仪器

（一）自动立式高压灭菌锅

高压蒸汽灭菌锅的结构

1. 构造 主要由锅体和锅盖两部分组成（图 2-2-3）。其工作原理是利用所产生的高压湿热蒸汽（温度为 121～123℃，压力为 0.105～0.15MPa）来达到杀灭细菌和真菌的目的。下面以 SYQ·LDZX-40B1 自动立式高压灭菌锅为例，介绍其使用方法。

2. 操作步骤

（1）装锅。旋转手轮打开锅盖，将灭菌物品装入附带的周转筐内，依次放入灭菌锅内，盖上内锅盖。

（2）通电加水。打开电源开关，断水灯和低水位灯同时亮，表示电源接通，锅内缺水。沿内锅和外锅夹缝加水，至高水位灯亮。为了保险起见，在高水位灯亮后再加入 1.0～1.5L 水。

（3）封盖。按照与打开外锅盖的反向程序封盖。要求压板嵌入固定柱内，正好被插销固定，双手旋转手轮使外锅盖与锅体密封严实。

（4）设置灭菌参数。根据灭菌物品的种类、性质、容积等决定灭菌参数。灭菌参数包括灭菌温度和灭菌时间。灭菌温度与时间的设定范围与便携式高压灭菌锅相同，即温度 121～123℃，灭菌时间 20～30min。灭菌参数设定后，灭菌锅开始自动加热。

（5）自动排冷空气和升温、自动保压。这两个环节由灭菌锅自动完成。当温度达到设定值时，灭菌锅的显示窗显示开始倒计时。当显示屏显示"END"时，蜂鸣器发出提示音，表示灭菌结束。

图 2-2-3 高压灭菌锅

（6）断电降压。灭菌结束后，关闭电源，让锅内压力慢慢下降。当压力表指针降至 0.05MPa 时，可手动打开排气阀，加快排气降压。如果不急于结束灭菌工作，也可不切断电源，等待灭菌锅自动降压为零。

（7）出锅冷却。拧开锅盖，戴上隔热手套，取出灭菌物品，并用周转筐运至接种室或冷却室。

3. 注意事项

（1）装锅时严禁堵塞安全阀的出气孔，锅内必须留出空位，以保证水蒸气畅通。

（2）灭菌液体时，应采用耐热玻璃瓶灌装，灌装量以不超过 3/4 体积为好，切勿使用未打孔的橡胶或木塞瓶。

（3）在灭菌过程中，应注意排净锅内冷空气，锅内冷空气排放不干净会影响灭菌效果，达不到彻底灭菌的目的。

（4）压力锅长期使用后，若压力表的指示不正确或不能回复零位，应及时检修。

（5）平时应保持设备清洁干燥，橡胶密封垫使用日久会老化，应定期更换。

（6）安全阀应定期检查其可靠性，当工作压力超过 0.165MPa 时需要更换合格的安全阀。

（二）接种器械灭菌器

1. 构造 接种器械灭菌器是由陶瓷内胆、不锈钢外壳、电子显示屏、温控系统、石英珠、器械架组成（图 2-2-4）。采用陶瓷内胆发热元件和智能数显温控技术，其内胆内温度可调节范围为 0～330℃；升温快，15s 完成一次杀菌过程；杀菌效果好，克服了传统酒精灯灭菌不彻底、不均匀、造成空气污染和火灾隐患的缺点，大大提高了工作效率。

接种器械灭菌器的结构和使用

2. 操作步骤

（1）开启瓶盖，将石英珠装入消毒芯内。

（2）接通电源，打开电源开关，加热灯亮，消毒器开始升温。

（3）当温度达到 285℃ 以上时，将所需杀菌的刀、剪子、镊子、针等插入石英珠内。

（4）20～30s 后取出器械，置于器械搁置架上冷却后即可进行接种操作。

3. 注意事项

（1）消毒芯内石英珠不要装得过满，否则当插入工具时会使石英珠溢出而散落至超净台面上。

图 2-2-4 接种器械灭菌器

（2）消毒后的工具应充分冷却后再使用，否则容易烫伤外植体。

（3）长时间使用，有时会出现温度上升慢或不升温现象，多半是温控系统出现问题，应及时维修或更换。

（三）干燥箱

1. 构造 干燥箱主要由箱体、工作室、加热器、循环风机、温度控制调节仪、超温保护及报警装置等构成（图 2-2-5）。干燥箱的工作原理是通电加热，由温度控制器控温，通过循环风机吹出热风，以保证密闭箱体内的温度平衡。干燥箱内温度保持在 80～100℃ 用于干燥洗净的玻璃器皿，在 170℃ 温度下保持 1～2h 用于干热灭菌。

干燥箱的结构和使用

2. 操作步骤

（1）开启。把要烘干的物品放置在烘箱的搁架上，关紧烘箱门，接通电源。

(2) 设定温度，加热。设定烘干温度和时间。将电子温度调节仪的设定旋钮调到所需温度刻度值上，加热器开始加热，电子温度调节仪上绿灯亮，工作室内的温度逐渐上升。

(3) 断电。达到设定温度和时间后，绿灯灭，红绿灯交替闪亮，表示进入恒温状态，此时可切断电源。

(4) 待冷却后取出物品。

3. 注意事项

(1) 干燥箱内严禁放入易燃、易挥发物品，以防爆炸。

(2) 干燥箱工作期间，箱门不宜频繁打开，以免影响恒温效果。

图 2-2-5　干燥箱

(3) 定期检查温控器是否准确，加热管有无损坏，线路是否老化，通风口是否堵塞。

(4) 保持箱内外洁净卫生。

(5) 突然停电，应把电源开关和加热开关关闭，防止来电时自动启动。

（四）液体过滤灭菌装置

组培中，如果培养基配方中需要加入吲哚乙酸或赤霉素、玉米素、某些维生素等不耐热的物质时，通常采用液体过滤灭菌装置进行灭菌（图 2-2-6）。液体过滤灭菌器的灭菌原理是通过直径 $<0.45\mu m$ 的微孔滤膜，使溶液中的细菌和真菌的孢子等因大于滤膜直径而无法通过滤膜，从而达到灭菌的效果。

1. 构造
液体过滤灭菌装置是由医用注射器、细菌过滤器（图 2-2-7）和针头组成，细菌过滤器内装有一次性微孔滤膜，液体通过微孔滤膜即可过滤掉细菌和真菌。

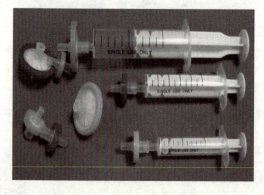

图 2-2-6　液体过滤灭菌装置

图 2-2-7　细菌过滤器

2. 操作步骤

(1) 将用铝箔包裹好的细菌过滤器、注射器以及承接滤过灭菌液的容器和瓶塞，用耐压塑料袋包好后随培养基一起进行高压湿热灭菌。

(2) 将配制好的一定浓度的激素、抗生素、维生素溶液，预先放置在超净工作台上。

(3) 双手用酒精棉球擦拭消毒，然后在超净工作台上组装细菌过滤装置。

(4) 用移液枪或直接将待过滤的液体注入注射器内，用力推压注射器活塞杆，使液体流过滤膜，密封待用。

(5) 使用时，按照培养基配方要求加入的量，用已消毒的移液枪立即加到未凝固的固体培养基中，轻轻晃动几次，使各种成分充分混匀；如果使用液体培养基，可在培养基冷却后加入。

三、接种设备和仪器

（一）超净工作台

1. 构造　超净工作台是由三相电机、鼓风机、初过滤器、超过滤器、操作台、紫外光灯、照明灯、配电系统和不锈钢外壳等部分组成（图2-2-8）。鼓风机、初过滤器和超过滤器组成空气净化系统，接种室内的空气通过内部小型电动机带动风扇，使空气先通过一个前置过滤器，滤掉大部分尘埃，再经过一个细致的高效过滤器，将大于 $0.3\mu m$ 的颗粒滤掉，然后使过滤后的不带细菌、真菌的纯净空气以 $0.5\sim0.6m/s$ 的流速吹过工作台的操作面，在工作台面制造无菌区，此气流速度能避免坐在超净工作台旁的操作人员造成的轻微气流污染培养基。

图 2-2-8　超净工作台

超净工作台的结构

超净工作台的使用

2. 操作步骤

(1) 接通电源。

(2) 开启台内紫外线灯杀菌 30min。

(3) 关闭紫外线灯，打开风机 20min。

(4) 打开台内照明灯，准备接种。

3. 注意事项

(1) 新安装的或长期未使用的超净工作台，使用前需用超净真空吸尘器或不产生纤维的工具对超净工作台和周围的环境进行清洁处理。

(2) 工作台面上不要存放不必要的物品，以保持工作区间内的洁净气流不受干扰。

(3) 操作时尽量避免有明显扰乱气流的动作，禁止在工作台面上记录。

(4) 定期（一般为 2 个月）用热球式风速仪测定工作区的风速，如发现不符合技术要求，可调大风机的供电电压。

（二）显微镜

显微镜包括双目实体显微镜（解剖镜）、生物显微镜、倒置显微镜、干涉显微镜和电子显微镜。显微镜上要求能安装或带有照相装置，以对所需材料进行摄影记录。

双目实体显微镜下可进行培养材料（如茎尖分生组织、胚等）的分离，解剖和

显微镜的结构与使用

观察植物的器官、组织，也可以从培养器皿的外部观察细胞和组织的生长情况；生物显微镜可用于观察花粉发育时期以及培养过程中细胞核的变化；倒置显微镜物镜在镜台下面，可以从培养皿的底部观察培养物。

四、培养设备和仪器

培养设备是指根据需要所选用的不同规格和控制精度的用于植物细胞、组织和器官培养的设施和设备，常用的设备有：

（一）摇床和转床

在液体培养中，为了改善浸于液体培养基中的培养材料的通气状况，可用摇床（振荡培养机）来振动培养容器（图2-2-9）。振动频率60～120次/min为低速，120～250次/min为高速，植物组织培养可用100次/min左右。摇床冲程应在3cm左右，冲程过大或振速过高会使细胞振破。

转床（旋转培养机）同样用于液体培养。由于旋转培养使植物材料交替地处于培养液和空气中，所以氧气的供应和对营养的利用更好。通常植物组织培养用1r/min的转床，悬浮培养需用80～100r/min的转床。

图2-2-9 摇床

（二）培养架

培养架是目前所有植物组织培养实验室植株繁殖培养的通用设施（图2-2-10）。它成本低、设计灵活、可充分利用培养空间，以操作方便、最大限度利用培养空间为原则。培养架是无菌苗生长的场所，提供植物生长所需的光照，并能根据实际情况控制光照度。培养材料通常摆放于培养架上，一般有4～5层，光照度可根据培养植物特性来确定，一般每架上配备2～4盏日光灯。培养架每层层高60～100cm，底部放置盘为网状，便于散热。每层都应设置有日光灯或补光灯，对放置的植物材料进行适当光周期培养，每层培养架都要设置有控制光周期的开关，以便满足不同时期植物材料的不同光照需求。

图2-2-10 培养架

如果直接将接种好的组培瓶放置于一般环境中，则会由于光照度不足导致诱导失败。因此，最好选择光照培养架为组培苗提供更适宜生长的条件。

（三）恒温培养箱或光照培养箱

恒温培养箱或光照培养箱又称培养箱，是无菌苗培养的场所，可用于组织培养材料的保存、培养等。培养箱内通常安装有日光灯管，可进行温度和光照调节（图2-2-11）。在植物培养过程中不但可以提供合适的光照度，还能控制无菌苗培养的温度。另外，光照培养箱还能根据不同植物的生长习性调节光照周期，适合用于开展课外探究活动，例如，短日照菊花品种通过调节光照时间长短可以控制菊花开花等。光照培养箱比光照培养架功能更加强大，应用面不仅仅局限于植物组织培养的范围内，且管理也更加方便，即使在寒暑期无人值守的情况下，只要事先将各个参数设定好，便无后顾之忧。

（四）空调机组

接种室的温度控制，培养室的控温培养，均需要用空调器。通常设置恒定的温度和湿度，以满足不同植物材料对温湿度环境的要求。

（五）加湿器和除湿机

在组培苗生长的不同时期，当培养室内湿度不能够满足组培苗所需的湿度时往往需要通过加湿装置来对培养室内湿度进行调控。在多雨季节，为了降低植物组织培养实验室内的空气湿度，使用除湿机是十分必要的。

图2-2-11　光照培养箱

任务工单

任务工单2-2-1

技能训练

常用仪器和设备的使用

一、训练目标

掌握植物组织培养必需的设备、仪器及各种器皿的使用方法。

二、材料与用品

各种天平、高压灭菌锅、超净工作台、干燥箱、显微镜、解剖镜、酸度计、离心机、各种玻璃器皿、各种金属器械等。

三、方法与步骤

1. 常用仪器和设备

（1）蒸馏水器（学习操作）。

（2）手提式高压灭菌锅、立式蒸汽高压灭菌锅（学习使用、操作）。

（3）天平。托盘天平、电子天平（精密度1/100）、电子分析天平（精密度1/10 000）。

（4）超净工作台（学习使用、操作）。

(5) 电热干燥箱（烘箱）。

(6) 恒温光照培养箱（学习操作）。

(7) 电冰箱。

解剖镜的结构

(8) 显微镜和解剖镜。手提式解剖镜（学习使用、操作）、立体解剖镜、普通显微镜。

(9) 旋转培养机。

(10) 离心机（学习使用、操作）。

(11) 酸度测定仪。精密 pH 4～7 试纸、酸度计。

2. 必要的器皿

(1) 培养器皿。试管、三角瓶（锥形瓶）、圆形培养瓶（罐头瓶）、培养皿、扁身培养瓶、L 型和 T 型管、凹面载玻片。

(2) 盛装器皿。试剂瓶。

(3) 烧杯。

(4) 计量器皿。量筒、容量瓶、吸管。

(5) 其他器皿。滴瓶、称量瓶、漏斗、玻璃管、注射器等实验室常用器皿。

3. 金属器械

(1) 镊子类。长型镊子（长 20～25cm，接种或转移愈伤组织）、尖端弯曲的"枪型"镊子（镊取较小的植物组织）、尖头钟表镊子和鸭嘴镊子（剥离表皮）、尖端为小铲状的镊子（挖取带琼脂培养基的培养物）。

(2) 解剖刀和刀类。菱形刀（切割柔软组织中小细胞团）、解剖刀（手术刀）、双面刀片焊接在铁棒上（切取茎尖）、锋利小刀、大刀和小铁锹。

(3) 剪刀类。解剖剪、眉剪、眼科剪、弯头剪（长 18～25cm）、修枝剪等。

(4) 接种针。

四、实训报告

将本次实训内容整理成实训报告。

任务二　玻璃器皿的洗涤

植物组织培养需要大量的三角瓶、培养瓶、试剂瓶等玻璃器皿，并且对玻璃器皿的清洁度要求较高，因此，新购、用过或已污染的玻璃器皿需要清洁后才能使用。如果清洗不彻底，会给后期培养基彻底灭菌带来压力，可能使材料在培养过程中发生污染，造成不必要的损失，甚至培养失败。因此，玻璃器皿的洗涤是植物组织培养一项重要的、经常性的工作。

一、洗涤方法

1. 新购的玻璃器皿　新购置的玻璃器皿含游离碱较多，采用酸洗法。在酸性溶液（1%～2%盐酸或洗涤液）内先浸泡 4h 以上，浸泡后用自来水冲洗干净，再用蒸馏水冲洗 2～3 次，晾干备用。

2. 使用过但未污染的玻璃器皿　使用过的玻璃器皿应及时清洗，洗涤方法采用酸洗法和碱洗法，具体如图 2-2-12 所示。

图 2-2-12　未污染玻璃器皿的洗涤方法

3. 污染过的玻璃器皿　污染较轻的培养器皿可用 0.1% 高锰酸钾（$KMnO_4$）溶液浸泡消毒后再清洗；污染较重的培养器皿经高压湿热灭菌后再清洗，清洗时一般首选碱洗法；如果玻璃器皿上面沾有蛋白质或其他有机物，则采用酸洗法，也可将污染瓶先高压灭菌后再用碱洗法洗涤。

4. 移液管、量筒和容量瓶等玻璃量具　先在溶化的洗衣粉中浸泡若干小时或用 95% 酒精反复吸洗数次后，取出用流水冲洗 30min 以上，最后用蒸馏水润洗一遍，置于晾干架上晾干备用。

5. 接种工具　常用接种工具包括镊子、剪刀、解剖刀等，新买来的接种工具上会有润滑油或防锈油，用蘸有消毒液的棉布擦去油脂，再用湿布擦净后干燥备用。每次使用后先用洗衣粉水刷洗干净，用酒精擦拭，再用报纸或消毒袋经高温高压灭菌锅灭菌后放入烘干箱干燥后待用。

二、洗涤标准

玻璃器皿透明锃亮，内外壁水膜均一，不挂水珠，无油污和有机物残留。

三、洗涤注意事项

（1）要特别注意各类器皿的封口处，尤其是有螺旋的封口容易残留植物材料残体或污染物残体，要严格清洗。

（2）进行无菌操作时操作人员一定会在培养瓶上进行日期、品种和其他重要信息的标识，在清洗时一定要将上一次的标记清洗干净，避免造成信息混淆。

（3）刚清洗过的玻璃器皿必须晾干或烘干后才能使用。

（4）移液管、烧杯、量筒等玻璃器皿在瓶体上会有温度的使用标识，一般要求在室温 20℃ 下使用，因此不能在清洗后进行高温烘干，只能倒置在固定台面上或在专用架子上常温晾干后使用。

任务工单 2-2-2

任务三　组培室日常管理

组培室是进行材料离体培养的场所，要求保持整洁和无菌。要做到这点，就必须严格按照无菌级别要求设计建造组培空间，同时更要加强组培空间的日常管理，从而为种苗组培快繁工作的顺利开展创造有利条件。

一、注重员工培训

组培企业员工的素质高低直接决定了组培工作的效率与质量，因此一定要重视员工培训。通过培训，可以使员工具有无菌观念和良好的职业习惯、合作意识与团队精神，提高员工的技术与技能水平，为科学、有效管理组培空间，保证组培生产的高效进行奠定基础。

二、加强组培室日常管理

植物组织培养实验室相对于其他实验室要求更严格。因此，组培室的日常管理要突出重点，注重细节，明确责任，强调科学、实效。组培室日常管理的主要管理措施有：

（1）实行岗位责任制，明确岗位职责。

（2）建立组培室管理制度，加强员工的安全卫生教育，严格控制人员出入，若因工作需要必须进入，务必做好消毒工作。

（3）药品、器械等要分类存放，药品使用登记要有严格制度。

（4）设施设备维护与保养采用专人负责制，安全使用，定期检修，发现安全隐患及时排除。

（5）文件资料要分类保管，认真执行技术保密制度和借阅登记制度。

（6）上下工序交接记录填写认真、规范。

（7）定期进行空间消毒灭菌，具体的灭菌方法可采用熏蒸灭菌（甲醛和高锰酸钾，用量一般是甲醛 $10mL/m^3$、高锰酸钾 $5g/m^3$，每年 1~2 次，注意使用搪瓷盆盛装，倒入甲醛时会产生大量的烟雾，要迅速避开烟雾，密闭 3d）、喷雾法（2%新洁尔灭或 70%酒精）、紫外光照射、擦拭（70%酒精）等。

（8）培养室（车间）分区、分类摆放瓶苗，标识清晰，污染的瓶苗及时清除。

（9）要求员工注意个人卫生，规范操作，监督互查，相互配合，协同一致，诚实守信。

任务工单 2-2-3

知识拓展

实验室一般性伤害的应急措施

一、烫伤或灼伤

烫伤后切勿用水冲洗，一般可在伤口处擦烫伤膏或用浓高锰酸钾溶液擦皮肤，再涂上凡士林或烫伤膏，被磷灼伤后，可用高锰酸钾溶液洗涤伤口，然后进行包扎，切勿用水冲洗。

二、创伤（碎玻璃引起的）

伤口不能用手抚摸，也不能用水冲洗。若伤口里有碎玻璃片，应先用消过毒的镊子将其取出来，在伤口上擦龙胆紫药水，消毒后用止血粉外敷，再用纱布包扎。伤口较大、流血较多时，可用纱布压住伤口止血，并立即送医务室或医院治疗。

三、受（强）酸腐蚀

先用干净毛巾擦净伤处，用大量水冲洗，然后用饱和碳酸氢钠溶液（或稀氨水、肥皂水）冲洗，再用水冲洗，最后涂上甘油。酸溅入眼睛时，先用大量水冲洗，再用碳酸氢钠溶液冲洗，严重者送医院治疗。

四、受（强）碱腐蚀

先用大量水冲洗，再用2％醋酸溶液或饱和硼酸溶液清洗，然后再用水冲洗，若碱溅入眼内，用硼酸溶液冲洗。

五、液溴腐蚀

应立即用大量水冲洗，再用甘油或酒精洗涤伤处；氢氟酸腐蚀，先用大量冷水冲洗，再用碳酸氢钠溶液冲洗，然后用甘油氧化镁涂在纱布上包扎；苯酚腐蚀，先用大量水冲洗，再用4体积10％酒精与1体积三氯化铁的混合液冲洗。

六、吸入毒气

中毒很轻时，通常只要把中毒者移到空气新鲜的地方，解松衣服，使其安静休息，必要时给中毒者吸入氧气，但切勿随便使用人工呼吸；若吸入溴蒸气、氯气、氯化氢等，可吸入少量酒精和乙醚的混合物蒸汽，使之解毒；吸入溴蒸气的，也可用嗅氨水的办法减缓症状；吸入少量硫化氢的，立即移至空气新鲜的地方。中毒较重的，应立即送到医院治疗。

七、误吞毒物

常用的解毒方法是给中毒者口服催吐剂，如肥皂水、芥末水或口服鸡蛋清、牛奶和食物油等，以缓和刺激，随后用干净手指伸入喉部，引起呕吐。磷中毒的人不能喝牛奶，可用5~10mL 1％硫酸铜溶液加入一杯温开水内服，引起呕吐，然后送医院治疗。

自我测试

一、填空题

1. 玻璃器皿可采用_____法或_____法洗涤，要求洗过的玻璃器皿_____。
2. 用过且未污染的培养瓶可选择_____或_____等方法洗涤。

3. 培养瓶污染较重，必须_____之后再清洗。

4. 高压灭菌锅的灭菌原理是利用_____来杀灭细菌和真菌的。一般灭菌温度设定在_____，灭菌压力控制在_____，灭菌时间一般设定在_____。

5. 手提式高压灭菌锅的一般操作程序是加水装锅→封盖通电加热→_____→升温、保压_____→出锅冷却。

6. 清洗 pH 计的电极时，要用_____水，并用滤纸吸干电极表面附着的水分。

二、判断题

1. 污染的玻璃瓶可在洗涤时直接清洗。（   ）
2. 配制洗液时要用重铬酸钾和浓硫酸。（   ）
3. 利用洗瓶机洗涤玻璃瓶时，必须预先浸泡。（   ）
4. 如果玻璃器皿上沾有蛋白质或其他有机物，则采用碱洗法清洗。（   ）
5. 采用耐热玻璃瓶灌装待灭菌液体，液体体积不超过容器体积的 3/4。（   ）
6. 污染瓶堆放在培养室边角处，不会对培养室带来较大影响。（   ）
7. 小张因工作不认真，将移液管与培养瓶混在一起，放在烘干箱中烘干水分，再配培养基时，仍用烘干的移液管移取激素母液。（   ）
8. 活性炭的吸附性没有选择性，而且会提高培养基的凝固力。（   ）
9. 高压灭菌结束后，如果有事外出，可久不放气。（   ）
10. 组培室的药品要求分类摆放。（   ）
11. 使用 pH 试纸比色时，要求蘸湿的滤纸条不能与比色卡直接接触。（   ）

三、简答题

1. 被细菌或真菌污染过的玻璃器皿应如何清洗？
2. 组培室日常管理包括哪些内容？

模块三　组培基本操作技术

项目一　培养基制备

知识目标
- 了解常用培养基的成分、种类和特点。
- 熟悉植物生长调节剂的种类、理化性质、生理作用及配制要求。
- 熟悉常用药品的理化性质。

能力目标
- 能根据要求配制植物生长调节剂母液。
- 掌握培养基母液配制和培养基制备的操作流程，能够熟练配制培养基。
- 能按照操作流程正确、规范地进行培养基灭菌。

素质目标
- 熟悉安全生产规范、操作规程及环保基本要求，并自觉遵守。
- 具备质量意识、节约意识、无菌意识和责任心。
- 具备认真细致、精益求精的科研态度和团队协作精神。

任务一　母液配制

一、配制培养基的目的

教学案例：植物组培快繁技术中的关键环节

自然界中的植物通过光合作用以自养方式满足生长发育所需营养；植物组织培养过程中，外植体是离体培养材料，缺乏完整植株的自养机能，要以异养方式从培养基中直接获得其生长发育所需的各种营养成分。配制培养基的目的就是为离体培养材料提供营养源，以满足离体培养材料生长发育的需要。因此，根据不同培养对象配制相应的培养基，对不同类型离体植物材料的生长发育是极其重要的。

二、培养基的成分

培养基的主要成分包括水分、无机盐、有机物、植物生长调节剂、培养物的支持材料等。

（一）水分

水分是植物细胞的组成成分，也是一切植物代谢过程的介质。它是植物生命活动过程中不可缺少的物质。配制培养基和母液时应选用蒸馏水或去离子水，不但可以保持培养基中化学成分的准确性，也可以减少发霉变质，延长培养基母液的储藏时间。大规模生产时，为了降低生产成本，配制培养基时也可用自来水代替蒸馏水。

（二）无机盐

无机盐是指植物在生长发育时所需的各种化学元素。根据植物对无机盐需求量的多少，可分为大量元素和微量元素。

1. 大量元素 大量元素是指植物生长发育所需的浓度高于 0.5mmol/L 的营养元素，主要有氮（N）、磷（P）、钾（K）、钙（Ca）、镁（Mg）、硫（S）等。

（1）氮（N）。氮是氨基酸、核酸、叶绿素、维生素、酶、磷脂等的组成成分，是生物体不可缺少的物质。氮元素分为硝态氮（NO_3^--N）和铵态氮（NH_4^+-N），大多数培养基中这两种状态的氮源同时存在。当作为培养基中唯一的氮源时，硝态氮的作用要比铵态氮好得多，但在单独使用硝态氮时，培养一段时间后培养基的 pH 会向碱性转变，若在硝酸盐中加入少量铵盐，则会阻止这种转变。氮的供应物质有 KNO_3、NH_4NO_3、$(NH_4)_2SO_4$ 等。

（2）磷（P）。磷是磷脂的主要成分，而磷脂又是原生质、细胞核的重要组成部分，也是 ATP、ADP 等的组成成分。在培养基内添加磷不仅能增加养分、提供能量，而且能促进外植体对氮的吸收，增加蛋白质在植物体中的积累。磷的供应物质有 NaH_2PO_4、KH_2PO_4 等。

（3）钾（K）。钾是植物体内多种酶的活化剂，能够促进糖类、蛋白质的合成，同时进光合作用，而且对胚的分化有促进作用。钾常以 KCl、KNO_3 等盐类形式添加。

（4）钙（Ca）。钙是构成细胞壁的组成成分，能够增强植物的抗病能力，是植物体内酶的组成成分和活化剂。常以 $CaCl_2 \cdot 2H_2O$ 提供钙。

（5）镁（Mg）。镁是叶绿素的组成成分，又是多种酶的活化剂，能促进蛋白质的合成，常用的镁的供应物质为 $MgSO_4 \cdot 7H_2O$。

（6）硫（S）。硫是蛋白质、酶、硫胺素等的组成成分。常用的硫的供应物质有 $MgSO_4 \cdot 7H_2O$、$(NH_4)_2SO_4$ 等。

2. 微量元素 微量元素是指植物生长发育所需的浓度低于 0.5mmol/L 的营养元素，主要有铁（Fe）、锰（Mn）、硼（B）、锌（Zn）、铜（Cu）、钼（Mo）、钴（Co）等。它们用量虽少，但对植物细胞的生命活动却有着十分重要的作用。其中，铁是一些氧化酶、细胞色素氧化酶、过氧化氢酶等的组成成分；还对叶绿素的合成和延长等起重要作用。铁元素不易被植物直接吸收且易出现沉淀。因此，通常在培养基中加入以 $FeSO_4 \cdot 7H_2O$ 和 Na_2-EDTA（螯合剂）配制成螯合物使用，以减轻沉淀和提高利用率。Mn、B、Cu、Mo、Zn、Co 等也是植物组织培养中不可缺少的元素,缺少这些物质会导致生长发育异常。

(三) 有机化合物

1. 糖类 糖类提供外植体生长发育所需的碳源、能量,并维持培养基一定的渗透压。蔗糖是最常用的糖类,可支持许多植物材料良好生长。其使用浓度一般为2%~5%,常用3%,但在胚培养时采用4%~15%的高浓度,因为蔗糖对胚状体的发育起重要作用。在大规模生产时,可用食用白糖代替,以降低生产成本。

2. 维生素类 维生素在植物细胞里主要是以各种辅酶的形式参与各种代谢活动,对生长、分化等有很好的促进作用(表3-1-1)。植物在生长过程中能自身合成各种维生素,但在离体培养中则不能合成足够的维生素,需要另加一至数种维生素才能维持正常生长。常用的维生素主要有维生素B_1(盐酸硫胺素)、维生素B_6(盐酸吡哆醇)、维生素B_3(烟酸,又称维生素PP)、维生素C(抗坏血酸)、维生素H(生物素)、维生素B_{11}(叶酸)、维生素B_5(泛酸)等。维生素的一般用量为0.1~1.0mg/L。

表3-1-1 维生素在植物组织培养中的作用

维生素名称	在植物组织培养中的作用
维生素B_1	促进愈伤组织的产生,提高细胞活力,促进植物生长
维生素B_6	促进根系生长
维生素B_3	与植物代谢和胚发育有一定的关系
维生素C	抗氧化,防止组织褐变

3. 肌醇 肌醇又称环己六醇,能够促进糖类物质的相互转化和活性物质作用的发挥,并能促进愈伤组织的生长、胚状体和芽的形成,对组织和细胞的繁殖、分化也有促进作用。肌醇用量过多会加速外植体的褐化。肌醇使用浓度一般为100mg/L。

4. 氨基酸 氨基酸是良好的有机氮源,可直接被细胞吸收利用,在培养基中含有无机氮的情况下,更能发挥其作用。常用的氨基酸有甘氨酸、精氨酸、谷氨酸、谷氨酰胺、丝氨酸、半胱氨酸以及多种氨基酸的混合物(如水解乳蛋白和水解酪蛋白)等。甘氨酸能促进离体根的生长;谷氨酰胺和丝氨酸有利于花药胚状体或不定芽的分化;半胱氨酸可作为氧化剂,有防褐变的作用。由于它们营养丰富,极易引起污染,如在培养基中无特别需要,以不加为宜。

5. 天然有机复合物 天然有机复合物能促进细胞和组织的增殖与分化,促进愈伤组织和器官的生长,因此在培养基中常加入,如椰乳(CM)、酵母提取液(YE)、马铃薯汁、香蕉汁、苹果汁、番茄汁等天然有机复合物。

天然有机物成分比较复杂,含氨基酸、生长调节物质、酶等一些复杂化合物,常因品种、产地、成熟度等因素的影响而发生变化,使用前要进行试验;接种和培养基配制时一定要十分注意,以防污染;有一些天然有机复合物遇热易分解,需要采用过滤灭菌。

(四) 植物生长调节剂

植物生长调节剂是培养基的关键物质,它影响到植物细胞分化、分裂、发育、形态建成、开花、结实、成熟、脱落、衰老和休眠等生理生化活动,用量虽少,但对植物组织培养起着决定性作用。常用的植物生长调节剂有以下几种:

1. 生长素类

（1）种类。植物组织培养中常用的生长素类物质包括 IAA（吲哚乙酸）、IBA（吲哚丁酸）、NAA（萘乙酸）和 2,4-滴（2,4-二氯苯氧乙酸）等，它们作用的强弱表现为 2,4-滴＞NAA＞IBA＞IAA，一般活性比表现为 IAA∶NAA∶2,4-滴＝1∶10∶100。

（2）作用。生长素类主要用于诱导愈伤组织形成，诱导根的分化和协助细胞分裂素促进细胞分裂、伸长生长。天然的生长素热稳定性差，在高温高压或受光条件下易被破坏。

（3）稳定性和溶解性。IAA 不耐热和光，易受到植物体内酶的分解。其他生长素对热和光均稳定。生长素类易溶于酒精、丙酮等有机溶剂。在配制母液时多用 95％酒精或稀 NaOH 溶液助溶。一般配制成 0.1～1.0mg/mL 的母液贮于冰箱中备用。

2. 赤霉素（GA）

（1）种类。赤霉素有 20 多种，生理活性及作用的种类、部位、效应等各有不同。培养基中常添加的是 GA_3。

（2）作用。主要用于刺激在培养中形成的不定胚发育成小植株，促进幼苗茎的伸长和生长。赤霉素和生长素具有协同作用，对形成层的分化有影响，当生长素/赤霉素比值高时有利于木质部分化，比值低时有利于韧皮部分化。另外，赤霉素还用于打破休眠，促进种子、块茎、鳞茎等提前萌发。一般在器官形成后，添加赤霉素可促进器官或胚状体的生长。

（3）稳定性和溶解性。赤霉素溶于酒精，配制时可用少量 95％酒精助溶。它与 IAA 一样不耐热，须在低温条件下保存，使用时采用过滤灭菌法加入。如果采用高温高压灭菌，赤霉素将有 70％～100％失效。

3. 细胞分裂素类

（1）种类。组织培养中常用的细胞分裂素包括 6-BA（6-苄氨基腺嘌呤）、KT（激动素）、ZT（玉米素）、2-iP（2-异戊烯腺嘌呤）等。其活性强弱为 2-iP＞ZT＞6-BA＞KT。

（2）作用。在植物组织培养中，细胞分裂素的主要作用是诱导芽的分化，促进侧芽萌发生长。组织内细胞分裂素/生长素的比值高时有利于诱导愈伤组织或器官分化出不定芽；促进细胞分裂与扩大，延缓衰老；抑制根的分化。因此，细胞分裂素多用于诱导不定芽的分化和茎、苗的增殖，一般细胞分裂素的使用浓度为 0.1～10.0mg/L。

（3）稳定性和溶解性。多数细胞分裂素对光、稀酸和热均稳定，但它的溶液在常温中时间长了会丧失活性。细胞分类素能溶解于稀酸和稀碱中，配制时常用稀 HCl 助溶。通常配制成 1mg/mL 的母液贮藏在低温的环境中。

（五）培养物的支持材料

琼脂是一种由海藻中提取的高分子碳水化合物，本身并不能给培养基提供任何营养，是固体培养时最好的固化剂。一般用量为 6～10g/L，若浓度太高，培养基就会变得很硬，营养物质难以扩散到培养的组织中去；若浓度过低，则培养基的凝固性不好。一般琼脂以颜色浅、透明度好、洁净的为上品。琼脂的凝固能力除与原料、厂家的加工方式有关外，还与高压灭菌的温度、时间、pH 等因素有关，长时间的高温会使琼脂的凝固能力下降，过酸或过碱再加之高温会使琼脂发生水解，丧失凝固能力。时间过久，琼脂变褐，也会逐渐丧失凝固能力。

玻璃纤维、滤纸桥、海绵等均可代替琼脂。为解决生根难的问题常采用滤纸桥法。其方法是将一张滤纸折叠成 M 形，放入液体培养基中，再将培养材料放在 M 形的中间凹陷处，这样培养物可通过滤纸的虹吸作用不断从培养液中吸收营养和水分，又可保持有足够的氧气。

（六）活性炭

活性炭可以吸附非极性物质和色素等大分子物质，茎尖初代培养时加入适量的活性炭能够吸附外植体产生的一些酚类物质，减轻组织的褐化（在兰花组培中效果明显）等。此外，创造暗培养环境有利于某些植物的生根。活性炭的一般用量为 0.1%～0.2%。

（七）抗生素

抗生素有青霉素、链霉素、庆大霉素等，用量为 5～20mg/L。添加抗生素可防止菌类污染，减少培养过程中材料的损失，节约人力、物力和节省时间，但应注意使用浓度。

三、培养基的种类和特点

（一）培养基的种类

培养基种类较多，根据营养水平不同分为基本培养基和完全培养基。基本培养基是指只含有大量元素、微量元素、铁盐及有机物成分的培养基，就是通常我们说的 MS、White 等培养基；完全培养基则是在基本培养基上添加适宜的生长调节剂和有机物的培养基。

培养基根据物理状态可分为固体培养基和液体培养基。固体培养基是指添加了琼脂等固化剂的培养基，液体培养基则是指未添加固化剂的培养基。

培养基根据培养的阶段分为初代培养基、继代培养基和生根培养基；根据培养的目的分为诱导培养基、增殖培养基、壮苗培养基和生根培养基。某些进行改良后的培养基称为改良培养基。

（二）常用培养基的特点

虽然培养基有许多类型，但在组培试验和生产中应根据植物种类、培养部位和培养目的的不同而选用不同的培养基。不同的培养基具有不同的特点及适用范围。常用的几种培养基配方及特点见表 3-1-2 和表 3-1-3。

表 3-1-2　植物组织培养中几种常用培养基配方

化合物名称	培养基含量/（mg/L）								
	MS	White	B_5	WPM	N_6	Knudson C	Nitsch	SH	Miller
NH_4NO_3	1 650						720		
KNO_3	1 900	80	2 527.5	400			950	2 500	1 000
$(NH_4)_2SO_4$			134		2 830	500			
$NaNO_3$					463				
KCl		65							65
$CaCl_2 \cdot 2H_2O$	440		150	96	166		166	200	
$Ca(NO_3)_2 \cdot 4H_2O$		300		556		1 000			347
$MgSO_4 \cdot 7H_2O$	370	720	246.5	370	185	250	185	400	35
K_2SO_4				900					
Na_2SO_4		200							

(续)

化合物名称	培养基含量/(mg/L)								
	MS	White	B_5	WPM	N_6	Knudson C	Nitsch	SH	Miller
KH_2PO_4	170			170	400	250	68		300
K_2HPO_4									
NaH_2PO_4		16.5	150					300	
$FeSO_4 \cdot 7H_2O$	27.8			27.8	27.8	25	27.85	20	
Na_2-EDTA	37.3			37.3	37.3		37.75	15	
Na_2-Fe-EDTA			28						32
$Fe_2(SO_4)_3$		2.5							
$MnSO_4 \cdot H_2O$				22.3					
$MnSO_4 \cdot 4H_2O$	22.3	7	10		4.4	7.5	25	10	4.4
$ZnSO_4 \cdot 7H_2O$	8.6	3	2	8.6	1.5		10	1	1.5
$CoCl_2 \cdot 6H_2O$	0.025		0.025				0.025	0.1	
$CuSO_4 \cdot 5H_2O$	0.025	0.03	0.025	0.025				0.2	
MoO_3							0.25		
TiO_2									0.8
$Na_2MoO_4 \cdot 2H_2O$			0.25	0.25					
KI	0.83	0.75	0.75		0.8		10	1	1.6
H_3BO_3	6.2	1.5	3	6.2	1.6			5	
烟酸（V_{pp}）	0.5	0.5	1	0.5	0.5			5	
盐酸吡哆醇（VB_6）	0.5	0.1	1	0.5	0.5			5	
盐酸硫胺素（VB_1）	0.1	0.1	10	0.5	1			0.5	
肌醇	100		100	100			100	100	
甘氨酸	2	3		2	2				

表 3-1-3　常用培养基的特点

培养基名称	特点及适用范围
MS	无机盐（氮、钾、铵盐和硝酸盐）的含量高，为较稳定的平衡溶液。广泛应用于植物组织培养中
B_5	含有较高的硝酸盐和盐酸硫胺素，但铵盐含量低，这可能对有些培养物的生长有抑制作用。适用于双子叶植物，特别是木本植物
White	无机盐含量较低，但提高了 $MgSO_4$ 的浓度和增加了硼素。适用于生根培养
N_6	成分较简单，但 $NaNO_3$ 和 $(NH_4)_2SO_4$ 含量高。适用于小麦、水稻及其他植物的花药培养等
WPM	硝态氮和钙、钾含量高，不含碘和锰。适用于木本植物的茎尖培养
Knudson C	成分简单，营养物质不能满足大多数植物组织细胞的生长发育所需。适用于兰科植物种子培养

四、母液配制

由于培养基中含有多种化学物质,其浓度、性质各异,特别是微量元素、维生素及生长调节剂用量少,称量较麻烦,而且容易出现误差。为节约时间,保证培养基配制的准确性和方便性,在配制培养基之前可先配制母液。母液是培养基各种物质的浓缩液,也称贮备液。根据营养元素的类别和化学性质,母液可配制成大量元素母液、微量元素母液、铁盐母液、有机物母液和生长调节剂母液。

(一)基本培养基母液

一般将基本培养基母液配制成大量元素、微量元素、铁盐、有机物等几种母液。

1. 大量元素母液 大量元素母液是指含有 N、P、K、Ca、Mg、S 等大量元素的混合液,一般配制成 10 倍或 20 倍的母液。配制时要防止发生沉淀,各种药品应分别称量、分别溶解,充分溶解后才能混合。混合时还要注意加入的先后次序,把 Ca^{2+} 和 SO_4^{2-}、PO_4^{3-} 错开,以免 KH_2PO_4 和 $MgSO_4$ 与 $CaCl_2$ 相互结合生成 $CaSO_4$、$Ca_3(PO_4)_2$ 沉淀。必要时也可单独配制钙盐。

2. 微量元素母液 微量元素母液是指含有除 Fe 以外的 B、Mn、Zn、Cu、Mo、Co 等微量元素的混合液,一般配制成 100 倍或 200 倍母液。配制时也应分别称量、分别溶解,充分溶解后再混合。

3. 铁盐母液 因 Fe^{2+} 在水溶液中不稳定,易与 OH^- 或其他阴离子结合而发生沉淀,需要单独配制。一般用 $FeSO_4 \cdot 7H_2O$ 和 Na_2-EDTA 配成铁盐螯合剂比较稳定,不易沉淀。铁盐一般配制成 100 倍或 200 倍母液,置于棕色瓶中保存。

4. 有机物母液 有机物母液主要是维生素和氨基酸类物质(图 3-1-1),一般配制成 100 倍或 200 倍母液。

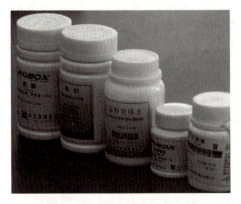

图 3-1-1 有机物母液成分

图 3-1-2 萘乙酸母液

(二)植物生长调节剂母液

植物生长调节剂必须单独配制,因其用量较少,浓度不宜过高,一般为 0.1~1.0mg/mL,一次配制 50mL 或 100mL(图 3-1-2)。

多数植物生长调节剂不溶或难溶于水,要先用少量的适当溶剂加热溶解。一般 NAA、IBA、IAA、ZT、GA_3、ABA 等先用少量 95% 酒精溶解,2,4-滴、TDZ 先用少量稀

NaOH 溶液溶解，KT、6-BA 等则用少量稀盐酸溶解，充分溶解后再加水定容至所需要的体积。

（三）母液配制流程

母液配制流程见图 3-1-3。

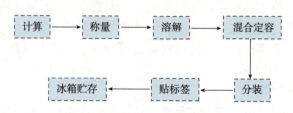

MS 培养基
大量元素
母液配制

图 3-1-3 培养基母液配制流程

（四）母液的贮存

配制好的母液要在低温条件下贮存，特别是有机物和植物生长调节剂要求较严，贮存的时间不宜过长。使用前轻轻摇动贮液瓶，如发现母液有沉淀或悬浮物，应该立即将其淘汰并重新配制。

任务工单

任务工单 3-1-1

技能训练

技能训练一 MS 培养基母液配制

一、训练目标

了解并掌握植物组织培养中 MS 培养基母液的配制与保存的基本知识及操作规范。能根据配方准确计算各种药品的称取量。掌握 MS 培养基母液的配制与保存技术。

二、材料与用品

MS 培养基母液所需各种药品、蒸馏水、电子天平（精确度为 0.01g、0.001g、0.000 1g）、钥匙、称量纸、烧杯（100mL、200mL、500mL、1 000mL）、玻璃棒、磁力搅拌器、量筒（100mL、200mL、500mL、1 000mL）、容量瓶（100mL、200mL、500mL、1 000mL）、洗瓶、棕色贮液瓶、标签纸、冰箱等。

三、方法与步骤

1. 计算 确定 MS 培养基各种母液的扩大倍数和配制量，一般大量元素母液扩大 10 倍或 20 倍，微量元素母液、铁盐母液、有机物母液扩大 100 倍或 200 倍，配制的升数根据用量和现有容量瓶的体积，一般为 1 000mL，计算出各种药品的称取量，列于表 3-1-4 中。

表 3-1-4　MS 培养基母液配制

MS 母液名称	化合物名称	配方用量/(mg/L)	扩大倍数	母液体积/mL	称取量/mg
大量元素母液	KNO_3 NH_4NO_3 $MgSO_4 \cdot 7H_2O$ KH_2PO_4 $CaCl_2 \cdot 2H_2O$	1 900 1 650 370 170 440			
微量元素母液	$MnSO_4 \cdot 4H_2O$ $ZnSO_4 \cdot 7H_2O$ H_3BO_3 KI $Na_2MoO_4 \cdot 2H_2O$ $CuSO_4 \cdot 5H_2O$ $CoCl_2 \cdot 6H_2O$	22.3 8.6 6.2 0.83 0.25 0.025 0.025			
铁盐母液	Na_2-EDTA $FeSO_4 \cdot 7H_2O$	37.3 27.8			
有机物母液	甘氨酸 盐酸硫胺素 盐酸吡哆醇 烟酸 肌醇	2.0 0.1 0.5 0.5 100			

2. 称量　选择相应的药品，注意要求为分析纯或化学纯，根据药品的称量数选择适当的天平。称量时最好选用硫酸纸，避免药品沾到纸上，影响准确性；钥匙要专药专用，避免混用；称量的量快到时，要轻轻拍打手臂，以防止称量过量；称好的药品要做好记号，防止漏称或重复；容易吸潮的药品称量速度要快。

3. 溶解　烧杯中放入适量（母液配制体积的 50%～60%）的蒸馏水和去离子水，将称量好的药品按顺序加入，当一种药品完全溶解了再加入另外一种，直至该母液的所有药品全部溶解。在溶解的过程中对于难溶的药品可以加热溶解，加热的温度以 60～70℃ 为宜；大量元素母液配制时钙盐单独溶解、定容，否则易出现沉淀；配制铁盐时，先用少量蒸馏水将 Na_2-EDTA 加热熔解，然后倒入 $FeSO_4 \cdot 7H_2O$ 溶液中充分搅拌并加热 5～10min。

4. 定容　将完全溶解后的溶液倒入相应的容量瓶中，用蒸馏水或去离子水润洗烧杯 3～4 次，将洗液完全移入容量瓶内，加水定容至刻线，摇匀。

5. 标记　将配制好的母液倒入棕色贮液瓶中，盖好盖子。瓶上贴好标签，注明母液名称、扩大倍数、配制日期、配制人等（图 3-1-4）。

6. 保存　将配制好的母液置于 4℃ 左右的冰箱中保存，定期检查有无沉淀，如出现沉淀重新配制。

```
MS 大量元素母液
    20 倍
     李××
    2022.3.2
```

图 3-1-4　标签格式

四、注意事项

（1）配制母液所需药品应采用分析纯或化学纯试剂。

（2）配制铁盐母液要先将 Na_2-EDTA 和 $FeSO_4$ 分别溶解，然后将 Na_2-EDTA 溶液缓慢倒入 $FeSO_4$ 溶液中，充分搅拌并加热 5~10min 使其充分螯合。

（3）母液保存时间不宜过长，当母液出现混浊或沉淀时，则需要重新配制。

五、考核评价建议

考核重点是操作规范性、准确性和熟练程度。考核方案见表 3-1-5。

表 3-1-5 MS 培养基母液配制考核评价表

考核项目	考核标准	考核形式	满分
实训态度	1. 任务工单撰写字迹工整、详略得当（10分）； 2. 操作认真、主动（10分）； 3. 积极思考，有协作精神（10分）	任务工单	30 分
技能操作	1. 计算准确（10分）； 2. 操作规范和准确（20分）； 3. 操作熟练（20分）	现场操作	50 分
效果	1. 母液标识清楚、正确（5分）； 2. 无沉淀发生（10分）； 3. 实验场地清理干净（5分）	现场检查	20 分
合计			100 分

技能训练二　植物生长调节剂母液配制

一、训练目标

植物生长调节剂母液配制

了解并掌握植物组织培养中生长调节剂母液配制与保存的基本知识及操作规范。能根据配方准确计算各种生长调节剂的称取量。

二、材料与用品

NAA、2,4-滴、6-BA、IBA、1mol/L NaOH、1mol/L HCl、95％酒精、蒸馏水、电子分析天平、钥匙、称量纸、烧杯、玻璃棒、磁力搅拌器、量筒、容量瓶、洗瓶、棕色贮液瓶、标签纸、冰箱等。

三、方法与步骤

1. 计算　确定各种生长调节剂的配制浓度和配制体积数，计算生长调节剂的称取量。列于表 3-1-6 中。

表 3-1-6　生长调节剂母液配制记录

母液名称	药品	母液浓度/（mg/mL）	配制体积/mL	称取量/mg
NAA 母液	NAA			
IBA 母液	IBA			
6-BA 母液	6-BA			
2,4-滴母液	2,4-滴			

2. 称量　选择相应的药品，根据药品的称量数选择适当的天平称量。其他同 MS 母液配制。

3. 溶解　生长调节剂配制时要先助溶，一般 IBA、NAA 等先用少量的 95％酒精溶解，2,4-滴用少量 1mol/L NaOH 溶解，6-BA 用少量 1mol/L HCl 溶解。

4. 定容　将完全溶解后的溶液倒入相应的容量瓶中，用蒸馏水或去离子水冲洗烧杯 3～4 次，将洗液完全移入容量瓶内，加水定容至刻线，摇匀。

5. 标记　将配制好的母液倒入贮液瓶中，瓶上贴好标签，注明母液名称、浓度、配制日期、配制人等。

6. 保存　将母液瓶储放在 4℃左右的冰箱中保存，定期检查有无沉淀，如出现沉淀重新配制。

四、注意事项

（1）各种药品一定要完全溶解后才能混合。
（2）一定将配好的母液做好标记，以免弄混。
（3）称量时选择适宜的天平。
（4）NAA 母液的浓度不宜超过 0.5mg/mL，6-BA 母液的浓度不要超过 1mg/mL，否则冷藏时间久了会出现结晶，从而影响实验结果。
（5）溶解药品时所用的 1mol/L NaOH、1mol/L HCl、95％酒精不能加入过多。

五、考核评价建议

考核重点是操作规范性、准确性和熟练程度。考核方案见表 3-1-7。

表 3-1-7　植物生长调节剂母液配制考核评价

考核项目	考核标准	考核形式	满分
实训态度	1. 任务工单撰写字迹工整、详略得当（10分）； 2. 操作认真、主动（10分）； 3. 积极思考，有协作精神（10分）	任务工单	30分
技能操作	1. 计算准确（10分）； 2. 操作规范和准确（20分）； 3. 操作熟练（20分）	现场操作	50分
效果	1. 母液标识清楚、正确（5分）； 2. 无沉淀发生（10分）； 3. 实验场地清理干净（5分）	现场检查	20分
合计			100分

任务二 培养基制备

一、培养基制备流程

培养基配制

组培生产上多采用固体培养基,其配制是根据配方及配制要求移取母液,再添加蔗糖和琼脂等固化剂熬制而成,技术环节较多,要求严格按照配制流程(图3-1-5)和各环节的技术要求配制,确保配制质量,否则会造成严重损失。

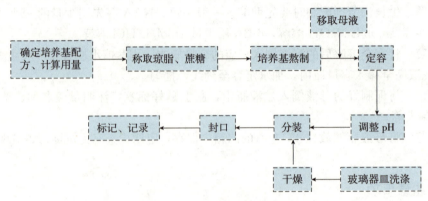

图3-1-5 培养基制备流程

二、培养基灭菌

培养基灭菌

植物组织培养是在无菌条件下对植物材料进行培养,而配制培养基时所用的各种药品、水、容器等含有大量的微生物,因此分装完成的培养基要立即进行灭菌,以防止培养基中的微生物开始生长,增加灭菌难度。一般要求在培养基配制完成后的4h内完成灭菌,如不能完成则放置在低温条件下进行保存,但时间不宜超过24h。

(一)高压湿热灭菌

培养基灭菌主要采用高压湿热灭菌,具体方法见该任务的技能训练一,培养基高压湿热灭菌的时间与培养容器的体积有关(表3-1-8)。

表3-1-8 培养基高压湿热灭菌所需要的最少时间

容器的体积/mL	121℃条件下灭菌的时间/min
20～50	15
75～150	20
250～500	25
1 000	30

为保证灭菌的彻底性,在灭菌过程中需要注意以下几点:

1. 高压灭菌锅内的空气必须排尽 高压灭菌锅内若留有空气,灭菌的压力表虽然达到了指定的压力,但灭菌锅内的温度达不到相应的温度(表3-1-9)。

表 3-1-9　高压灭菌锅内空气排出程度与温度的关系
（薛广波，2010. 公共场所消毒技术规范）

压力/MPa	灭菌锅内蒸汽温度/℃				
	空气完全未排出	空气排出 1/3	空气排出 1/2	空气排出 2/3	空气完全排出
0.035	72	90	94	100	109
0.07	90	100	105	109	115
0.105	100	109	112	115	121
0.141	109	115	118	121	126
0.176	115	121	124	126	130
0.210	121	126	128	128	135

2. 锅内的灭菌物品装入时要留有一点空隙　灭菌物品若放得过多、过密会阻碍蒸汽的流通，导致局部温度过低，影响灭菌效果。

3. 灭菌锅要经常检修、保养　高压灭菌锅的使用应由专人负责，灭菌过程中不得离开，确保安全生产。

4. 把握好培养基灭菌时间　不宜过长，也不能超过规定的压力范围，否则有些物质特别是维生素类物质就会分解，也会使培养基变质、变色，甚至难以凝固。

（二）过滤灭菌

如果培养基中要求加入 IAA、GA、ZT、CM、LH 和某些受热易分解的物质，则需要采用过滤灭菌装置灭菌。其原理是使溶液通过直径 $<0.45\mu m$ 的滤膜，使溶液中大于滤膜直径的细菌和真菌的孢子等物质无法通过滤膜，从而达到灭菌的效果。用量小时，可用无菌注射器；用量大时，通常采用抽滤装置。

三、培养基保存

灭菌后的培养基在室温下冷却后即可使用。如果灭菌后不立即使用，则应置于 4℃ 以下贮存。贮存室要保持无菌、干燥，以免造成培养基的二次污染。如果培养基中含有易光解的成分，如 IAA 和 GA 等，则保存期间尽可能避免光线的照射。

灭菌后的培养基一般在两周内使用，最多不超过一个月。贮存时间过长，培养基成分、含水量等会发生变化，而且易造成潜在的污染。此外，培养基灭菌后如果出现沉淀或琼脂不凝固等现象时，该培养基不能继续使用，应查明原因并重新配制。

培养基保存

教学案例：
植物组培无菌
培养的建立

任务工单

任务工单 3-1-2

技能训练

MS 固体培养基制备及灭菌

一、训练目标

掌握植物组织培养中固体培养基的制备、灭菌以及保存的基本知识，能准确计算母液、蔗糖、琼脂的用量，并掌握 MS 固体培养基的制备与灭菌技术。

二、材料与用品

MS 培养基的各种母液、生长调节剂母液、琼脂、蔗糖、天平、蒸馏水、移液管、量筒、容量瓶、电炉或电磁炉、酸度计或 pH 试纸、0.1mol/L NaOH、0.1mol/L HCl、培养瓶、标签、笔等。

三、方法与步骤

（一）MS 固体培养基的制备

1. 配方的确定 根据具体实验需要确定要制备的培养基配方及配制的体积数。

2. 计算 查看 MS 母液、生长调节剂母液扩大倍数，并将 MS 母液、生长调节剂母液扩大倍数、蔗糖、琼脂用量、生长调节剂浓度以及培养基配制的体积数填入表 3-1-10。

$$母液吸取量（mL） = \frac{培养基配方浓度（mg/L）}{培养基母液浓度（mg/L）} \times 培养基配制体积（mL）$$

$$生长调节剂母液吸取量(mL) = \frac{培养基配方浓度(mg/L)}{生长调节剂母液浓度(mg/L)} \times 培养基配制体积(mL)$$

$$蔗糖、琼脂称取量 = 百分比浓度 \times 培养基配制体积$$

表 3-1-10 MS 固体培养基配制

培养基配方：_____

培养基母液名称	母液扩大倍数（浓度）	配制的体积数/ mL	吸取量/mL
大量元素母液			
微量元素母液			
铁盐母液			
有机物母液			
蔗糖			
琼脂			
细胞分裂素			
生长素			

3. 量取 用天平分别称量蔗糖和琼脂，同时分别移取母液至烧杯中。

4. 定容 将量取好的母液移入容量瓶内，并淋洗烧杯 2~3 次，同样移入容量瓶，用蒸馏水定容至所需体积。

5. 熬制 将定容好的母液倒入锅内。先用大火烧开，将琼脂和蔗糖倒入，调到小火继续熬制,用玻璃棒不断搅拌,直至琼脂完全溶解。将熬制好的培养基倒入烧杯内,再次定容至所需体积。

6. 调节 pH　用 1mol/L 的 NaOH 或 1mol/L 的 HCl 调节 pH,将其调节至 pH 5.8～6.0。注意调节过程中不要调过头,以防止回调影响培养基中离子浓度。

7. 分装与封口　将配好的培养基尽快分装到培养瓶等培养容器中,分装时要掌握好培养基的量,一般以厚 1cm 为宜,分装时要注意不要将培养基溅到瓶口,以免引起污染。分装后的培养基应尽快封口,以免培养基中的水分蒸发,封口时瓶体倾斜不能超过 45°。如果使用封口膜封口,缠线松紧要适度,且线不能相互叠加。

8. 标识与记录　在培养瓶上贴上标签或用记号笔在瓶壁上注明培养基的代号、配制时间等,然后用周转筐运至灭菌室,准备灭菌。另外,要填好培养基配制登记表(表 3-1-11)。

表 3-1-11　培养基配制登记

培养基代号	配方	配制瓶数	培养材料

(二)培养基灭菌

1. 高压湿热灭菌　打开高压灭菌锅锅盖,加水至水位线。把已装好培养基的培养瓶放锅内,同时还可将需要灭菌的接种工具、包扎好的细菌过滤器、包好的滤纸、罐装好的蒸馏水(制作无菌水,不超过容器体积 2/3)等放入灭菌锅内。装时不要过分倾斜培养基,以免弄到瓶口上或流出。然后盖好锅盖,接通电源加热,当培养基灭菌结束后,取出放于平台上冷凝。

2. 过滤灭菌　把经过高压灭菌后的过滤器、滤膜、承接过滤灭菌后滤液的容器、移液管或移液枪枪头放入超净工作台,同时将配制好的需要过滤灭菌的生长调节物质、抗生素等一并放入超净工作台。双手消毒,在超净工作台内安装过滤灭菌器,将待过滤的生长调节物质等加入过滤漏斗或注射器内,启动减压过滤灭菌器或用力推压注射器活塞杆,使液体流过滤膜,将滤液按照培养基培养要求加入的量用移液管或移液枪(枪头已灭菌)立即加入未凝固的固体培养基中,如果是液体培养基则可等液体培养基冷却后再加入。

四、注意事项

(1)计算时注意单位是否一致。
(2)琼脂必须完全溶解。
(3)pH 调节不能过头。
(4)在使用高压锅灭菌时要严格按照规范操作。

五、考核评价建议

注重过程考核,定性和定量考核相结合,达到技能标准(表 3-1-12)。考核形式以单人操作为主,并辅以组内和组间的技能比赛,使考核、技能比赛与技能训练相结合,从而达到

"以考促训,以赛促练"的目的。

考核重点是操作规范性、准确性和熟练程度。考核方案见表3-1-13。

表 3-1-12　培养基制备技能标准

技能考核点	技能标准
移取母液	移取准确,一次性移取,不滴不漏,移液管贴标签专用,母液不要吸入吸耳球内,2min内移完母液
定容	用量筒或容量瓶定容时,视线、刻度线和凹形液面底面相平
培养基熬制	溶解顺序正确,溶解完全,溶解时需要不断地搅拌、防止糊锅底或溢出,熬好的培养基液体澄清透明,1L培养基熬制一般需要 15～20min
pH 调整	用酸度计或 pH 试纸测 pH,可用 0.1mol/L 的 NaOH 或 0.1mol/L 的 HCl 进行 pH 的调整
分装	趁热分装,分装均匀,培养基不能溅留在培养瓶口
封口	采用高压聚丙烯塑料封口时,培养瓶倾斜度不能超过 45°;扎绳位置在瓶颈处,松紧适宜,线绳不重叠。1min 内封完 12 个培养瓶为满分

表 3-1-13　培养基制备考核评价

考核项目	考核标准	考核形式	满分
实训态度	1. 任务工单撰写字迹工整、详略得当(10分); 2. 操作认真、主动(10分); 3. 积极思考,有协作精神(10分)	任务工单	30分
技能操作	1. 计算准确(10分); 2. 操作规范和准确(20分); 3. 操作熟练(20分)	现场操作	50分
效果	1. 培养基标识清楚、正确(5分); 2. 无不凝固现象发生(10分); 3. 实验场地清理干净(5分)	现场检查	20分
合计			100分

知识拓展

螯合剂与螯合物

螯合剂是一类能与金属离子一起形成环状配合物的有机化合物,又称配体(如乙二胺四乙酸二钠盐)。它既能有选择性地捕捉某些金属离子,又能在必要时适量释放出这种金属离子来。螯合物是螯合剂的一个大分子配位体与一个中心金属原子连接所形成的环状结构。例如,乙二胺四乙酸与金属离子的结合物就是一类螯合物,因乙二胺与金属离子结合的结构很像螃蟹用两只螯夹住食物一样,故起名为螯合物。所有的多价阳离子都能与相应的配体结合形成螯合物。其中螯合铁较其他任何植物生长所必需的金属螯合物都稳定,螯合物具有以下特性:①与螯合剂络合的阳离子不易被其他多价阳离子所置换和沉淀,又能被植物的根表所吸收和在体内运输与转移;②易溶于水,又具有抗水解的稳定性;③治疗缺素症的浓度不损伤植物。

自我测试

一、填空题

1. 600mL 地雷瓶盛装蝴蝶兰培养基，高压灭菌时间一般设定为_____ min。
2. 培养基配制的操作流程是计算→_____→熬制→移取母液→_____→_____→分装、封口→标识、记录。
3. 为防止培养基中 IAA、GA 等不耐热物质失效，应采取_____方式灭菌。
4. 培养基中琼脂和蔗糖一般添加的量分别是_____和_____。
5. 培养基的成分主要包括_____、_____、_____、_____和_____五类物质。

二、判断题

1. 激素母液浓度一般为 0.5~1mg/mL。（　　）
2. 配制母液用水要求是蒸馏水或去离子水，所需药品为工业品或农用品。（　　）
3. 培养基中肌醇添加量过多会引起污染。（　　）
4. 琼脂不仅是固化剂，也能为培养材料提供少量营养。（　　）
5. 配制 IBA、NAA 母液时，可用稀盐酸助溶。（　　）
6. 调整培养基 pH 时，一般滴加 0.1mol/L 的盐酸或氢氧化钠溶液。（　　）
7. 使用 pH 试纸比色时，不能将蘸湿的滤纸条与比色卡直接接触。（　　）
8. 熬制培养基的实质是使蔗糖充分溶解。（　　）

三、简答题

1. 培养基的主要成分有哪些？配制铁盐母液时的注意事项有哪些？
2. 植物组织培养常用的灭菌方法有哪些？请举例说明。
3. 请比较固体培养基和液体培养基的优缺点。固体培养基不凝固的原因有哪些？
4. 用于植物组织培养的激素种类很多，生长素/细胞分裂素比值不同时对离体材料的生长有何影响？

四、综合分析题

1. 请总结出培养基配制时母液移取量的计算公式。
2. 现在需要配制 2L 非洲菊的 MS 固体培养基，请阐述从母液配制、培养基的配制和分装直到灭菌的全部过程。

项目二
无 菌 操 作

 知识目标
- 了解常见的外植体种类和外植体选择原则。
- 掌握外植体预处理的方法和表面灭菌方法。
- 正确理解灭菌和消毒的含义，掌握各种灭菌剂的用途与灭菌原理。
- 掌握无菌操作规程和无菌操作程序。
- 熟悉常用的接种工具和接种方法。

 能力目标
- 能够熟练完成接种前准备工作和接种用品准备。
- 掌握无菌操作流程、接种方法与注意事项，能够熟练、规范地进行无菌操作。
- 能够根据不同外植体确定灭菌方案，掌握不同外植体的灭菌方法。
- 熟练使用超净工作台和接种器械。

 素质目标
- 熟悉安全生产规范、操作规程及环保基本要求，并自觉遵守。
- 树立无菌观念、质量意识、节约意识。
- 养成认真细致、注重细节、精益求精的工作作风。

 知识准备

任务一　外植体选择与处理

外植体是指植物组织培养中的各种培养材料。从理论上讲，植物细胞具有全能性，在适宜的培养条件下，任何器官、任何组织、单个细胞和原生质体都可以作为外植体，都能够再生新的植株。但实际上，不同的植物品种、不同器官、同一器官不同生理状态，对外界的诱导反应的能力和分化再生能力也有差别，培养的难易程度不同。在植物组织培养过程中，选择合适的、最易表达全能性的部位，是决定成功建立组织培养体系的关键因素之一。

一、外植体选择原则

1. 基因型　无论是离体培养繁殖种苗，还是进行生物技术研究，培养材料的选择都要从植物入手，选取性状优良的种质、特殊的基因型和生长健壮的无病虫害植株。选取优良的种质和基因型，离体快繁出来的种苗才有意义，才能转化成商品。同时选择生长健壮无病虫害的植株、器官或组织，其代谢旺盛，再生能力强，培养后容易成功。

2. 取材时期 组织培养选择材料时，要注意植物的生长季节和生长发育阶段，对大多数植物而言，应在其开始生长或生长旺季采样，此时材料的内源激素含量高，容易分化，不仅成活率高，而且生长速度快、增殖率高。若在生长末期或已进入休眠期时采样，则外植体可能对诱导反应迟钝或无反应。如花药培养应在花粉发育到单核靠边期取材，这时比较容易形成愈伤组织；百合在春夏季采集的鳞茎，在不加生长素的培养基中可自由地生长、分化，而其他季节则不能；叶子花的腋芽如果在1月至翌年2月采集，则腋芽萌发非常迟缓，在3—8月采集，萌发的数目多，萌发速度快。在晴天取材时，下午采取的外植体要比早晨采的污染少，因为经过日晒后可杀死部分细菌或真菌。

外植体的选择

3. 外植体大小 培养材料的大小根据植物种类、器官和目的来确定。通常情况下，快速繁殖时叶片、花瓣等面积为 $5mm^2$，其他培养材料的大小为 $0.5\sim1.0cm$。如果是胚胎培养或脱毒培养的材料，则应更小。材料太大，不易彻底消毒，污染率高；材料太小，多形成愈伤组织，甚至难以成活。

在选择外植体时，应尽量选择带杂菌少的器官或组织，降低初代培养时的污染率。一般地上组织比地下组织容易消毒，一年生组织比多年生组织容易消毒，幼嫩组织比老龄和受伤组织容易消毒。

4. 生理状态及发育年龄 生理状态和发育年龄直接影响离体培养过程中的形态发生。一般情况下，越幼嫩、年限越短的组织形态发生能力越强，组织培养越易成功。如黄瓜随着年龄的增长，其器官的再生能力逐渐减弱至完全消失。

5. 来源与选择部位 在选择植物外植体进行组织培养时，还要考虑待培养材料的来源是否有保证，来源是否丰富并容易获得，是否容易成苗；同时要考虑到该外植体，特别是经过脱分化产生的愈伤组织，是否会引起不良变异，丧失原品种的优良性状。对大多数植物来讲，茎尖是较好的部位，由于其形态已基本建成，生长速度快，遗传性稳定，也是获得无病毒苗的重要途径。但茎尖往往受到材料来源的限制，而采用茎段可解决培养材料不足的困难。

二、外植体的种类

不同种类的植物以及同一植物的不同器官对诱导条件反应是不一致的，脱分化、再分化的难易程度也不一样，其再生途径也不同。选取材料时要对所培养植物各部位的诱导及分化能力进行比较，从中筛选出合适的、最易表达全能性的部位作为外植体。一般来说，草本植物易于木本植物，双子叶植物易于单子叶植物。迄今为止，组织培养获得的成功，几乎包括了植物体的各个部位的器官、组织、细胞，如茎尖、侧芽、茎段、皮层及维管组织、表皮、块茎的薄壁细胞、鳞茎、根茎、根尖、叶片、子叶、叶柄、花瓣、花萼、胚珠、花粉粒、花药、胚轴等。

1. 茎尖 茎尖生长速度快，繁殖率高，不容易发生变异，茎尖培养是获得脱毒苗木的有效途径。因此，茎尖是植物组织培养中常用的外植体。但对于一些珍贵材料来说，取材比较有限。

2. 茎段和节间部 茎段是指带有腋芽或叶柄，长几厘米带芽的节段。大多数植物新梢的节间部是组织培养的较好材料。新梢节间部位不仅消毒容易,而且脱分化和再分化能力较强,取材方便,因此,是常用的组织培养材料。

3. 叶和叶柄 离体叶培养指包括叶原基、叶柄、叶鞘、叶片、子叶在内的叶组织。叶片和叶柄取材容易,新出的叶片杂菌较少,实验操作方便,是植物组织培养中常用的材料,但易发生变异。有些草本植物植株短小或无显著的茎,可用叶片、叶柄等作外植体,如非洲紫罗兰、秋海棠类、虎尾兰等。

4. 鳞片 水仙、百合、葱、蒜、风信子等鳞茎类植物常以鳞片为材料。同一百合鳞茎不同部位之间的再生能力差别也很大,外层鳞片叶比内层的再生能力强,下段比中、上段再生能力强。

5. 种子和胚 选择受精后发育完全的成熟种子和发育不完全的未成熟种子作为外植体。消毒方便,无菌萌发容易获得无菌苗。胚、胚芽、胚根不易被污染且具有幼嫩的分生组织细胞是常用的外植体。

6. 其他 根、块茎、块根、花粉等也可以作为植物组织培养的材料。

三、外植体预处理

外植体的预处理

从室外取回的接种材料往往带有较多的泥土、杂菌等,不宜直接接种,而且为了达到外植体的规格要求,需要对材料进行必要的预处理和修整。组培实践中可以结合外植体的种类与特点采取不同的处理方法。

1. 喷杀虫剂、杀菌剂及套袋 室外的植株可以提前选定枝条等取材部位,对取材部位喷施杀虫剂、杀菌剂,然后套上白色塑料袋,备用。

2. 材料预培养 挖取小植株,剪除一些不必要的枝条后改为盆栽,在室内或置于人工气候室内培养。也可将一些植株的枝条插入水中或低浓度的糖液中培养,选取新抽生的芽或嫩枝条作为外植体,污染率可下降到20%~30%。也可用成熟种子在无菌条件下经严格灭菌培育成无菌苗,然后采用无菌芽苗的胚轴、胚根、子叶等为材料,也可减少污染。为了加快外植体的诱导与分化,对一些材料,如花药则可进行高低温处理、药剂处理或辐射处理等。

外植体的初次修整

3. 修整 外植体表面灭菌前,预先进行必要的修整,以方便材料表面灭菌和外植体剪切。不同外植体的修整方法见表 3-2-1。

表 3-2-1 不同外植体的修整方法

外植体类型	修整方法
根及地下部器官	剪除老根、烂根;切除损伤及污染严重部位;用软毛刷刷洗,去除泥土、虫卵等附属物;幼根剪成1至几厘米长的根段
茎尖、茎段	剪去枝条上的叶片、叶柄及刺、卷须等附属物;软质枝条用软毛刷蘸肥皂水刷洗,硬质枝条用刀刮除枝条表面的蜡质、油质、茸毛等;枝条剪成带2~3个茎节的茎段,长4~5cm
叶片	叶片带油脂、蜡质、茸毛,可用毛笔蘸肥皂水刷洗;较大叶片可剪成若干带叶脉的叶块,大小以能放入冲洗容器即可

(续)

外植体类型	修整方法
果实、种子及胚	一般不用修整，直接冲洗消毒。对于种皮较硬的种子可去除种皮、预先用低浓度的盐酸浸泡或机械磨损
花蕾、花药	一般不用修整

4. 刷洗和冲洗 外植体采集回来后不宜久放，应及时修整、表面清洗和流水冲洗。外植体材料除去不用的部分，将需要的部分用适当的软毛刷在流水下刷洗干净，或用毛刷沾少量洗衣粉刷洗。流水冲洗时间要根据取材环境与离体材料本身的特点来综合确定，用流水冲洗几分钟至数小时，细小的或易漂浮的材料可用纱布或塑料纱网住。

5. 洗衣粉或肥皂水浸洗 刷洗好的材料用洗衣粉水或肥皂水浸洗1～5min，浸泡时不断搅动。洗衣粉可按100mL水加1～2角匙的量配制，浸泡完后，再用自来水冲净，进一步减少污染源。此过程可视外植体具体情况而定，较干净的或容易处理的可以省略此步骤。

四、外植体的灭菌

预处理完的材料接种前必须要进行灭菌处理，一方面要求把材料表面上的各种微生物杀灭，同时又不能损伤或只轻微损伤组织材料而不影响其生长。因此，在组织培养中，对外植体进行彻底灭菌是取得培养成功的最重要环节。

外植体材料来源不同，其带菌程度也不同，灭菌的难易程度和灭菌效果有明显差别。采自田间的材料较温室的材料难，新生嫩芽比老枝上的芽容易，夏天生长旺盛季节抽出的新芽灭菌效果好，污染率低。

外植体的消毒处理

1. 常用灭菌剂 灭菌剂的种类不同，杀菌效果也不同。因此，选择的灭菌剂既要具有良好的杀菌作用，又易被蒸馏水冲洗掉或能自行分解，且不会损伤或只轻微损伤组织材料而不影响其生长。常用的灭菌剂如表3-2-2所示。在使用不同的灭菌剂时，需要考虑其使用浓度和处理时间。

表3-2-2 常用灭菌剂的使用方法及效果

灭菌剂	使用浓度	灭菌时间/min	去除的难易	灭菌效果	对植物毒害
氯化汞	0.1%～0.2%	2～10	较难	最好	剧毒
酒精	70%～75%	0.1～1.0	易	好	有
次氯酸钠	2%	5～30	易	很好	无
漂白粉	饱和溶液	5～30	易	很好	低毒
过氧化氢	10%～12%	5～15	最易	好	无
新洁尔灭	0.5%	30	易	很好	很小
硝酸银	1%	5～30	较难	好	低毒
抗生素	0.04%～0.5%	30～60	中	较好	低毒

(1) 酒精。酒精是最常用的表面灭菌剂，以70%～75%酒精杀菌效果最好，95%或无水酒精会使菌体表面蛋白质快速脱水凝固，形成一层干燥膜，阻止酒精的继续渗入，杀菌效

果大大降低。

酒精具有较强的穿透力，使菌体蛋白质变性，杀菌效果好。同时它还具有较强的湿润作用，可排除材料上的空气，利于其他灭菌剂的渗入。但酒精对植物材料的杀伤作用也很大，浸泡时间过长，植物材料的生长将会受到影响，甚至被酒精杀死，使用时应严格控制时间。但酒精不能彻底灭菌，一般不单独使用，多与其他灭菌剂配合使用。

（2）氯化汞。氯化汞又称升汞。Hg^{2+} 可以与带负电荷的蛋白质结合，使蛋白质变性，从而杀死菌体。氯化汞的灭菌效果极佳，但易在植物材料上残留，灭菌后需用无菌水反复多次冲洗。另外，氯化汞对环境危害大，对人畜的毒性极强，使用后应做好回收工作。

（3）次氯酸钠。次氯酸钠是一种较好的灭菌剂，它可以释放出活性氯离子，从而杀死菌体。其灭菌能力很强，不易残留，对环境无害。但次氯酸钠溶液碱性很强，对植物材料也有一定的破坏作用。

（4）漂白粉。漂白粉的有效成分是次氯酸钙，灭菌效果很好，对环境无害。但容易吸潮散失有效氯而失效，故要密封保藏。

（5）过氧化氢。也称双氧水，灭菌效果好，易清除，又不会损伤外植体，常用于叶片的灭菌。

（6）新洁尔灭。新洁尔灭是一种广谱表面活性灭菌剂，对绝大多数植物外植体伤害很小，杀菌效果好。

2. 灭菌方法 不同外植体的灭菌方法如表 3-2-3 所示。

表 3-2-3　不同外植体的灭菌方法

外植体类型	灭菌方法
根及地下部器官	1. 用自来水冲洗 30min 以上； 2. 用 95％酒精漂洗； 3. 在 0.1％～0.2％氯化汞溶液中浸 5～10min 或在 2％次氯酸钠溶液中浸 10～15min； 4. 用无菌水漂洗 3～5 次
茎尖、茎段、叶片	1. 用流水冲洗后再用肥皂、洗衣粉或吐温洗涤； 2. 在 70％酒精浸泡 10～30s； 3. 按材料的老嫩和枝条的坚实程度，分别采用 2％次氯酸钠溶液浸泡 10～15min 或用 0.1％氯化汞溶液浸泡 5～10min； 4. 用无菌水漂洗 3～5 次
花药	1. 用 70％酒精浸泡数秒； 2. 用无菌水冲洗 2～3 次； 3. 用饱和漂白粉浸泡 10min； 4. 用无菌水漂洗 3～5 次
胚、胚乳	方法 1：成熟或未成熟的种子消毒后剥离出胚或胚乳。 方法 2：去除种皮后用 4％～8％次氯酸钠溶液浸泡 8～10min 或 0.1％氯化汞溶液浸泡 5～10min，然后用无菌水漂洗 3～5 次
果实、种子	1. 用自来水冲洗 10～20min； 2. 用 75％酒精漂洗数秒； 3. 果实用 2％次氯酸钠溶液浸 10min，然后用无菌水冲洗 2～3 次； 4. 种子则先用 2％次氯酸钠溶液浸泡 20～30min，难以灭菌的可用 0.1％氯化汞灭菌 5～10min。对于种皮太硬的种子，也可预先去掉种皮，再用 4％次氯酸钠溶液浸泡 8～10min； 5. 用无菌水漂洗 3～5 次

**任务工单**

任务工单 3-2-1

技能训练

外植体预处理与灭菌

一、训练目标

了解茎段灭菌的方法和步骤，熟练掌握外植体预处理和灭菌的操作流程。

二、材料与用品

蓝莓茎段、75％酒精、1％洗洁精或洗衣粉溶液、2％次氯酸钠、吐温-80、烧杯、玻璃棒、三角瓶、无菌培养皿、无菌滤纸、无菌水、手术剪刀、秒表或手表等。

三、方法与步骤

1. 外植体选择与处理

（1）选择晴天的中午或上午，取校园内健壮生长的蓝莓嫩枝若干，去除茎段上的叶片，留叶柄，将嫩枝剪成长 4～5cm 的茎段。

（2）用 1％洗洁精或洗衣粉溶液清洗蓝莓的嫩茎。

（3）再用流水冲洗 1～2h。

2. 外植体灭菌

（1）材料的表面灭菌要在超净台上完成。准备好灭菌的三角瓶、无菌滤纸、无菌培养皿、无菌水、玻璃棒、75％酒精、2％次氯酸钠、手表等。

（2）将预处理好的蓝莓嫩枝剪成带 1～2 个节和腋芽的茎段，以能放入 150mL 三角瓶为宜。

（3）把剪好的蓝莓茎段装入三角瓶，用 75％酒精浸泡 10～30s，不时摇晃，倒出酒精。

（4）向酒精浸泡过的蓝莓茎段中倒入 2％次氯酸钠溶液，加入几滴吐温-80，不时用玻璃棒轻搅，灭菌 10～15min。

（5）倒净 2％次氯酸钠溶液后立即倒入无菌水，用玻璃棒轻搅漂洗 4～5 次，每次 1～2min。

（6）灭完菌的茎段放超净工作台中无菌培养皿里面，于无菌滤纸上吸干水分，备用。

四、注意事项

（1）外植体要求无病、健壮。

（2）灭菌剂应在使用前临时配制。

（3）灭菌剂要充分浸没蓝莓茎段，不时用玻璃棒轻搅，促进材料各部分与灭菌剂充分接触，驱除气泡，使灭菌彻底。同时也要注意不能把液体洒出来。

（4）由于灭菌剂对植物材料具有极强的渗透力，极易杀伤植物细胞，注意把握好灭菌时间。如酒精灭菌时间从倒入75%酒精开始，至倒入灭菌液时为止，不能超过30s；次氯酸钠溶液是从倒入灭菌液开始，至倒入无菌水时为止。注意彻底清洗干净残留的灭菌剂，否则外植体会受到明显的伤害。

（5）在灭菌溶液中加吐温-80会使灭菌效果较好，能使灭菌剂更容易浸入到材料表面。应注意吐温的用量和灭菌时间，一般加入灭菌液的0.5%，即100mL加入15滴。

五、考核评价建议

考核重点是操作规范性、准确性和熟练程度。考核方案见表3-2-4。

表3-2-4　外植体预处理和灭菌考核评价

考核项目	考核标准	考核形式	满分
实训态度	1. 任务工单撰写字迹工整、详略得当（10分）； 2. 操作认真、主动（10分）； 3. 积极思考，有协作精神（10分）	任务工单	30分
技能操作	1. 外植体选择与处理得当（10分）； 2. 外植体表面灭菌操作规范（20分）； 3. 操作熟练（20分）	现场操作	50分
效果	1. 材料灭菌彻底（5分）； 2. 材料无变褐现象发生（10分）； 3. 实验场地清理干净（5分）	现场检查	20分
合计			100分

任务二　接　种

接种的含义

接种是指将经过表面灭菌后的离体材料在无菌环境中切割或分离出器官、组织或细胞转入到无菌培养基上的过程。由于整个过程都是在无菌条件下进行的，所以又称为无菌操作。接种是组培中最重要的技术环节和基本的操作技能，技术要求严格。提高接种质量是提高组培工作效率，保证组培正常有序进行的客观要求。

一、无菌操作规程

（1）接种前1h接种室灭菌。

（2）接种前20min打开紫外灯。

（3）接种员洗手，在缓冲间换鞋、穿实验服。

（4）关闭紫外灯，打开日光灯及风机，擦拭双手及台面。

（5）擦拭接种工具并反复灼烧，烘烤培养皿。

（6）按接种程序操作。

（7）接种操作结束后做标识、清理台面，填写记录。

二、接种程序

接种程序见图 3-2-1。

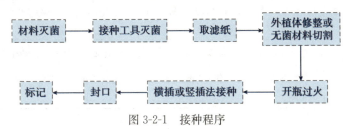

接种前准备

图 3-2-1　接种程序

三、接种方法和要求

接种方法与接种工具

植物组织培养中，接种操作有横插和竖插两种方法可供选择。二者的主要区别是手握工具的姿势和培养瓶是否置于台面上（图 3-2-2、图 3-2-3）。竖插法对于固体培养基和液体培养基都适合，对于继代"瓶转瓶"式的转接特别方便，而横插法一般只适用于固体培养基。生产实践中可根据培养基类型和个人习惯灵活选择接种方法。

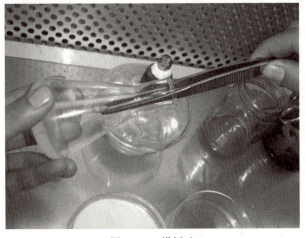

图 3-2-2　横插法

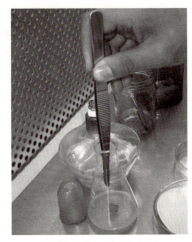

图 3-2-3　竖插法

在接种要求上，要做到规范操作和熟练操作。规范操作就是要求严格遵守接种程序，掌握各操作环节的技术要领，不折不扣地执行实施方案，具体要求见表 3-2-5。熟练操作是指在规范操作的前提下，提高操作速度，保证接种的高效性。

表 3-2-5　接种的一般要求

项目	具体要求
接种前准备	操作方案科学性、可行性强；材料准备充分、摆放合理；环境灭菌彻底；个人卫生合格

(续)

项目	具体要求
摆台	摆台合理
接种方法	选择合理、针对性强
外植体修整	达到一般规格要求。如茎段 1.0～1.5cm，节上 1/3，节下 2/3，带或不带叶柄；叶片 0.5cm×0.5cm，带中脉；微茎尖 0.2mm×0.5mm，带 1～2 个叶原基；普通茎尖 0.5～1.0cm 等
接种操作	执行无菌操作规程，身体姿态、操作手法符合无菌操作要求；动作协调性好
接种质量	外植体规格一致，布局均衡，深浅适宜，无倒插或深陷现象；标识清楚，表达明白；污染率低

四、接种操作的注意事项

在无菌操作过程中，应注意以下几方面：

（1）防止交叉污染。具体做到以下几点：①接种材料灭菌后要用无菌滤纸吸干水分，并剪除触及培养皿外沿或伸出培养皿外的接种材料；②修剪后的外植体不能重叠放置；③每切割完一瓶母种材料或无菌滤纸较湿、有较多破损之处时应及时更换滤纸；④接种工具不能碰到台面、管（瓶）的外壁、棉塞或薄膜；⑤接种工具要全面充分灼烧，手握的部位不能靠前；⑥接种工具在每次使用前最好进行火焰灭菌。

（2）必须在酒精灯火焰的有效范围内操作，如修剪材料、开瓶、接种等。

（3）接种工具灼烧后摆放合理，充分冷却，防止烫伤外植体。

（4）接种时夹取外植体用力要适当，外植体和手指不能触及瓶口。

（5）开瓶时解绳或去除橡皮筋的动作要轻，接种的培养瓶拿成斜角，防止灰尘落入瓶中。

（6）接种人员注意个人卫生，要经常洗澡、剪指甲，实验服、口罩和帽子应经常清洗和严格灭菌。

（7）无菌操作时戴上口罩，尽量不讲话，防止呼吸、说话或咳嗽所引起污染；双手不要超出超净工作台边缘，头部不要探入超净工作台内，手及手臂尽量避免或减少从培养皿上方经过的次数；离开超净工作台后再接种时要重新擦手。

（8）接种材料灭菌后，最好将相关器皿清理出台面，然后再接种。

（9）封口时线绳不能碰到培养皿和接种工具；封口材料接触瓶的部分不要用手触摸或接触台面。

（10）无菌操作要规范、准确、迅速，动作协调。

五、组培中常用的灭菌方法举例

组培中常用的灭菌方法

组培中常用的灭菌方法见表 3-2-6。

表 3-2-6　组培中常用的灭菌方法

灭菌对象	灭菌方法	备注
环境灭菌	培养室、接种室等环境灭菌方法有紫外线杀菌、臭氧发生机灭菌、熏蒸灭菌、喷雾杀菌等	1. 紫外线杀菌：20~30min； 2. 臭氧发生机灭菌：1.5~2h/60m^2； 3. 熏蒸灭菌：5~8mL/m^{2}甲醛＋5g/m^{2}高锰酸钾混合熏蒸；冰醋酸加热或硫黄熏蒸； 4. 喷雾杀菌：70%~75%酒精或0.2%新洁尔灭
培养基灭菌	湿热灭菌、超声波灭菌、过滤灭菌	1. 湿热灭菌：121℃，20~30min； 2. 微波、超声波灭菌； 3. IAA、GA等不耐热的物质采用过滤灭菌装置灭菌
接种材料灭菌	浸泡灭菌	70%~75%酒精浸泡10~30s 或 2%~10%次氯酸钠或0.1%~0.5%氯化汞等
接种工具灭菌	湿热灭菌、干热灭菌、器械灭菌器灭菌、灼烧灭菌等	1. 湿热灭菌：121℃，20~30min； 2. 干热灭菌：160~180℃，20~30min； 3. 器械灭菌器灭菌：300℃，3~5min； 4. 灼烧灭菌
培养瓶、接种盘灭菌	湿热灭菌、干热灭菌、超声波灭菌、烘烤灭菌	1. 湿热灭菌：121℃，20~30min； 2. 干热灭菌：160~180℃，20~30min； 3. 超声波灭菌； 4. 烘烤灭菌
实验服、口罩、滤纸、自来水	湿热灭菌、紫外线杀菌	1. 湿热灭菌：121℃，20~30min； 2. 紫外线杀菌：20~30min
桌面、墙面、双手和物品表面	喷雾杀菌、涂抹杀菌	1. 喷雾杀菌：70%~75%酒精或0.2%新洁尔灭； 2. 涂抹杀菌

任务工单

任务工单 3-2-2

技能训练

无菌操作

一、训练目标

通过无菌操作训练初步掌握组织培养的无菌操作规程。

二、材料与用品

超净工作台、75%酒精、培养基、接种器械（解剖刀、剪刀、镊子等）、酒精灯、培养材料（根、茎、叶或种子等）、0.1%氯化汞或漂白粉、无菌水、大烧杯（盛放消毒废液）、已经灭菌的小烧杯（用于外植体消毒）、接种盘（放有滤纸的培养皿）、酒精棉球（擦拭手、台面）等。

三、方法与步骤

1. 接种前准备

（1）按照任务工单提前列出接种用品清单，并准备齐全。

（2）接种前打开接种室臭氧发生机 30min，打开紫外灯照射 20min。

2. 无菌操作

（1）用水和肥皂洗净双手，穿上灭菌过的专用实验服、帽子与鞋子，进入无菌接种室。

（2）关闭臭氧发生机和紫外灯，打开日光灯和风机。

（3）用 75％酒精擦拭工作台和双手。

（4）用 75％酒精棉球擦拭装有培养基的培养器皿，放进工作台。

（5）把解剖刀、剪刀、镊子等器械放入接种器械灭菌器中灭菌，取出在火焰上灭菌后放在器械架上。

（6）材料灭菌具体方法见本项目任务一的相关内容。

（7）将经过灭菌的无菌滤纸取出置于接种盘或培养皿内，将无菌滤纸压实，紧贴于接种盘底部。

（8）对外植体进行二次修整，如茎段 1.0～1.5cm，节上 1/3，节下 2/3，带或不带叶柄；叶片 0.5cm×0.5cm，带中脉；微茎尖 0.2mm×0.5mm，带 1～2 个叶原基；普通茎尖 0.5～1.0cm 等。

（9）用火焰烧瓶口，转动瓶口使瓶口各部分都烧到，打开瓶口。

（10）把培养材料按照横插法或竖插法接种于培养基上，盖上瓶盖。操作期间应经常用 75％酒精擦拭工作台和双手；接种器械应反复在 75％酒精中浸泡和在火焰上灭菌。

（11）接种结束后，做好标识，清理和关闭超净工作台。

四、考核评价

考核重点是操作规范性、准确性和熟练程度。考核方案见表 3-2-7。

表 3-2-7 无菌操作考核评价表

考核项目	考核标准	考核形式	满分
实训态度	1. 任务工单撰写字迹工整、详略得当（10分）； 2. 操作认真、主动（10分）； 3. 积极思考，有协作精神（10分）	任务工单	30分
技能操作	1. 接种前准备全面（10分）； 2. 无菌操作规范（20分）； 3. 操作熟练（20分）	现场操作	50分
效果	1. 材料接种放置规范、合理（5分）； 2. 材料无污染发生（10分）； 3. 实验场地清理干净（5分）	现场检查	20分
合计			100分

知识拓展

植物无糖组培快繁技术

植物无糖组培快繁技术是指通过输入 CO_2 气体代替传统植物组织培养中的糖作为碳源，并采用微环境控制技术，提供适宜植株生长的温度、湿度、光照、气体、营养等条件，使培养容器中的小植株在人工光照下吸收 CO_2 进行光合作用，是环境控制技术和组织培养技术的有机结合，又称为光自养微繁殖技术。该技术是1980年由日本千叶大学的古在丰树教授提出和发明的，目前已经受到广泛关注，在许多国家和地区得到了推广应用。

一、植物无糖组培快繁技术的特点

1. 碳源的改变 在传统的植物组培快繁技术中，小植株以糖作为碳源进行异养或者兼氧生长，糖是其中不可缺少的物质。而无糖组培快繁技术中则用 CO_2 替代糖作为小植株生长的碳源，使其在人工光照下吸收 CO_2 进行完全的自养生长，在一定程度上避免了微生物的污染。

2. 培养容器的改变 为了防止污染，传统的组培快繁一般使用小的培养容器。而无糖组培快繁由于去除了糖，降低了污染率，使各类大型培养容器的使用成为可能，可以根据培养材料和生产规模的需要选用不同规格的培养容器。

3. 培养基质的改变 琼脂是传统组培快繁中最常用的基质，它的透气性差，不利于水分、气体和营养物质的移动和吸收。无糖组培快繁在基质的选择上相对广泛，主要是一些多孔的无机基质，如蛭石、纤维、珍珠岩、成型岩棉、沙子等，这些基质由于其良好的透气性，提高了小植株的生根率，而且与琼脂相比，价格相对低廉，节约了培养成本。

二、植物无糖组培快繁技术的应用

无糖组培快繁技术由于具有降低污染率、适于大规模培养、成本低等优点，目前已经在许多植物中得到了广泛的应用。

1. 在花卉研究中的应用 20世纪中期以来，组织培养技术在花卉组培快繁领域开始得到广泛应用，在开发具有自主知识产权的花卉新品种、培育脱毒花卉种苗等方面都起到了至关重要的作用。但与其他植物的组织培养一样，培养过程中出现的褐化、污染、生根率低和移栽成活率低也是制约某些花卉组培发展的瓶颈。随着无糖组培快繁技术的逐渐成熟和推广，该技术在花卉组培快繁方面表现出了明显的优势，如云南省农业科学院花卉研究所科研人员对康乃馨、非洲菊、满天星等植物进行了无糖组培技术研究，与传统的培养方法相比，无糖培养效果好，植株生根快，健壮且根系发达。

2. 在中草药研究中的应用 我国药用植物资源丰富，人们对药用植物的利用主要是以采挖和消耗大量的野生植物资源为代价，这必将导致某些中草药资源匮乏甚至灭绝，而且生态环境的日益恶化，也加快了药用植物资源减少的速度。由于植物组织培养具有不受地区、季节与气候限制，便于工厂化生产等优势，因此运用组织培养技术快速繁殖药用植物种苗，对于缓解药用植物资源匮乏和不足具有重要的作用，如在石斛、薯蓣、丹参等中药材的繁殖中都得到了广泛的应用。与其他植物一样，培养过程中的污染、褐化、生根率和移栽成活率低也是该技术在中草药研究中亟待解决的问题,而无糖组织培养技术的应用则有效地解决了上述问题。

3. 在其他方面的应用　无糖组培快繁技术除在花卉和中草药的研究中得到了应用之外,在马铃薯、草莓、花椰菜等植物的组培快繁中也得到了相应的应用。

三、无糖组培快繁技术的应用前景

无糖组培快繁技术作为一种新型的培养方法,打破了传统组培中必须依靠糖进行异养生长的培养方式,克服了传统组培中的一些缺点,解决了制约传统组培快繁中的瓶颈问题。通过调整组培的微生态环境,如光照度、CO_2浓度、培养基质等,在一定程度上降低了组培苗的污染率,缩短了培养周期,提高了生根率和移栽率。随着无糖组培理论研究的不断深入和相关设备的日益完善,该技术必将在更多的植物组培快繁中得到推广和应用,在植物工厂化、规模化生产中发挥更大的作用。

自我测试

一、填空题

1. 外植体表面灭菌的原则是_____。
2. 消毒与灭菌的根本区别是_____。
3. 次氯酸钙的灭菌原理是_____；$HgCl_2$的灭菌原理是_____。
4. 选择外植体之前应考虑的因素主要包括_____、_____、_____、_____、_____和外植体大小等。
5. 为提高外植体灭菌效果,可采取_____和_____灭菌方式;也可在灭菌剂中适当加入_____。
6. 离体植物材料灭菌方案的核心是灭菌剂的_____和_____。
7. 接种方法一般分为和_____和_____。
8. 接种材料一般采用_____灭菌,接种工具采用_____灭菌;接种室采用_____灭菌;滤纸采用_____灭菌。

二、判断题

1. 外植体灭菌方法是由接种材料的成熟度、母体植株的生态环境决定的。　　(　　)
2. 外植体采集前对取材部位套袋,与果树套袋的目的与做法相同。　　(　　)
3. 外植体灭菌时间是从灭菌液开始倒入容器至从容器倒出的时间。　　(　　)
4. 外植体表面灭菌后,可以视现场时间方便与否择机接入培养基。　　(　　)
5. 外植体灭菌过度的可能原因主要有灭菌剂的浓度和灭菌时间不适宜。　　(　　)
6. 不同植物种类、器官所选择的修整方法是不同的。　　(　　)
7. 判断变态器官是否为茎的依据是其上有节和节间,节上着生芽。　　(　　)
8. 接种后发现培养瓶污染,其原因一定是无菌操作不当造成的。　　(　　)
9. 接种后培养物倾斜多半是因为接种时拿瓶姿势不对。　　(　　)
10. 外植体修剪时,不小心掉在培养皿外,一般可以继续使用。　　(　　)

三、简答题

1. 外植体的种类有哪些？外植体的消毒程序及注意事项是什么？
2. 简述无菌操作流程。分析如何能避免接种操作过程中污染的发生。
3. 植物组织培养的接种方法有哪些？有何异同？

模块四 组培技术研发

项目一 组培试验方案设计

> **知识目标**
> - 掌握组培基本理论、组培快繁程序与类型。
> - 了解组培苗遗传稳定性的影响因素,掌握提高组培苗遗传稳定性的措施。
> - 了解文献检索方法,掌握组培信息搜集的程序和内容。
>
> **能力目标**
> - 能够根据需要搜集组培信息。
> - 学会搜集组培信息,会设计组培试验。
>
> **素质目标**
> - 具备信息搜集与处理的能力,能自主搜集、鉴别、处理组培信息,正确分析和有效解决组培实际问题。
> - 培养团队精神、创新意识和科学思维。

 知识准备

任务一 组培信息搜集

一、组培信息搜集

信息搜集是指通过各种方式获取技术研发所需要的信息。信息搜集是关键的一步,能够帮助试验研发者了解基本信息、工作进展、行业热点及难点,发掘相关的技术和科学问题,决定了技术研发的先进性和系统性。

(一)信息搜集原则和方法

信息搜集应坚持针对性、可靠性、完整性、实效性、准确性和易用性原则,以保证搜集的信息全面、真实、有效、有利用价值、便于应用。信息搜集方法包括参观访问、文献检索、专家咨询、网络咨询、现场调查、观察法、实验法等。具体操作层面可结合信息搜集目的、难易程度和主客观条件等，有针对性地选择一种或几种信息搜集方法。

（二）信息搜集程序

信息搜集的一般工作程序是：①制订信息搜集计划；②设计调查提纲和调查表；③信息搜集；④分类整理并保存信息资料。信息搜集时要做好记录，以备查询。搜集组培信息时，同样应坚持上述原则和工作程序，并选择适宜的搜集方法。

重点搜集的组培信息应包括以下几个方面：①组培对象的学名、品种名、商品名、生物学特征、生态学习性；②外植体的类型与取材时间、部位；③培养基配方；④培养条件；⑤培养效果；⑥移栽驯化条件与基质配比等。组培信息搜集结束后，应对所搜集的信息进行鉴别、分类、组合、排列，确保信息的准确性、系统性和可靠性，为下一步试验设计提供依据。

（三）信息搜集需注意的问题

信息搜集时，尤其需要全面查阅该植物组织培养方面相关的专业文献，尤其是较新的文献资料，进行综合分析。如果该种植物的文献数量不多或根本查不到，表明该种植物受到关注较少或组培成功案例较少，应扩大文献检索范围，查阅与之相近的、同一个属内其他种的相关文献。

二、组培再生的途径

根据离体材料再分化的类型与成苗途径，组培快繁一般分为无菌短枝型、丛生芽增殖型、器官发生型、胚状体发生型和原球茎发生型5种类型（图4-1-1）。通过组培快繁形成的植株称为再生植株。组培快繁类型也称为植株再生途径。

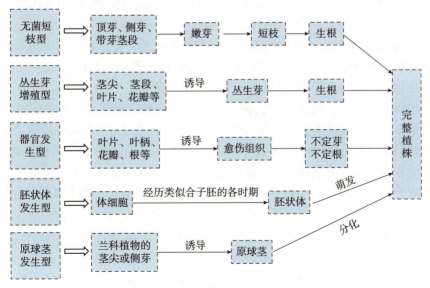

图 4-1-1　植株再生途径

（一）无菌短枝型

将顶芽、侧芽、茎尖分生组织或带有芽的茎切段接种到培养基上进行生长培养，逐渐形成一个微型的多枝多芽的无菌短枝（图4-1-2）。继代时将丛生芽苗反复切段进行繁殖，从而

无菌短枝型

迅速获得大量的组培苗,这种繁殖方式也被称作微型扦插或无菌短枝扦插,主要适用于顶端优势明显或枝条生长迅速,或对组培苗质量要求较高的一些木本植物和少数草本植物,如月季、矮牵牛、菊花、香石竹等。该种方式培养过程简单,成苗快,且不需经过愈伤组织而再生,因而能使无性系后代保持原品种特性。实践中应注意芽位置的选取,一般以上部3～4节的茎段或顶芽为外植体。

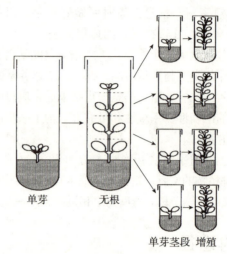

图 4-1-2　无菌短枝型繁殖示意
(陈世昌,2011. 植物组织培养)

器官发生型

(二) 器官发生型

器官发生型又称为愈伤组织再生途径,即将叶片、叶柄、花瓣等外植体在适宜的培养基和培养条件下经诱导形成愈伤组织,再由愈伤组织细胞分化形成不定芽或不形成愈伤组织而直接从表面形成不定芽。

1. 愈伤组织形成　愈伤组织是植物细胞经过脱分化形成一团不规则的具有分裂能力而无特定功能的薄壁组织。它可以在人工培养基上形成,也可在自然条件下形成,从机械损伤或微生物损伤、昆虫咬伤的伤口处产生。

(1) 愈伤组织的诱导。几乎所有植物材料经离体培养都有诱导产生愈伤组织的潜在能力,并且能够在一定的条件下分化成芽、根、胚状体等。在进行愈伤组织培养过程中,应根据不同的培养目的获取不同的外植体。如果要获得愈伤组织,可选择植株茎的切段、叶、根、花和种子,或把其中的某些组织切成片或块状,接种到培养基上;如果要进行细致的研究,则要考虑外植体的一致性,其一致性包括植物材料的来源及外植体的大小、形状、生理部位等,在进行这类研究中,常常选用组织块较大的材料。

一般而言,诱导外植体形成典型的愈伤组织大致要经历3个时期:启动期、分裂期和分化期 (表 4-1-1)。

表 4-1-1　愈伤组织形成时期及特点

发育期	时间段	细胞特点
诱导期 (启动期)	指细胞准备进行分裂的时期。其长短因植物种类、外植体的生理状态和外部因素而异	该时期细胞的大小变化不大,但细胞的内部却发生了生理生化变化,如合成代谢加强,蛋白质和核酸的合成等

(续)

发育期	时间段	细胞特点
分裂期	指细胞通过一分为二的方式，不断增生子细胞的过程。外植体的细胞一旦经过诱导，其外层细胞开始进行细胞分裂	处于分裂期的愈伤组织的共同特征是：细胞分裂快，结构疏松，缺少组织结构，颜色浅而透明
分化期	指停止分裂的细胞发生生理代谢变化而形成不同形态和功能的细胞的时期	此时的细胞体积不再减小，分裂部位和方向发生改变，形成分生组织瘤状结构和维管组织等

（2）愈伤组织细胞的生长和分化。形成的无序结构的愈伤组织块如果继续在原培养基上培养，就要解决由于其中营养不足或有毒代谢物的积累而导致愈伤组织块的停止生长，直至老化变黑死亡的问题。若要愈伤组织继续生长增殖，必须定期将它们分成小块，接种到新鲜的原培养基上继代增殖，愈伤组织才可以长期保持旺盛生长。

旺盛生长的愈伤组织的质地存在显著差异，可分为松脆型和坚硬型两类，并且可以相互转化。当培养基中的生长素类浓度高时愈伤组织块变松脆；相反，降低或除去生长素，愈伤组织变为坚实的小块。同一种类的愈伤组织也可随外植体的部位及生长条件的差异而不同，即便是同一块愈伤组织也会因各种因素的作用存在颜色和结构上的差异。愈伤组织在转入分化培养基后会出现体细胞胚胎发生及营养器官的分化，出现哪种情况取决于植物种类、外植体的类型与生理状态以及环境因子的影响，有时也有难以分化的情况。

2. 愈伤组织再生途径 愈伤组织再生一般包括3种方式：第一种情况是先形成芽，在芽伸长后，在其茎的基部长出根而形成小植株，大多植物为这种情况；第二种情况是先产生根，再从根的基部分化出芽形成小植株，这在单子叶植物中很少出现，而在双子叶植物中较为普遍；第三种情况是先在愈伤组织的相邻不同部位分别形成芽和根，然后两者结合起来形成一株小植株，类似根芽的天然嫁接，但这种情况少见，而且一定要在芽与根的维管束相通的情况下，才能得到成活植株（图4-1-3）。

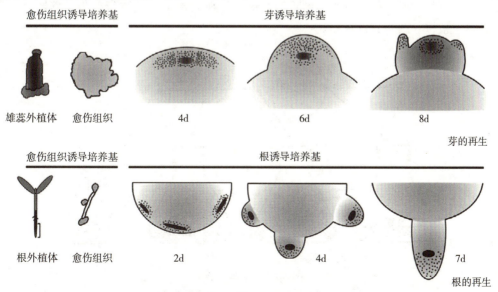

图4-1-3 愈伤组织的再生

3. 影响器官发生的主要因素

（1）外植体。理论上讲所有的植物都有被诱导产生愈伤组织的潜力，但植物种类不同诱导的难易程度不同。一般来说，被子植物比裸子植物诱导容易，草本植物比木本植物容易，同一种植物中幼嫩材料比老熟材料易于诱导和分化。

通常情况下，同一种植物的不同器官或组织所形成的愈伤组织，无论在生理上还是在形态上，其差别均不大，但是对有些植物而言，却有明显差异，如油菜的花器比叶、根等易于分化成苗；水稻和小麦幼穗的苗分化频率比其他器官高。

（2）培养基。培养基的类型、组成、生长调节物质及其配比、物理性质等都对愈伤组织诱导和分化不定芽产生一定影响。MS、B_5等基本培养基无机盐浓度高对愈伤组织诱导和生长有利。外源生长调节物质是植物愈伤组织诱导过程中不可缺少的组成成分，生长素与细胞分裂素的浓度和配比是控制愈伤组织生长和分化的决定因素，通过改变生长调节物质的种类和浓度，可有效调节组织和器官的分化。一般高浓度的生长素和低浓度的细胞分裂素有利于愈伤组织的诱导和生长。在生长素类调节物质中，2，4-滴诱导愈伤组织效果最好，但使用浓度过高则会抑制不定芽的分化。糖类、维生素、肌醇和甘氨酸等有机成分，可以满足愈伤组织生长和分化对营养的要求，且液体培养基要比固体培养基好，在液体培养基中愈伤组织易于生长和分化。另外，一些天然提取物对愈伤组织的诱导和维持十分有益，如10％椰子汁、0.5％酵母提取物、5％～10％番茄汁等。

（3）培养环境。在离体培养条件下，光对器官的作用是一种诱导反应，一定的光照对芽苗的形成、根的发生、枝的分化和胚状体的形成有促进作用。同时在（25±2）℃的恒温条件下都能较好地形成芽和根，而有些植物则需要在一定的昼夜温差下培养，且温度高低对器官发生的数量和质量有一定的影响。

（三）丛生芽增殖型

丛生芽增殖型

茎尖、带有腋芽的茎段或初代培养的芽，在适宜的培养基上诱导，可使芽不断萌发、生长，形成丛生芽。将丛生芽分割成单芽增殖培养成新的丛生芽，如此重复芽生芽的过程，称为丛生芽增殖型。将长势强的单个嫩枝进行生根培养，进而形成再生植株（图4-1-4）。

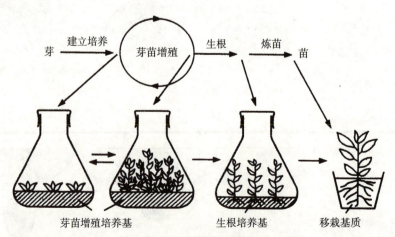

图4-1-4　腋芽丛生法
（刘进平，2005．植物细胞工程简明教程）

(四)胚状体发生型

胚状体类似于合子胚但又有所不同。胚状体发生型是再生植株通过与合子胚相似的胚胎发生过程,即球形胚、心形胚、鱼雷形胚和子叶形胚,形成类似胚胎的结构,最终发育成小苗,但它是由体细胞发生的(图4-1-5)。胚状体可以从愈伤组织表面或游离的单细胞产生,也可从外植体表面已分化的细胞产生。它是离体无性繁殖最快的途径(图4-1-6),也是人工种子和细胞工程常用的发生途径,但有的胚状体存在一定的变异,须经过试验和检测才能在生产上应用。由于胚状体发生型与器官发生型均可起源于愈伤组织或直接来自外植体,因而容易混淆。表4-1-2中列出了这两种途径的主要区别。

胚状体发生型

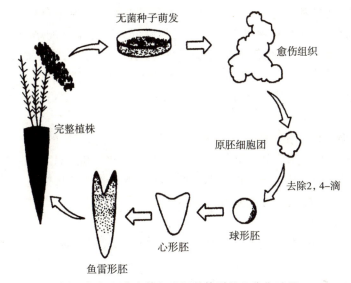

图4-1-5 胡萝卜体细胞胚状体诱导和分化过程
(肖尊安,2004. 植物生物技术)

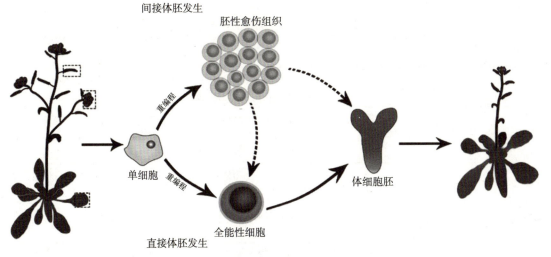

图4-1-6 体细胞形成过程示意

表 4-1-2　胚状体苗与器官发生苗区别

项目	胚状体发生型幼苗	器官发生型幼苗
来源与极性	最初形成多来自单细胞，双极性，两个分生中心，较早分化出茎端和根端	最初形成多来自多细胞，单极性，单个分生中心
维管组织	胚状体维管组织与外植体维管组织不相连	不定芽和不定根与愈伤组织的维管组织不相连
胚胎形态	具有典型的胚胎形态发生过程	无胚胎形态，分生中心直接分化器官
子叶	具有	不具有
生根	根芽齐全，不经历诱导生根	一般先生芽后诱导生根或先长根后长芽

影响胚状体发生的因素主要是培养基中的生长调节剂和含氮化合物。

1. 生长调节剂　大多数植物可在生长素与细胞分裂素相组合的培养基上才能诱导出胚状体（如山茶、花叶芋）；但也有些植物在只含有细胞分裂素的培养基上也能诱导胚状体（如大麦、檀香）；同时，在2,4-滴等生长素的作用下，愈伤组织有时也会在其若干部位分化形成胚性细胞团，但只有降低或者完全去除培养基中的2,4-滴等生长素（如金鱼草、矮牵牛）才能发育成胚状体。

2. 含氮化合物　诱导胚状体产生还要求培养基中含有一定量的含氮化合物，其中铵根离子对胚状体的形成有作用。如果愈伤组织是在含有 KNO_3 和 NH_4Cl 的培养基上建立起来的，无论分化培养基中是否含有 NH_4Cl，愈伤组织都能形成胚状体。另外，水解酪蛋白、谷氨酰胺和丙氨酸等对胚状体的发生有一定的作用。

（五）原球茎发生型

原球茎发生型

原球茎是一种类胚组织，可以看作是呈珠粒状短缩的、由胚性细胞组成的类似嫩茎的器官。一些兰科植物的茎尖或侧芽培养可直接诱导产生原球茎，继而分化成植株，也可以通过原球茎切割或针刺损伤手段进行增殖培养。

外植体及培养条件不同，则成苗的途径不同，且各种再生类型的特点不同。各种再生类型的比较见表 4-1-3。

表 4-1-3　各种再生类型的特点比较

再生类型	外植体来源	特点
无菌短枝型	嫩枝节段或芽	一次成苗，培养过程简单，适用范围广，移栽容易成活，再生后代遗传性状稳定，但初期繁殖较慢
器官发生型	除芽外的离体组织	多数经历"外植体→愈伤组织→不定芽→生根→完整植株"的过程，繁殖系数高，多次继代后愈伤组织的再生能力下降或消失，再生后易发生变异
丛生芽增殖型	茎尖、茎段或初代培养的芽	与无菌短枝型相似，繁殖速度较快，成苗量大，再生后代遗传性状稳定
胚状体发生型	活的体细胞	胚状体数量多、结构完整、易成苗和繁殖速度快，有的胚状体存在一定变异
原球茎发生型	兰科植物茎尖	原球茎具有完整的结构，易成苗和繁殖速度快，再生后代变异几率小

三、组培快繁方法

(一) 组培快繁程序

组培快繁程序因再生途径的不同存在一定的差异,一般包括启动培养、增殖培养、壮苗与生根培养、组培苗驯化移栽4个阶段。

组培快繁程序

1. 启动培养　又称初代培养、诱导培养,是指经过灭菌的外植体在适宜的培养条件下进行诱导和分化,获得愈伤组织、不定芽、短枝等无菌培养物的过程。在体胚发生体系中,能够获得胚性细胞即完成了启动培养的重要步骤,其目的是建立无菌培养体系,为离体再生做准备。这一阶段的培养效果依植物种类、外植体类型及培养基的成分而异。

启动培养一般比较困难,主要体现在获取无菌材料并保持再生的可能性。在此阶段尽量用小容器,而且每个容器最好只接1~2个外植体,相互保持一定距离,均匀分布,以保证充足的营养面积和光照条件,更重要的是避免相互污染。

多数外植体的启动培养对环境条件的要求是温度25~28℃、光照8~12h/d。不同外植体的启动培养对营养水平的需求不同,应选择与其相适应的基本培养基。在外植体诱导分化培养基中,生长素和细胞分裂素的浓度最为重要,如刺激腋芽生长时,细胞分裂素的适宜浓度一般为0.5~1.0mg/L,生长素的浓度水平较低,为0.01~0.1mg/L;诱导不定芽形成时,需较高水平的细胞分裂素;诱导愈伤组织形成,在增加生长素浓度的同时,可适当补充一定浓度的细胞分裂素。胚性愈伤的诱导过程更为复杂,目前多数植物还没有建立稳定、高效的诱导体系。

启动培养通常需要4~6周,所获得的培养物将过渡到增殖培养。而胚状体发生途径进行胚性细胞的诱导周期往往比较长,有些外植体可能需要在启动培养的阶段停留较长时间,这时必须将外植体转移到新培养基上进行培养。

2. 增殖培养　通过初代培养所获得的愈伤组织、不定芽、胚性愈伤组织或类原球茎等无菌材料被称为中间繁殖体。中间繁殖体由于数量有限,所以需要将他们切割、分离后转移到新的培养基中培养增殖,这个过程称为增殖培养(也称继代培养)。该阶段是植物快繁的重要环节,其目的是扩繁中间繁殖体的数量。由于培养物在接近适宜的培养条件下生长排除了其他生物的竞争,所以中间繁殖体能够按几何级数增殖。一般4~6周需进行继代一次,通常增殖系数为3~4倍,部分物种或品种可高达10~20倍。但也有一种情况,初代培养物难以继续进行增殖培养,需要进行精细化的调控去解决增殖培养的问题。

中间繁殖体有多种增殖类型,对于具体的植物来说,采取哪种快繁增殖方式取决于培养目的及材料自身。大多数植物诱导不定芽产生,再以芽生芽的方式进行增殖;兰科植物、百合等则采用类原球茎增殖途径,最大程度保障繁殖材料的遗传稳定性;体胚再生体系则以胚性愈伤组织作为中间繁殖体。

增殖培养基因植物种类、品种和培养类型的不同而异。通常增殖培养基与启动培养相同,不定芽或原球茎培养基所添加的植物激素多以细胞分裂素为主,并添加低浓度的生长素,而细胞分裂素和矿物元素的浓度水平则高于启动培养。在胚性愈伤的继代增殖中,通常以生长素为主要的激素类物质,辅以细胞分裂素提高增殖系数,因为生长素对胚性细胞状态的维持更加重要，一旦去除生长素，胚性细胞的极性会得以表达，从而进行胚状体的发育，对继代培养不利。细胞分裂素和生长素的比例是影响繁殖系数和不定芽质量的主要因素。如果生长素/细胞分裂素比值大，则不定芽生长健壮，而繁殖系数较低，达不到快速繁殖的目的；如果只用细胞分裂素，中间繁殖体的增殖量虽然大，但是通常材料长势比较细弱，需要加入生长素以促进茎的生长，即需要一个壮苗过程。只有将二者的比例调整到适宜的水平，才能使中间繁殖体快速增殖。中间繁殖体经过多次继代，有时芽苗会出现不能生长、茎尖褐化、进入休眠，甚至失去再生的潜能等衰退现象，可以采取及时降低外源激素的浓度、避免基部愈伤组织的产生或重新构建无性繁殖系等措施加以解决。当中间繁殖体大量增殖后，应及时过渡到生根培养阶段。若不能及时将中间繁殖体转到生根培养基上去，长期不转移的芽苗就会发黄老化，或因过分拥挤而使无效苗增多，导致芽苗的浪费。而胚性愈伤组织经过长期继代也会发生胚性降低或丧失的情况，因此，继代周期、继代次数的把握都非常重要，通常情况下应结合启动培养做好继代材料的更新。

3. 壮苗与生根培养 通常情况下，通过增殖培养形成的大量无根芽苗需要进一步诱导生根，少部分物种可以不用诱导生根。对于体细胞发生途径，因为材料本身具有茎尖和根尖的极性结构，一般不需要专门进行诱导生根，仅需将培养基中的生长素类物质去除，即可进行胚状体的诱导，得到的胚状体能够进一步发育成体胚苗。无根芽苗的生根质量是移栽成活的关键，主要体现在根系质量（粗度、长度）和根系数量（条数）两个方面，不仅要求不定根比较粗壮，更重要的是要有较多的毛细根。试管苗生根一般分为试管内生根和试管外生根两种方式。

（1）试管内生根。当丛生芽苗增殖到一定数量后要分离成单个芽苗或小芽丛，转入生根培养基进行生根诱导。一般认为培养基渗透压降低利于生根，如矿物元素浓度较低时有利于生根，故多采用1/2、1/3或1/4 MS培养基；同时，较低浓度的蔗糖等碳源对根系伸长生长较为有利。在激素的使用方面，不用或仅用浓度很低的细胞分裂素，同时加入适量的生长素。其中，用得最普遍的生长素是NAA（0.1~1.0mg/L），一般外植体芽苗2~4周即可生根。当长出洁白的正常短根（≤1cm）时，即可出瓶驯化。实践中要选择好适宜的生长素及其浓度，否则较高浓度生长素的培养基上不利于幼根的生长发育。不同植物种类生根培养的难易程度不同。一般木本植物比草本植物难；乔木比灌木难；成年树比幼树难。对生根比较困难的植物可采用纸桥培养法（如山茶花、香石竹等）。

生根阶段可以采取下列壮苗措施：培养基中添加多效唑、丁酰肼、矮壮素等一定数量的生长延缓剂，可以促进单位体积内源养分的积累；将培养基中的糖含量减半，光照度提高为原来的3~6倍，一方面促进生根，促使试管苗的生活方式由异养型向自养型转变；另一方面对水分胁迫和疾病的抗性也会增强。加入活性炭可解决部分植物根系对光敏感的问题。

由于胚状体有根原基和芽原基的分化，可不经诱导生根阶段直接成苗，但经胚状体途径发育的苗数特别多，并且个体弱小，所以通常需要一个在低浓度或没有植物激素的培养基中培养的阶段，以便壮苗生根。由其他途径形成的弱小试管苗也需要经历一个壮苗过程。

（2）试管外生根。试管外生根又称活体生根，即不经过生根培养阶段，而是从继代增殖的健壮芽苗上切取插条，直接扦插于基质中生根。有些植物种类在试管中难以生根，或有根但与茎的维管束不相通，或有根而无根毛，吸收功能极弱，移栽后不易成活，这就需要采用试管外生根法。一些商业性实验室经过成本核算，认为诱导芽苗生根过程的费用占总费用的

35%～75%时，就可以考虑采取瓶外生根的方法，把生根和驯化过程结合起来，既可大幅度降低组培成本、能耗与工时，又能够提高移栽成活率。

试管外生根主要有3种方法：①在试管内诱导根原基后再移栽。将符合生根标准的芽苗转入生根培养基中，培养4～10d，待芽苗基部长出根原基后取出扦插到室外基质中，短时间就可自行生根。此法生出的根系有根毛，吸收功能好，成活率高，既缩短了生产周期，又适于长途运输，简便易行。②在生根小室扦插生根与炼苗。做一个生根小室，不用琼脂和蔗糖，而采用泥炭、珍珠岩等透气又保湿的基质作为扦插基质，能够人为控制环境条件。将健壮的无根嫩茎剪切成长1～3cm的小段移入生根小室，培养20～30d即可生成发育良好、吸收功能强的新根。此法相对费用较高。③盆栽或瓶插生根法。以装有基质的罐头瓶或花盆作为容器，将生长健壮的无根芽苗插入其中，深度控制在0.3～1.0cm，再加入外源生根激素或生根营养液，在适宜的环境条件下30d左右即可生根成活。有的也可直接扦插到基质苗床上。

需要注意的是，并不是所有植物都适合试管外生根，应在小范围试验摸索成功后才可在生产上应用；试管外生根时一定要选择生长健壮的无根芽苗；最好用生根粉或生长素浸蘸处理（如插条基部浸入50～100mg/kg的IBA溶液中处理4～8h）后再扦插，能够显著提高生根率。

4. 组培苗驯化移栽 在温室等设施内搭建床架，对苗床进行彻底消毒。床架上搭建小拱棚，上盖塑料薄膜以利于驯化初期的保湿。根据计划移栽量需准备穴盘，以蛭石、草炭等常用基质作为驯化基质。将消毒过的基质装入穴盘，基质松紧度以轻压不陷坑有弹性为宜。

组培苗具3～4条根、根长1cm左右时，将瓶苗置于温室内阴凉弱光处放置3～5d，然后开瓶加少量水炼苗2d左右，有些物种也可以不加水。在清水中洗净根部培养基，然后置于百菌清800～1 000倍液中浸泡6min，取出后选择生长健壮、无变异的组培苗分级摆放在消过毒的泡沫盒中，注意保湿。在穴盘打孔栽苗，每穴栽1株，深度以埋住根系且不倒伏为准，栽后轻轻压实。穴盘按顺序摆放后立即用消毒溶液喷洒，拱棚上覆塑料薄膜保湿。温度控制在20～25℃，不要超过35℃；空气相对湿度控制在95%以上。刚移栽时光照度控制在800～1 000lx，10d后逐渐增加光照度，但光线不能直射，以免灼伤叶片，生产上一般采用双层遮阳网来控制光强。通常栽后30d左右小苗长出新叶、新根，以后逐渐撤去塑料薄膜，1个月后逐渐撤去无纺布和遮阳网，后期进入常规管理。

（二）组培快繁条件

组培快繁条件包括操作环境、组培人员和培养条件等。操作环境要求严格无菌，能够人为控制培养条件，在接种台位、培养架的数量与培养面积等方面均能满足种苗组培与快繁生产量的要求，从事组培与快繁的人员要求具备一定理论基础，操作熟练，具有比较丰富的实践经验，在人员素质和数量上满足生产要求。培养条件包括温度、光照、湿度、培养基的成分与pH等。此外，应备有足够的培养容器、药品、工具等与组培快繁的相关用品。影响植物再生的因素较为复杂，主要包含以下内容。

1. 外植体 植物不同的器官和组织，对离体培养的反映不同，其再生能力也是不同的。外植体的种类是影响组织培养效果的主要因素之一，即使是相同的器官，由于其生理学或发育年龄的差异，也会影响形态发生的类型。如胡萝卜子叶不同部位培养诱导的发育过程不同。基因型是影响植物再生的重要因素，如体细胞胚的诱导率和每个胚性外植体上体细胞胚的发生率因基因型而异。只有表皮下细胞具有真正细胞全能性和有能力直接产生体细胞胚，而不用通过愈伤组织阶段的诱导。一般认为，外植体越接近生殖生长，体胚发生的可能性越高，另外，内源生长素的含量是决定外植体体胚发生效率的重要因素。

2. 植物激素 常用于组织培养的植物激素有两大类，即生长素类和细胞分裂素类，而其他激素如脱落酸、赤霉素、多胺等也有重要作用。离体植物细胞在开始往往缺乏合成生长素和细胞分裂素的能力，但是在大多数情况下，这些细胞的分裂和分化以及形态建成过程中又必须有这两种激素的共同作用。在培养介质中添加不同种类或不同浓度的外源激素诱导形态发生已受到广泛的重视。但最关键的是组织内部和不同再生起源发生部位的内源激素代谢动态和平衡。

生长素类的主要作用是重新启动有丝分裂，使已停止分裂的植物细胞恢复分裂能力。植物生长激素通常被用来诱导愈伤组织形成及其增殖，对多数植物材料的培养而言，2,4-滴是生长素中诱导愈伤组织和实现细胞悬浮培养最有效的物质，对组织培养再生芽的诱导和再生非常有效。在愈伤组织的产生和增殖过程中，在 2,4-滴等生长素的作用下，有时会在愈伤组织的若干部位分化形成胚性细胞团，但只有降低或者完全去除培养基中的 2,4-滴等生长素（如金鱼草、矮牵牛）才能发育成胚状体。在胡萝卜细胞悬浮培养体细胞胚发生中发现，2,4-滴在诱导胚性细胞早期是必需的，而且 2,4-滴通过影响 IAA 结合蛋白起作用，其实质是促进 IAA 结合蛋白的形成，提高细胞对 IAA 的敏感性，从而诱导胚性细胞的形成。水稻细胞培养中也发现，由于 2,4-滴促进细胞内源 IAA 含量提高进而诱导胚性细胞的形成，并认为内源 IAA 含量上升或维持在较高水平，是胚性细胞出现的一个共同标志。单子叶植物和双子叶植物诱导体细胞胚胎发生时，所要求的 2,4-滴浓度不同，单子叶植物的使用浓度一般高于双子叶植物，前者的范围为 0.5~5.0mg/L，后者为 0.02~1.0mg/L。对于单子叶球根花卉而言，毒莠定（PIC）是一种新型的、特异性的诱导激素类物质，在百子莲、郁金香、水仙等花卉中应用逐渐增多。

细胞分裂素的主要作用是促进细胞的分裂和扩大，使茎增粗，抑制茎伸长，诱导芽的分化，促进侧芽萌发生长。细胞分裂素在诱导愈伤组织的时候，一般要和生长素配合使用，增强生长素的诱导作用和效果。在愈伤组织的诱导、器官发生和增殖过程中，细胞分裂素和生长素的比例是非常重要的，当细胞分裂素含量高时产生不定芽，反之，产生不定根或愈伤组织。细胞分裂素对某些植物胚性细胞的诱导有抑制作用，因此在体胚发生体系中较少使用；少数植物在只有细胞分裂素的培养基上也能诱导胚状体（如大麦、檀香）。

ABA 在器官发生途径的再生中使用较少，而对植物体细胞胚的发生与发育具有重要作用。外源 ABA 与内源 ABA 对体细胞胚发生起到相互调节和促进的作用，而且通过补充外源 ABA 可以明显提高体细胞胚发生的频率与质量。ABA 对某些植物体细胞胚胎发生特异性基因的表达起调控作用，激活相关基因的表达，合成贮藏蛋白、晚期胚胎发生丰富蛋白和胚胎发生的特异性蛋白。

外源多胺对体胚发生的作用取决于植物种类及其内源多胺的状况。多胺与体细胞胚发生的关系在胡萝卜的研究中较多。已发现胡萝卜的胚性细胞中腐胺、精胺含量比非胚性的高，在胡萝卜体细胞胚发生的前胚时期多胺含量一般较低，从球形胚、心形胚到鱼雷胚时期，精胺和亚精胺逐渐升高，心形胚时期以腐胺为主，鱼雷胚时期则富含亚精胺。

3. 氮源 除生长素外，培养基中还要求有一定量的含氮化合物。还原性氮（铵态氮）

的高低直接影响胚状体的诱导效果,另外,水解酪蛋白、谷氨酰胺和丙氨酸等对胚状体的发生有一定的作用。MS 培养基因含有硝态氮和铵态氮,有利于胚状体形成,而有机氮源通常有利于胚状体发生,其中脯氨酸对禾谷类胚状体发生有重要作用。氮源在胚性诱导方面的调控作用主要体现在氮代谢方面。氮代谢作为植物体内最基本的物质和能量代谢过程,细胞吸收硝态氮和铵态氮有利于进行氨基酸和蛋白质的转化,不同氮素形态对愈伤组织细胞可溶性蛋白含量和可溶性糖含量也具有重要影响。

4. 糖类 碳源是植物组织培养不可缺少的物质,它不仅能给外植体提供能量,而且能维持一定的渗透压。不同植物对不同糖类的反应不完全相同,多数植物组织培养除蔗糖外,在以葡萄糖、果糖为碳源时也能生长良好。糖类也可影响植物再生途径。研究表明,小麦的愈伤组织一旦分化为胚性细胞后就有淀粉粒的积累,在胚性细胞分化与发育的整个过程中,淀粉的两次合成高峰均在发育的重要转折期,为体细胞胚的进一步发育和分化提供必要的物质和能量基础。淀粉的积累与胚性细胞分化能力和体细胞胚发育时期的转折密切相关。

5. 其他因素 除了以上因素,培养基中的琼脂、活性炭,培养环境中的光照、湿度、培养时间、材料处理、接种方式、实验人员的经验以及继代时间的长短等也都是组培再生可以进行调控的因子。

(三)提高组培苗遗传稳定性的措施

植物组织培养一般会选择性状优良的种质资源进行快繁,虽然该过程可获得大量形态、生理特性不变的植株,建立遗传性一致的无性系,但在培养过程中往往会发生变异。有些是有益变异,在育种过程中具有重要的价值,但更多的是不良变异,造成人力、财力、物力和时间损失。在组培试验与生产上对保持试管苗遗传稳定性的问题必须予以高度重视,需要了解其发生的因素,选择适当的应对变异的措施,而且在组培快繁过程中需要进行遗传变异的检测。

1. 影响组培苗遗传稳定性的因素

(1)外植体。外植体的倍性通常存在不确定性,一段成熟的茎或根通常既含有二倍体细胞又含有多倍体细胞,而且均可被刺激而分裂,形成愈伤组织,有些培养基可能优先促进较高倍性细胞的分裂,最终造成变异。基因型不同,发生变异的频率也不同。如在玉簪组培过程中,杂色叶培养的变异频率高于绿色叶;香龙血树愈伤组织培养再生植株全部发生变异;嵌合体植株培养后其变异更大,如金边虎皮兰经过组织培养后,往往变成普通虎皮兰;单倍体和多倍体变异大于二倍体。同一植株不同器官的外植体对无性系变异率也有影响,在菠萝组织培养中,来自幼果的再生植株几乎 100% 出现变异,而来自冠芽的再生植株的变异率只有 7%,似乎表明从分化水平高的组织产生的无性系较从分化水平低的无性系更容易出现变异。此外,不同的发育时期其变异程度不同,成年期枝条具有栽培品种的优良性状,而幼年期的枝条通常难以表达,就算具有潜在的表达能力,所需的时间也比较长。

(2)继代次数与继代时间。时间越长则其染色体畸变越大,不正常核型也越多,试管苗继代的次数与培养时间的长短直接影响遗传的稳定性,一般随继代次数和时间的增加,变异频率不断提高。香蕉继代培养不能超过一年;蝴蝶兰连续培养 2 年更换一次茎尖。研究表明,变异往往出现在由年龄渐老的培养物所再生的植株中,而由幼龄培养物再生的植株一般较少发生。另外,长期营养繁殖的植物变异率较高,有人认为这是由于在外植体的体细胞中已经积累着遗传变异。因此,在组织培养中,应该尽量减少继代次数,缩短继代时间。

(3) 植株再生方式。植株再生方式不同，其遗传稳定性差异较大。在离体器官的发生方式中，以茎尖、茎段产生丛生芽的再生方式不易发生变异或变异率极低；而通过愈伤组织分化不定芽获得的再生植株，变异频率较高，通过胚状体途径再生植株变异较少。

(4) 外源激素。培养基中的外源激素是诱导体细胞无性系变异的重要原因之一。一般认为较低浓度的外源激素能够有选择地刺激多倍体细胞的有丝分裂，而较高浓度的激素则能抑制多倍体细胞的有丝分裂。在高浓度激素的作用下，细胞分裂和生长加快，不正常分裂频率增高，再生植株变异也增多。选用各种激素以及调节合成培养基中激素水平的平衡，对组织培养的遗传稳定性有重要作用。培养条件中的无机物、有机物、光照、温度、相对湿度等主要是通过调节植物的内源生长物质及生理活动而发生作用。

2. 减少变异，提高遗传稳定性的措施 进行植物组培与快繁时，尽量采用不易发生体细胞变异的分化途径，如采用茎尖培养胚状体繁殖等方式都能有效地减少变异；缩短继代时间，限制继代次数，每隔一定继代数后，重新采集外植体进行培养；选取幼年的培养材料；采用适当的植物激素和较低的激素浓度，不要加入容易引起变异的化学药剂；定期对试管苗和移栽苗进行观察和检测，及时剔除生理、形态异常苗。

四、组培研究的技术路线

组培研究的主要目的就是确定最有利的再生措施，为种苗工厂化组培快繁提供依据。影响组培快繁的因素主要包括以下几类：①外植体（类型、取材部位、采集时期）；②培养基的种类；③激素（种类、浓度、配比）；④添加物及糖类（种类、浓度）；⑤pH；⑥温度（高温/低温、恒温/变温）；⑦光照（光培养/暗培养、光周期、光质）；⑧培养方式（固体/液体、静置/振荡）。除了外植体取材，其他均为外因。

组培研究首先要确定外植体的取材类型、取材部位、采集时期。外植体的取材类型与取材部位决定其再生潜力，生理状态决定其再生速度，而取材时间决定其生理状态和消毒的难易程度。进行启动培养的外植体需要从室外空间进行选择，一般以腋芽和顶芽作外植体，取材时期最好在春夏之交植物旺盛生长的阶段。而进行生产最好的外植体是无菌的试管苗，其来源有3条途径：一是从企业、高校或科研单位购买；二是通过技术转让；三是种苗交换。自己采集外植体，首先要获得无菌材料，一般可参照以下步骤筛选培养因子（组合）；自我设计培养基配方开展试验研究，一般先在空白的MS培养基上过渡一代，然后再按相同步骤进行试验。

1. 培养基种类 如果组培的外植体或愈伤组织生长不理想，下一步就要筛选基本培养基。一般保持激素配方不变，比较 MS、B_5、N_6、WPM、VW 等不同基本培养基的效果。

2. 生长素和细胞分裂素 一般以 MS 培养基为基础，首先筛选生长素和细胞分裂素的种类、浓度与配比。生长素和细胞分裂素的浓度范围平均为 0.5~2.0mg/L。一般在增殖阶段细胞分裂素多些，生长阶段生长素多些，生根阶段只加生长素，但组培过程中的特殊情况也较多，应具体情况具体分析。启动培养阶段的激素种类和用量非常重要，决定后期的取材以及培养过程中材料的状态，通常得到具有分裂活力的愈伤组织为第一步。

3. 糖和其他添加物 培养基各个阶段对糖的需要不同，一般 2%~5% 的含糖量比较合适，其中 3% 较为常用。如果糖浓度对培养效果的差异不明显，从节约成本角度考虑应选最低含糖量。糖的种类一般选用蔗糖,生产上多用白砂糖代替。椰乳、香蕉汁(泥)、水解乳蛋白等有机添加物多在植物枯黄等特殊情况下使用。活性炭、聚乙烯醇(PVP)等添加物多在材料发生褐化的情况下使用。

4. pH 与离子浓度 培养基的 pH 影响培养物对营养物质的吸收和生长速度。pH 通过维持植物细胞生理代谢所需的弱酸性环境可影响细胞代谢过程,从而对再生造成显著影响。植物细胞内 pH 的变化可显著影响细胞分裂、分化及生长,内源 IAA 是唯一具有极性运输特性的植物激素,极性运输的能量依赖于胞内外 pH 梯度产生的质子动力,环境 pH 可影响 IAA 的极性运输,IAA 的运输受到自身信号反馈和 pH 环境的共同作用。对大多数植物来说,培养基的 pH 控制在 5.6~6.0,特殊植物如蝴蝶兰较佳的 pH 为 5.3,杜鹃 pH 4.0、桃树 pH 7.0 较好,可以稍低或高。pH 过高,不但培养基变硬,阻碍培养物对水分的吸收,而且影响离子的解离释放;pH 过低,则容易导致琼脂水解,培养基不能凝固。一般培养基 pH 5.8 就能满足大多数植物离体培养。MS 培养基的离子浓度因外植体和组培阶段的不同,需整体调整为 1/2MS、1/4MS 之外,有时只需要调整大量元素浓度和铁离子浓度(培养材料发黄时,铁盐浓度调整为标准浓度的 2~3 倍)。其他离子在选择好基本培养基后,一般不做调整。

5. 温湿度 温度通过影响细胞代谢酶活性影响植物组织培养的生长速度,也影响分化增殖、器官建成等发育进程。原则上,培养室温度一般设定在 (25±2)℃。因为大多数植物组织培养的最适温度为 23~27℃。但不同植物组培的最适温度不同(如百合的最适温度是 20℃,月季是 25~27℃)。变温培养的变温幅度一般都很小,主要是受光源发热和季节变化的影响。生产单位在冬季不低于 20℃、夏季不超过 30℃的温度范围内均属正常。需要注意的是,同一培养架的上下层之间有 2~3℃的温差(上高下低),放置培养瓶时可充分利用这种特性。

湿度包括培养容器内和培养室的湿度条件。容器内湿度主要受培养基含水量和封口材料的影响,前者又受到琼脂含量的影响。冬季应适当减少琼脂用量,否则将使培养基变硬,不利于外植体插入培养基和材料吸水,导致生长发育受阻。另外,封口材料会直接影响容器内的湿度,封闭性较好的封口材料容易引起透气性受阻,也会使离体材料的生长发育受到影响。培养室的相对湿度可以影响培养基的水分蒸发,一般设定 70%~80%的相对湿度即可,常用加湿器或经常洒水的方法来调节湿度。湿度过低会使培养基丧失大量水分,导致培养基养分浓度的改变和渗透压的升高,进而影响组织培养的正常进行。

6. 光照 光照对植物组培的影响主要表现在光周期、光照度及光质 3 个方面,对细胞增殖、器官分化、光合作用等均有影响。光可以调节植物细胞、组织和器官培养中生长发育、形态建成及代谢等一系列生命过程。培养材料生长发育所需的能源主要由外来碳源提供,光照主要是满足植物形态的建成。300~500lx 的光照度可以满足基本需要,但对于大多数的植物来说 2 000~3 000lx 比较合适。光周期影响植物的生长,也影响花芽的形成和诱导。光质对愈伤组织诱导、组织细胞的增殖和器官的分化都有明显的影响。如百合珠芽在红光下培养 8 周后分化出愈伤组织,但在蓝光下几周后才出现愈伤组织,而唐菖蒲子球块接种 15d 后,在蓝光下培养出芽快,幼苗生长旺盛,而在白光下幼苗纤细。

组培研究时,一般先进行光、暗培养的对比试验,然后选择光周期,一般保证 12~15h/d 的光照时间就能满足大多数植物生长分化要求。生产上一般不做光质试验,直接用日光灯照明。目前 LED 灯代替日光灯的趋势比较明显，尤其是选择冷光源的日光灯，同时蓝红光的筛选也具有明显的效果，有条件的可进行对比实验。

7. 培养方式　一般采用固体静置培养。液体振荡培养多在胚状体、原球茎等离体快繁发生途径和细胞培养上使用。在一定的 pH 下，琼脂以能固化的最少用量为宜。

任务工单 4-1-1

任务二　试验方案设计

组培再生植株体系建立及规模化生产前必须通过反复试验研究，形成比较完善的技术体系，否则边生产边研究，很有可能会给生产带来非常大的市场风险和经济损失。合理的试验设计是非常重要的。它可以精简试验次数，克服培养基配方设计的盲目性，显著提高工作效率和试验的可靠性；也可以节省人力、物力、财力和时间；更重要的是能够减少试验误差，提高试验的精确度，以服务于生产。因此，要高度重视组培技术的试验研究，做好组培试验设计。

一、试验设计原则

1. 科学可行性原则　科学性是指试验目的要明确，试验原理要正确，试验材料和试验手段的选择要恰当，整个设计思路和试验方法的确定都不能偏离生物学基本原理及其他学科领域的基本原则。试验设计要素必须有依据，要符合客观规律，科研设计必须科学，符合逻辑性。

在试验设计时，要根据原理或者理论来假定结果，从试验实施到试验结果的产生都实际可行。要考虑到试验材料要容易获得，试验装置简单，试验药品较便宜，试验操作较简便，试验步骤较少，试验时间较短。生物学试验中，一种生命现象的发生往往有其复杂的前因后果，从不同角度全面地分析问题就是科学性的基本原则。分析问题、设计试验的全面性和科学性体现了逻辑思维的严密性。

2. 对照与均衡性原则　试验中的无关变量很多，必须严格控制，要平衡和消除无关变量对试验结果的影响，对照试验的设计是消除无关变量影响的有效方法。由于同一种试验结果可能会被多种不同的试验因素所引起，因此如果没有严格的对照试验，即使出现了某种预想的试验结果，也很难保证该试验结果是由某因素所引起的，这样就使得所设计的试验缺乏应有的说服力。可见只有设置对照试验，才能鉴别处理因素与非处理因素之间的差异。处理因素效应的大小，重要的不是其本身，而是通过对比后得出的结论，消除和减少试验误差才能有效地排除其他因素的干扰结果，使设计显得比较严密，所以大多数试验，尤其是生理类试验往往都要有相应的对照试验。

3. 随机性原则　随机是指分配于试验的各组对象（样本）是从试验对象的总体中任意抽取的，即在将试验对象分配至各试验组或对照组时，它们的机会是均等的。如果在同一试验中存在数个处理因素（如先后观察数种药物的作用），则各处理因素施加顺序的机会也是均等的。通过随机化，一是尽量使抽取的样本能够代表总体，减少抽样误差；二是使各组样本的条件尽量一致，消除或减少组间人为的误差，从而使处理因素产生的效应更加客观，便于得出正确的试验结果。

4. 可重复性原则　同一处理在试验中出现的次数称为重复。重复的作用有两方面：一是降低试验误差，扩大试验的代表性；二是估计试验误差的大小，判断试验可靠程度。重复、对照、随机是保证试验结果准确的三大原则。任何试验都必须有足够的试验次数才能判断结果的可靠性，设计试验只能进行一次而无法重复就得出结论是草率的。

二、常用的试验方法

在植物组培快繁过程中，为使培养物向预先设计的方向发展，必须寻找最适宜的培养基配方及培养条件。组织培养中设计的培养基成分、培养条件等可变因素很多，各因素间又互相影响，因此采用科学的试验方法对合理分析试验结果具有事半功倍的效果。

1. 单因子试验　单因子试验就是试验过程中，只有一个因素在变动而其他因素不动，从而找出所变动因素对培养材料的影响程度。例如，某一培养基其他成分不变，只变动 NAA 浓度，分别试验在 0mg/L、0.1mg/L、0.5mg/L、1.0mg/L 四个水平下 NAA 对某一培养物生根的影响。单因子试验除了要研究的那一个变量外，其余各方面都应尽量相同或尽可能接近，一般是在其他因素都已确定的情况下，对某个因子进行比较精细的选择。

2. 双因子试验　双因子试验就是试验过程中其他因素不变，比较两个因素的不同水平变动对培养材料影响的试验。例如，考察 6-BA、NAA 的不同浓度间的配比对菊花花瓣的培养效果，通过对 6-BA、NAA 的不同浓度进行如表 4-1-4 设计，安排了 16 组试验，从而选出试验结果中的最佳浓度组合，如果不满意可以扩大浓度梯度和组合数，继而选出最佳浓度组合。

表 4-1-4　6-BA、NAA 浓度的试验组合

单位：mg/L

NAA	6-BA			
	0	0.5	1.0	1.5
0	1	2	3	4
0.1	5	6	7	8
0.2	9	10	11	12
0.3	13	14	15	16

3. 多因子试验　多因子试验是指在同一试验中同时研究两个以上试验因子的试验。多因子试验设计由该试验所有试验因子的水平组合（即处理）构成。此种方法主要用于对培养基种类、激素种类及其浓度的筛选。多因子试验方案分为完全方案和不完全方案两类，实际多采用不完全方案中的正交试验设计。

正交试验是指利用正交表来安排与分析多因子试验的一种设计方法，目前用得最多，效率最高。如采用 4 因子 3 水平 9 次试验的 L_9（3^4）正交试验，可以一次选择培养基、生长素、细胞分裂素、赤霉素等众多因子及其水平，然后查正交表组合因子及其水平（表 4-1-5）。

表 4-1-5　L_9（3^4）正交试验设计

水平	培养基	6-BA/（mg/L）	NAA/（mg/L）	GA_3/（mg/L）
1	MS	0.4	0.1	0.3
2	B_5	1.2	0.2	0.6
3	White	2.0	0.3	0.9

植物组织培养研究中，经常探讨各种组成因子的最佳组合，采用正交试验，可以对各因素进行分析，每一种因素所起的作用却又能够明白无误地表现出来，能方便准确地从众多因素中选出主要影响因素及最佳水平，用有限的时间取得成倍的收获。

在进行 4 个因子 3 种水平的试验时，采取正交试验设计只需做 9 种不同搭配的试验，其结果相当于做了 27 种搭配的试验（表 4-1-6）。例如，考察培养基、6-BA、NAA、GA_3 四种因素对驱蚊草培养的影响，采用正交试验设计。正交试验设计结果的分析及更多的正交试验设计，请参阅相关生物统计方面的书籍学习。

表 4-1-6　L_9（3^4）正交试验配方组合

处理	因素			
	基本培养基	6-BA/（mg/L）	NAA/（mg/L）	GA_3/（mg/L）
1	1（MS）	1（0.4）	1（0.1）	1（0.3）
2	1（MS）	2（1.2）	2（0.2）	2（0.6）
3	1（MS）	3（2.0）	3（0.3）	3（0.9）
4	2（B_5）	1（0.4）	2（0.2）	3（0.9）
5	2（B_5）	2（1.2）	3（0.3）	1（0.3）
6	2（B_5）	3（2.0）	1（0.1）	2（0.6）
7	3（White）	1（0.4）	3（0.3）	2（0.6）
8	3（White）	2（1.2）	1（0.1）	3（0.9）
9	3（White）	3（2.0）	2（0.2）	1（0.3）

4. 逐步添加或排除试验　试验研究过程中，在没有取得可靠数据之前，往往需要添加一些有机营养成分，而在取得了稳定的成功结果之后，就可以逐步减少这些成分。逐步添加是为了使试验成功，逐步减少是为了缩小范围，以便找到最有影响力的因子，或是为了生产上竭力使培养基简化，以降低成本和利于推广。

三、试验实施步骤

1. 预备试验　在对资料分析的基础上，确定影响该种植物组织培养的主要影响因素，如基本培养基、生长调节剂和其他物质等，安排简单配比，进行预备试验，探寻影响因素及因素水平。

2. 正式试验 根据预备试验结果确定主要影响因素，根据试验情况采用相应的试验方法，进行正式试验。

3. 试验设计的基本要点

（1）确定试验因子。一般在研究的开始阶段，应进行单因子试验。随着研究的深入，可采用多因子试验。

（2）正确划分各试验因子的水平。试验因子分为两类，即质量化因子与数量化因子。质量化因子是指因素水平不能够用数量等级的形式来表现的因素，如光源种类、培养基类型、生长调节剂类型等都是不能量化的。数量化因子在划分水平时应注意：①水平范围要符合生产实际并有一定的预见性；②水平间距（即相邻水平之间的差异）要适当且相等，且有设置的依据，可以根据情况设置为等比、等差数列或其他方式；③数量化因子通常可不设置对照或以 0 水平为对照。

四、需要注意的问题

分析收集到的相关资料，根据试验条件和试验要求灵活运用试验方法，设计具体的试验方案，设计时应注意以下问题：

1. 外植体 试验方案中必须应明确外植体的类型、取材季节及预处理方式，外植体消毒时所用消毒剂的浓度及消毒时间。

2. 培养基

（1）基本培养基。在已获得成功的离体培养植物中，多以 MS 为基本培养基。因此在一般的培养中可先试用，如果发现有不利影响或培养效果不够理想，可对基本培养基加以改进。首先可改变 MS 培养基的浓度，如 1/2MS；其次可选择在配料成分上与 MS 培养基有显著不同的 B_5、White 等培养基。在取得稳定的分化增殖时，微量元素可减少或不用。

（2）植物生长调节剂种类及配比。在选定或暂时认定某一基本培养基后，通常要考虑植物生长调节剂的种类和浓度。细胞分裂素可选择 6-BA、KT、ZT、2-IP 等，生长素可选用 NAA、IBA、IAA、2，4-滴等。6-BA 2.0 mg/L＋NAA 0.1～0.2 mg/L 这种组合已使比较容易再生的上百种植物顺利分化和增殖，首次试验可以试用。培养一段时间后，可根据大多数培养物及其中少数组织块的表现来调整生长调节剂的配比。但所有试验应在相同的培养基上重复继代 2～3 次，以确定其效果。

（3）糖及有机物质。对大多数植物来说，适宜的糖浓度为 20～30g/L，少数达到 40g/L。花药培养时浓度达 70～150g/L。最佳糖浓度可采用单因子试验，或结合生长调节剂的选择采用正交试验来确定。

培养基中的有机成分变化最大，不必拘泥于某一配方的要求。一些有机附加物是植物生长分化所必需的，离体培养时合成较少或不能合成，在培养基中必须加入，即使很少也将对培养能否成功起到关键作用。所以在遇到难分化的材料时，常常是增加培养基的复杂性，添加各种可能有希望的营养成分或生理活性物质，在培养成功后再逐渐减去，以确定这些成分是否真正起到促进作用。

（4）pH。培养基 pH 一般调整到 5.6～6.2，特殊植物如杜鹃、枣树可以稍低或稍高，但一般不会超出 5.0～7.0 的范围。

3. 培养条件　在没有专门的设备，对光照和温度的要求不必过细。先进行光培养与暗培养的试验，然后选择光照周期。光照时间一般为 8～16h/d，光照度一般选择在 1 000～3 000lx，少量试验需要达到 4 000lx 或以上。

五、组培试验方案撰写

组培试验方案的撰写要求如下：

1. 课题名称（题目）　课题名称（题目）要求能精练地概括试验内容，包括供试植物类型或品种名称、试验因子及主要指标，有时也可在课题名称中体现出试验时间、负责试验的单位与地点。如"影响××组培苗褐化的因素研究""××不同器官的组培试验"等。

2. 前言　主要介绍试验的目的与意义。试验目的要明确：①说明为什么要进行本试验，引出要研究的试验因子；②试验的理论依据，从理论上简要分析试验因子对问题解决的可行性；③其他的同类试验方法与结论，以突出自己试验的特色。

3. 正文

（1）试验的基本条件。试验的基本条件能更好地反映试验的代表性和可行性。主要阐述实验室环境控制与有关仪器设备能否满足植物培养与分析测定的需要，并适当介绍科研人员构成。

（2）试验设计。一般应说明供试材料的种类与品种名称、试验因子与水平、处理的数量与名称，以及对照的设置情况。在此基础上介绍试验设计方法和试验单元的大小、重复次数、重复（区组）的排列方式等内容。组培试验单元设计主要写明每个单元包含多少个培养瓶（或皿、试管、袋、盆），每个培养瓶（或皿、试管、袋、盆）中的培养物数量（如种子数、茎段、芽、叶块、愈伤组织、胚状体等）。组培试验一般需要设置 3 次及以上重复，要求每个处理接种至少 30 个培养物，可以接种 30 瓶，每瓶接种 1 个培养物；或者每个处理 10 瓶，每瓶接种 3 个以上培养物。

（3）操作与管理要求。简要介绍对供试材料的培养条件设置与操作要求。组培试验主要介绍培养基的准备、消毒灭菌措施、接种方法、培养室温湿度与光照控制，以及责任分工等。

（4）调查分析的指标与方法。调查分析的指标设计关系到今后对试验结果的调查与分析是否合理、准确、完整、系统，最终结果能否证实试验研究的结论。因此要科学设计调查的技术指标，明确实施方法，从定性和定量两个方面进行设计与观察。一般以一个试验单元为一个观察记载单位，当试验单元要调查的工作量太大，也可以在一个试验单元内进行抽样调查。分析的指标在工作量允许的情况下尽可能多设，以全面反映试验处理之间的差异；如果工作量太大，需要设置必要的核心指标。

（5）试验进度安排及经费预算。试验进度安排要说明试验的起止时间和各阶段工作任务。经费预算要合理、够用。在不影响课题完成的前提下，充分利用现有设备，节约各种物资材料。如果必须增添设备、人力、材料，应当将需要开支项目的名称、数量、单价、预算金额等详细写在计划书上（若开支项目太多，最好列表说明），以便早做准备，如期解决，以免影响试验进度。

(6) 落款与附录。写明试验主持人（课题负责人）、执行人（课题成员）的姓名和单位（部门）。附录主要是便于自己今后实施的需要，包括绘制试验环境规划图、制作观察记载表。

任务工单

任务工单 4-1-2

技能训练

组培方案设计

一、训练目标

通过对植物组培试验方案的制订，掌握植物组培试验方案制订的格式、内容、方法和步骤，能够制订一份科学合理的试验方案。

二、材料与用品

相关资料、电脑、笔、本等。

三、方法与步骤

1. 资料的收集　通过参考书、网络资源收集相关资料。

2. 编写试验方案　根据查阅的相关资料，独立编写试验方案。

（1）该植物组培的意义，组培的研究进展等。

（2）组培所需的物品，包括设施、仪器、器皿、药品等。

（3）确定技术路线、培养方法、分化途径、试验方法等。

（4）外植体的选择与消毒。外植体种类、预处理、消毒剂的种类及消毒时间等。

（5）初代培养。基本培养基、植物生长调节剂组合试验设计。

（6）培养条件。温度、光照时间、光照度等。

（7）增殖培养和生根培养。基本培养基、植物生长调节剂组合试验设计。

（8）异常情况处理。污染、褐变、玻璃化、增殖率低、不生根等异常情况的处理方法。

3. 方案确定　分组讨论方案的可行性。

四、注意事项

（1）多查阅文献资料。

（2）注意设计的合理性，将最佳处理包含到处理范围内。

（3）根据现有条件进行设计。

五、考核评价建议

考核重点是试验方案设计的科学性、可行性、规范性等。考核方案见表 4-1-7。

表 4-1-7　组培方案设计考核评价

考核项目	考核标准	考核形式	满分
实训态度	1. 小组成员认真、主动完成任务（10分）； 2. 积极思考，有协作精神（10分）	教师评价	20分
方案设计	1. 资料查找全面（10分）； 2. 方案设计格式规范、思路清晰、内容全面（20分）； 3. 小组任务分工明确，配合默契（10分）	任务工单	40分
效果	1. 方案设计的科学性、可行性（20分）； 2. 方案汇报表述清晰，回答问题流利、准确（10分）； 3. 方案修正（10分）	现场检查	40分
合计			100分

知识拓展

人 工 种 子

人工种子也称超级种子，是模拟天然种子的基本构造，对植物组织培养得到的胚状体、腋芽或不定芽等进行加工而成的（图 4-1-7）。

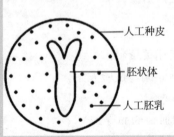 

图 4-1-7　人工种子

人工种子最外层由一层藻酸钠胶囊包裹，保护水分免于丧失和防止外部的冲击，中间含有营养成分和植物激素，这些物质是作为胚状体等萌发时的能量和刺激因素，最内部是被包埋的胚状体或芽。

人工种子具有以下优点：①解决了有些作物品种繁殖能力差、结籽困难或发芽率低等问题，缩短了育种周期，加速了良种繁育速度。②胚状体通过组培生产，能迅速繁殖，而包裹层可以工业化生产。③人工胚乳中除含有胚状体发育所需的营养物质外，还可添加各种附加成分，如固氮菌、农药、除草剂、植物激素等，有利于作物生长。④可获得整齐一致的植物苗，利于农业生产的规范化、标准化和机械化管理。

由于人工种子在自然条件下能够像天然种子一样正常生长，因此，可用于那些难以制种的优良杂交种的种子繁育和固定杂种优势。人工种子价格昂贵，目前主要在草本植物上得到应用。

自我测试

一、选择题

1. 根据试验因子的多少，植物组织培养的试验设计包括（　　　）试验设计方法。
   A. 二类　　　　　　B. 三类　　　　　　C. 四类　　　　　　D. 五类
2. （　　　）再生途径有利于保持组培苗的遗传稳定性。
   A. 无菌短枝型　　　　B. 丛生芽增殖型　　　　C. 器官发生型
   D. 胚状体发生型　　　E. 原球茎发生型
3. 组培与快繁程序大体包括以下步骤（　　　）。
   A. 外植体选择与处理、初代培养、继代培养
   B. 外植体选择与处理、初代培养、诱导生根
   C. 启动培养、继代培养、诱导生根及驯化移栽
   D. 初代培养、诱导生根及驯化移栽
4. 细胞分裂素/生长素比值高时有利于促进（　　　）的发生。
   A. 根　　　　　　　B. 芽　　　　　　　C. 愈伤组织　　　　D. 胚状体
5. 在组培与快繁过程中，如控制得当，其繁殖速度最快的中间繁殖体是（　　　）。
   A. 侧芽　　　　　　B. 茎尖　　　　　　C. 愈伤组织　　　　D. 胚状体

二、判断题

1. 一般双子叶植物脱分化过程比单子叶植物和裸子植物容易；幼年细胞和组织脱分化过程比成年细胞和组织容易。（　　　）
2. 对于不知道培养基配方的试管苗，一般可先在 MS 培养基上预培养，根据培养效果再正式设计试验方案。（　　　）
3. 一般认为矿物元素浓度较高时有利于促发茎、叶，而较低时有利于生根，所以生根培养时多采用 1/2、1/3 或 1/4 量的 MS 培养基。（　　　）
4. 一般 2,4-滴在诱导愈伤组织形成过程中效果较好。（　　　）
5. 增殖培养可以持续 20 代。（　　　）
6. 培养基中添加的植物激素是一种营养成分。（　　　）

三、简答题

1. 植物组织培养信息搜集的方法有哪些？
2. 植物组织培养试验设计的原则是什么？植物组织培养试验设计方法包括哪些？
3. 组培试验方案包括哪些内容？制订时的注意事项有哪些？

四、综合分析题

1. 以图表的形式说明植株再生途径。
2. 如何选取和确定植物组织培养试验中主要的培养条件及影响因子？

项目二 数据调查与分析

 知识目标
- 了解组培观察表的一般撰写格式。
- 清楚组培试验观察的具体内容、方法与技术指标，会编制组培观察表。

 能力目标
- 能够科学调查分析组培数据，并有效解决组培问题。
- 掌握组培易发问题的原因与调控措施，能准确判断异常问题，并提出科学有效的解决办法。

 素质目标
- 具有理想信念和创新精神，养成锲而不舍、认真细心的工作态度。
- 培养注重细节的职业习惯和科学的思维能力。

知识准备

任务一 组培数据调查

组培试验效果和生产管理水平如何，需要依据数据调查与结果分析来衡量。组培数据调查与分析是组培试验研究和生产管理的重要内容。调查的组培数据主要包括出愈率、污染率、分化率、增殖率、生根率等需要计算的技术指标，也包括能够直接观察和测量的数据，如长势、长相、叶色、不定芽高度等。调查上述数据均为非破坏性的测量，测量之后离体培养物仍能继续生长，有些数据需要在条件允许的情况下进行破坏性测量（如愈伤组织的质地判定等）。

一、组培技术指标

在植物组织培养的研究中，采集数据是试验研究的重要内容，一定要充分利用转接、出瓶等时机，直接调查数据。不同培养阶段可以测定不同的数量指标（表 4-2-1），不同阶段组培苗观察的主要内容见表 4-2-2。

针对这些数量指标，尽可能用数据进行量化。对愈伤组织生长状况、苗健壮度等质量性状，可用编码性状。即先找出最好与最差的极端类型，然后根据生长差异分良、中、差三级，或优、良、中、差、劣 5 级；可分别记为 3、2、1，或 5、4、3、2、1，或者以＋＋＋、

表 4-2-1　组培主要技术指标

指标名称	含义	计算公式
出愈率	反映无菌材料愈伤组织诱导效果	$出愈率=\dfrac{形成愈伤组织材料数}{培养材料总数}\times 100\%$
分化率	反映无菌材料分化与再分化能力	$分化率=\dfrac{分化的材料数}{培养材料总数}\times 100\%$
污染率	反映杂菌污染和接种质量	$污染率=\dfrac{污染的材料数}{培养材料总数}\times 100\%$
增殖率	反映中间繁殖体的生长速度和增殖数量的变化	$增殖率=\dfrac{一个增殖周期扩繁的中间繁殖体数}{一次增殖转接材料总数}\times 100\%$
生根率	反映无根芽苗根原基发生的快慢和生根效果	$生根率=\dfrac{生根材料数}{生根培养材料总数}\times 100\%$
成活率	反映组培苗的适应性与移栽效果，一定程度上说明组培与快繁成功率的高低	$成活率=\dfrac{40d 成活的植株总数}{移栽植株总数}\times 100\%$

表 4-2-2　不同阶段组培苗观察的内容与方法

观察阶段	观察内容	观察方法
初代培养	外植体的变化（形体、结构、颜色）；愈伤组织、胚状体或芽萌动时间、数量；出愈率、分化率、胚状体或原球茎的诱导率、污染率、褐变率等	目视观察；照相；计算
继代培养	中间繁殖体的生长量、健壮程度等；长相（形态、结构、质地、大小、颜色、高度）；增殖率、污染率、褐变率、玻璃化苗发生率、变异率等	目视观察；照相；显微镜观察；计算
生根培养	根发生的时间；生长量、发达程度；长相（根长、根数、根粗、根色等）；生根率、污染率、畸形根发生率等	目视观察；照相；显微镜观察；计算

＋＋、＋、－、－－、－－－等来表示。特殊情况可用文字记入备注栏。在此，一定要注意分级、编码，不能只记文字。另外，对于愈伤组织的生长量，也可以用大、中、小编码表示。

二、分析结果

试验的结果分析需要进行显著性检验。正交试验设计需要进行方差分析，以确定主要影响因子，具体方法可参考试验统计相关的专业书籍。

任务工单

任务工单 4-2-1

技能训练

组培苗观察

一、训练目标

掌握组培苗观察的内容和方法；能够计算组培的主要技术指标；学会编制组培观察表。

二、材料与用品

培养物、染料、固定液等生理生化检测所需的试剂、直尺、镊子、解剖镜、显微镜、恒温水浴锅、数码相机、钢笔、观察记录表等。

三、方法与步骤

1. 观察培养物的外观 选取不同培养阶段的培养物进行长势、长相观察和出愈率等技术指标的计算等。观察的内容与方法见表 4-2-3。

表 4-2-3 组培苗观察的内容与方法

观察项目	观察内容	观察方法
外植体接种后的变化	外植体的颜色、形态变化；灭菌效果；外植体成活率等	目视观察
愈伤组织诱导	愈伤组织形成时间；长势；长相（颜色、形态、质地、大小、位置）；组织细胞有无变化；诱导率或出愈率	目视观察；照相；显微镜观察；计算
不定芽生长与分化	不定芽开始分化时间；长势；长相（数量、颜色、形态、大小、位置、苗高）；组织细胞有无变化；分化率和增殖率、增殖系数等	目视观察；照相；显微镜观察；计算
生根情况	开始生根时间；长势（生长状态、根系发达程度）；长相（根长、根数、根色、根粗、位置）；生根率	目视观察；计算
驯化移栽	试管苗长势；有无变异；计算驯化移栽成活率	目视观察；计算
存在问题	污染类型及污染率；褐变及褐变率；玻璃化及玻璃化发生率；其他问题等	目视观察；计算

2. 观察培养物内部组织细胞变化 通过化学试剂和显微照相、镜检等手段，检查培养物的生长分化是否正常、有无变异等。

3. 填写组培苗调查统计表 组培苗数据调查统计可参考表 4-2-4。

表 4-2-4　组培苗观察记录

试验处理	接种时间	观察时间	接种瓶数	每瓶接种量
1				
2				
3				

试验处理	污染类型	污染率	出愈率	分化率	增殖率	生根率	移栽成活率	生长分化情况	处理建议
1									
2									
3									

4. 解决问题　针对培养过程中出现的问题提出解决措施。

四、注意事项

（1）组培苗观察要尊重事实，调查要全面、客观。

（2）组培苗观察最好不要手握封口膜处，以防二次污染。

（3）组培瓶最好不要带出培养室。

（4）出愈率、分化率、生根率等技术指标的数据统计一般要求以 30 个培养物调查为依据；培养物的生长量等数据一般是至少 5 个培养物的平均值；污染率、玻璃化率、褐变率等数据统计以一次接种的培养物为基数。

五、考核评价建议

考核重点是观察记录的全面性和数据计算的准确性，以及现象分析与问题解决措施的科学性、有效性。考核方案见表 4-2-5。

表 4-2-5　组培方案设计考核评价

考核项目	考核标准	考核形式	满分
实训态度	1. 小组成员认真、主动完成任务（10分）； 2. 积极思考，有协作精神（10分）	教师评价	20分
技能操作	1. 观察方法正确（10分）； 2. 组培技术指标统计科学，计算准确（30分）； 3. 小组任务分工明确，配合默契（10分）	任务工单	50分
效果	1. 组培观察表设计科学、合理、内容全面（15分）； 2. 针对培养过程中的问题提出合理的解决措施（15分）	现场检查	30分
合计			100分

任务二　异常问题分析与处理

一、污染

污染

污染是植物组织培养最常见和首要解决的问题。污染是指在组培过程中,由于真菌、细菌等微生物的侵染,在培养容器中滋生大量菌斑,使培养材料不能正常生长和发育的现象。对于工厂化育苗来说,污染往往是影响生产任务按时完成的主要原因。污染带来的危害是多方面的,如导致初代培养失败、降低继代增殖系数、影响培养物生长、加剧玻璃化等。

1. 污染的类型　造成污染的病原菌主要有细菌和真菌两大类,因此,污染类型可分为细菌性污染和真菌性污染两大类,其区别见表4-2-6。实际生产中要明辨污染的类型,以便有针对性地采取防治措施提高组培效率。

表 4-2-6　细菌污染和真菌污染比较

污染类型	细菌污染	真菌污染
病原菌形态	杆状或球状	丝状
出现的时间	接种后1~2d	接种后3~10d
主要症状	在培养基表面或材料周围形成黏液或混浊,与培养基表面界限明显,多呈乳白色或黄色,一些会在培养基表面产生气泡	外植体基部表面出现绒毛状、棉絮状的菌落,与培养基和培养物的界限不明显,初期多为白色,后期多为黑色、蓝色、红色、白色的孢子层

2. 污染原因及预防措施　虽然引起污染的病原主要是细菌和真菌,但引起污染的原因多种多样,在组培快繁中要采取严格的预防措施减少杂菌污染(表4-2-7)。

表 4-2-7　污染的原因及预防措施

污染类型	污染原因	预防措施
破损污染	封口膜或瓶盖过滤膜破损;瓶壁破裂	仔细检查封口膜和瓶盖;挑选无破损的容器
培养基污染	培养基灭菌不彻底;培养基放置时间过长	培养基灭菌要彻底;培养基在一周内用完
外植体带菌	外植体表面带菌过多、外植体带有内生菌;外植体消毒不彻底;无菌水、无菌纸灭菌不彻底	选择健壮、无病的外植体,在晴天下午或中午取材;在室内进行预培养;外植体消毒方法要适当;在培养基中加入合适的抗生素类
接种污染	接种环境不清洁;接种工具灭菌不彻底;不严格遵守无菌操作规程;超净工作台的过滤装置失效	接种环境严格消毒;接种工具灭菌要彻底;严格遵守无菌操作规程;定期更换工作台过滤装置
培养污染	培养环境不清洁;培养室空气湿度过高;培养容器的口径过大;培养室内污染苗多	培养室要保持清洁,每天紫外灯消毒一次,外人不得随意进入培养室;进入培养室必须穿上干净的工作服;定期通风干燥,湿度不超过70%;及时挑出污染的材料

此外,可通过简化组培的方式进行操作。简化组培是将培养基改造成既保证植物组织正常生长,又具有杀菌、抗菌功能的培养基,脱离严格的无菌环境,进行开放式组织培养。

简化组培技术体系包括:

（1）培养容器的选择。在传统组培中，培养容器需选择耐高温高压的玻璃瓶和聚丙烯封口膜；简化体系中用干净玻璃瓶或一次性塑料口杯作为培养容器（用PE保鲜膜封口）。

（2）抗菌培养基的制备。传统组培选择高压灭菌锅进行严格的灭菌；简化体系中加入抗菌剂，这样可以降低培养容器和设备高投入的成本消耗，从而更有利于植物组培技术的推广和应用。

二、褐变

褐变（又称褐化）是指培养材料向培养基中释放褐色物质，致使培养基和外植体材料逐渐变褐而死亡的现象。培养材料褐化是由于植物组织中的多酚氧化酶使细胞里的酚类物质转化成棕褐色的醌类物质，并抑制其他酶的活性，导致代谢紊乱，这些醌类物质扩散到培养基后，毒害外植体，造成生长不良甚至死亡。

1. 褐变的原因　影响褐变的因素极其复杂，随着植物种类、外植体的生理状态、取材季节和取材部位、培养基成分、培养条件、外植体大小和受伤程度及材料转移时间等情况的不同而不同。

（1）植物种类与品种。在不同植物或同种植物不同品种的组培过程中，褐化发生的频率和严重程度存在较大差异，这是由各种植物所含的单宁及其他酚类化合物的数量、多酚氧化酶活性上的差异造成的。因此，在培养过程中对容易褐变的植物，应考虑对其不同基因型进行筛选，尽量采用不褐变或褐变程度轻的外植体作为培养材料。

（2）外植体的生理状态、取材季节及部位。材料本身的生理状态不同，接种后的褐变程度也有所不同。一般来说，处于幼龄期的植物材料较成年植株采集的植物材料褐化程度要轻；幼嫩组织较老熟组织褐化程度轻。另外，处于生长季节的植物体内含有较多的酚类化合物，所以夏季时取材更容易发生褐化，春季与冬季取材则材料褐化死亡率最低。因此，从防止材料褐化角度考虑，要注意取材时间和部位。

（3）培养基成分。培养基的成分也会影响褐变，无机盐浓度过高可引起酚类物质的大量产生，导致外植体褐变，降低盐浓度则可减少酚类外溢，减轻褐变；植物生长物质使用不当，如细胞分裂素6-BA能使多酚氧化酶的活性提高，也会使组织培养材料褐变。

（4）培养条件。培养过程中温度过高或光照过强，均可提高多酚氧化酶的活性，从而加速外植体的褐变。因此，采集外植体前先将材料或母株枝条作遮光处理后再切取外植体培养，能够有效抑制褐化的发生。

（5）外植体大小及受伤的程度。切取的材料大小、植物组织受伤程度也影响褐化。一般来说，材料太小容易褐化；外植体受伤越重，越容易褐化。因此，化学灭菌剂在杀死外植体表面菌类的同时也可能会在一定程度上杀死外植体的组织细胞导致褐化。

（6）材料转移时间。培养过程中材料长期不转移，会导致培养材料褐化，以致材料全部死亡。

2. 预防措施

（1）选择适当的外植体。不同时期和年龄的外植体在培养中褐变的程度不同，选择适当的外植体是克服褐变的重要手段。尽量在冬、春季节采集幼嫩的外植体，并加大接种量。最好选择不褐变或褐变程度轻的离体材料作为培养对象。处于旺盛生长状态的外植体具有较强的分生能力，其褐变程度低，为组培之首选。生长在避阴处的外植体比生长在全光下的外植体褐变率低，培养材料和外植体最好前期进行20～40d的遮光处理或暗培养。还应注意外植体的基因型及部位，选择褐变程度较小的品种和部位作外植体。

（2）添加褐变抑制剂和吸附剂。在培养基中加入抗氧化剂或在含有抗氧化剂的培养基中进行预培养可大大减轻褐变程度。在液体培养基中加入抗氧化剂比在固体培养基中加入效果要好。在培养基中添加硫代硫酸钠（$Na_2S_2O_3$）、维生素C、PVP等可以减轻外植体褐变的程度。在培养基中加入亚硫酸钠、亚硫酸盐、硫脲等物质都可以抑制中间体参与反应形成褐色色素，或者作为还原剂促进醌向酚的转变，同时还通过与羧基中间体反应，从而抑制了非酶促褐变。柠檬酸、苹果酸和α-酮戊二酸均能显著增强某些还原剂对PPO活性的抑制作用，从而防止褐变发生。活性炭也可以吸附培养物在培养过程中分泌的酚、醌类物质等，减轻褐变危害。通常在培养基中附加0.1%～0.3%的活性炭或5～20mg/L的聚乙烯吡咯烷酮。

（3）对外植体进行预处理。外植体经流水处理后，放置在5℃左右的冰箱中低温处理12～24h，消毒后先接种在只含蔗糖的琼脂培养基中培养5～7d，使组织中的酚类物质先部分渗入到培养基中，取出外植体用0.1%漂白粉溶液浸泡10min，再接种到合适的培养基中，这样褐变现象完全被抑制。

（4）筛选合适的培养基和培养条件。注意培养基的组成如无机盐、蔗糖浓度、激素水平与组合对褐变发生的影响。初期培养在黑暗或弱光下进行，可防止褐变的发生。因为光照会提高PPO的活性，促进多酚类物质的氧化。还要注意培养温度不能过高。采用液体培养基纸桥培养，可使外植体溢出的有毒物质很快扩散到液体培养基中，效果也很好。

（5）连续转移。对易发生褐变的植物，在外植体接种后1～2d立即转移到新鲜培养基上，可减轻酚类物质对培养物的毒害作用，连续转移5～6次可基本解决外植体的褐变问题。如山月桂树的茎尖培养，接种后12～24h转入液体培养基中，然后每天转移一次，连续一周，褐变得到完全控制。

三、玻璃化

玻璃化是指植物材料进行离体繁殖时，有些培养物的嫩茎、叶片往往会呈半透明水渍状，这种现象通常称为玻璃化，也称为超水化现象。发生玻璃化的组培苗称为玻璃化苗。玻璃化苗的叶、嫩梢呈透明或半透明的水浸状；整株矮小肿胀，失绿，茎叶表皮无蜡质层，无功能性气孔；叶片皱缩成纵向卷曲，脆弱易碎；组织发育不全或畸形；体内含水量高，干物质等含量低；组培苗生长缓慢，分化能力下降，难以诱导生根，移栽成活率极低，繁殖系数低。一旦形成玻璃化苗很难恢复成正常苗，给生产带来很大的损失。

教学案例：
我的组培苗怎么了？

1. 玻璃化的原因　玻璃化苗是在芽分化启动后的生长过程中，碳、氮代谢和水分发生生理性异常所引起。其实质是植物细胞分裂与体积增大的速度超过了干物质生产与积累的速度，植物只好用水分来充涨体积，从而表现玻璃化。玻璃化苗绝大多数来自茎尖或茎切段培养物的不定芽，仅极少数玻璃苗来自愈伤组织的再生芽；已经成长的组织、器官不可能再玻璃化。已经玻璃化的组培苗，随着培养基和培养环境在培养过程中的变化是有可能逆转的，也可以通过诱导愈伤组织形成后再生成正常苗。影响玻璃化的因素主要有激素浓度、琼脂用量、温光条件、通风状况、培养基成分等。

(1) 植物激素。许多试验证明，培养基中 6-BA 浓度和玻璃化苗产生率呈正相关。在组培实践中，6-BA 等细胞分裂素浓度偏高的原因有：①培养基中一次加入细胞分裂素过多；②细胞分裂素与生长素的比例失调，植物吸收过多细胞分裂素；③细胞分裂素经多次继代培养引起的累加效应。通常继代次数越多，玻璃化苗发生的比例越大。此外，GA 与 IAA 促进细胞过度生长会导致玻璃化；乙烯促进叶绿素分解和植株肿胀，也容易形成玻璃化苗。

(2) 培养基成分。当培养基中无机离子的种类、浓度及其比例不适合该种植物离体培养时，玻璃化苗的比例就会增加。培养基中含氮量过高，特别是铵态氮含量过高，也会导致试管苗玻璃化。培养基中的 NH_4^+ 过多容易导致组培苗玻璃化发生。

(3) 琼脂与蔗糖的浓度。研究发现琼脂与蔗糖的浓度与玻璃化呈负相关。琼脂浓度低，培养基硬度差，玻璃化苗的比例增加，水浸状严重，苗只向上生长。液体培养更容易形成玻璃化苗。虽然随着琼脂用量的增加，玻璃化的比例明显减少，但琼脂加入过多，培养基会变硬，会影响营养吸收，使苗生长缓慢，分枝减少。在一定范围内，蔗糖浓度越高，玻璃化苗产生的概率越低。

(4) 温度和光照。适宜的温度可以使试管苗生长良好，但温度过高过低或忽高忽低都容易产生玻璃化苗。增加照度可促进光合作用，提高糖类的含量，使玻璃化的发生比例降低；光照不足，加之高温，极易引发试管苗的过度生长，会加速试管苗的玻璃化。

(5) 培养瓶内的湿度与通气条件。试管苗生长期间要求气体交换充分、良好。如果培养瓶口密闭过严，瓶内外气体交换不畅，造成瓶内空气湿度和培养基含水量过高，容易诱发玻璃化苗。一般来说，单位体积内培养的材料越多，苗的长势越快，玻璃化出现的频率就越高。当培养瓶内分化芽丛较多、芽丛长满瓶却不能及时转苗，瓶内空气质量会恶化，CO_2 增多，此时很快形成玻璃化苗。

(6) 植物材料。不同植物试管苗产生玻璃化苗的难易程度是不一样的。草本植物和幼嫩组织相对容易发生玻璃化。禾本科植物如水稻、小麦、玉米等试管苗却不易产生玻璃苗。容易玻璃化的植物材料经长时间液体培养，玻璃化程度尤其严重。

2. 预防措施

(1) 适当控制培养基中无机营养成分，减少培养基中的氮素含量。大多数植物在 MS 培养基上生长良好，玻璃化苗的比例较低，主要是由于 MS 培养基的硝态氮、钙、锌、锰的含量较高的缘故。适当增加培养基中钙、锌、锰、钾、铁、铜、镁的含量，降低氮和氯元素比例，特别是降低铵态氮浓度，提高硝态氮浓度，可减少玻璃化苗的比例。

(2) 适当提高培养基中蔗糖和琼脂的浓度。适当提高培养基中蔗糖的含量，可降低培养基中的渗透势，减少外植体从培养基中获得过多的水分。而适当提高培养基中琼脂的含量和提高琼脂的纯度，可降低培养基的供水能力，造成细胞吸水阻遏，也可降低玻璃化。

(3) 适当降低细胞分裂素和赤霉素的浓度。细胞分裂素和赤霉素可以促进芽的分化，但是为了防止玻璃化现象，应适当减少其用量，或增加生长素的比例。在继代培养时，要逐步减少细胞分裂素的含量。

(4) 增加自然光照，控制光照时间。在试验中发现，玻璃化苗放在自然光下几天后，茎、叶变红，玻璃化逐渐消失。这是因为自然光中的紫外线能促进组培苗成熟，加快木质化。光照时间不宜太长，大多数植物以 8～12h/d 为宜；光照度在 1 000～1 800lx，就可以满足植物生长的要求。

（5）控制好温度。培养温度要适宜植物的正常生长发育。如果培养室的温度过低，应采取增温措施。热处理可防止玻璃化的发生，如用 40℃热处理瑞香愈伤组织培养物可完全消除其再生苗的玻璃化，同时还能提高愈伤组织芽的分化频率。一定的昼夜温差较恒温效果好。

（6）改善培养器皿的通风。增加容器通风，降低瓶内湿度以及乙烯含量，改善气体交换状况，使用透气性好的封口材料，如牛皮纸、棉塞、滤纸、封口纸等，尽可能降低培养瓶内的空气湿度，加强气体交换，从而改善培养瓶的通气条件。

（7）在培养基中添加其他物质。在培养基中加入间苯三酚或根皮苷或其他添加物可有效地减轻或防治组培苗玻璃化，如添加马铃薯泥可降低油菜玻璃化苗的产生频率，而用 0.5mg/L 多效唑或 10g/L 矮壮素可减少重瓣石竹组培苗玻璃化的发生。

（8）选择玻璃化程度较低的材料。如果发现培养材料有玻璃化倾向时，应立即将未玻璃化的苗转入生根培养基上诱导生根。

四、其他异常现象及其预防措施

组培快繁过程中其他异常现象表现、产生原因及预防措施见表 4-2-8 和表 4-2-9。

表 4-2-8 植物组织培养常见问题及解决措施

常见问题	产生的原因	解决措施
材料死亡	外植体灭菌过度；培养基不适宜或配制过程出现问题；培养条件恶化	灭菌时间长短要适宜；选择适宜的培养基；改善培养环境；严格外植体处理操作
黄化	培养基中 Fe 含量不足；矿质营养不均衡；生长调节物质配比不当；糖用量少；长时间不转接；通气状况不好；瓶内乙烯高；光照不足；培养温度不适	调节培养基成分；降低培养温度，适当增加光照和透气性；减少或不使用抗生素
组培苗瘦弱或徒长	细胞分裂素浓度过高；不定芽没有及时转接；温度过高，通气状况不良；光照不足；培养基水分过多	减少细胞分裂素的用量；及时转接；提高光照度，延长光照时间；选择透性好的封口膜；适当增加培养基的硬度
变异和畸形	激素浓度和选用的种类不当；环境恶化和不适	选不易发生变异的基因型材料；尽量使用"芽生芽"的方式；降低细胞分裂素浓度；调整生长素与细胞分裂素的比例；改善环境条件
增殖率低下或过盛	与品种特性有关；与激素浓度和配比有关	进行激素对比试验；根据长势确定配方，并及时调整；交替使用两种培养基；优化培养条件
移栽死亡率高	组培苗质量差；环境条件不适宜；管理不精细	培育高质量组培苗；及时出瓶，尽快移栽；改善环境条件；采取配套的管理措施，加强过渡苗的肥水管理和病虫害防治
不生根或生根率低	基因型差异；激素种类和浓度；环境条件；繁殖苗的基部受伤	对于难生根的品种，从激素种类和配比、环境条件综合调控；掌握移栽操作要领和质量要求；切割组培苗基部时用利刀，用力均匀，切口平整，损伤小

表 4-2-9　不同培养阶段异常问题及预防措施

阶段	常见问题	产生原因	预防措施
初代培养	培养物呈水浸状、变色、坏死、茎断面附近干枯	表面消毒剂过量，时间过长；外植体选用部位、时期不当	更换其他消毒剂或降低浓度，缩短时间；试用其他部位，生长初期取样
	培养物长期培养没有反应	生长素种类不当；用量不足；温度不适宜；培养基不适宜	增加生长素用量，使用2,4-滴；调整培养温度
	愈伤组织生长过旺，疏松，后期呈水浸状	生长素及细胞分裂素用量过多；培养基渗透势低	减少生长素、细胞分裂素用量，适当降低培养温度
	愈伤组织生长紧密、平滑或突起，粗厚，生长缓慢	细胞分裂素用量过多，糖浓度过高，生长素过量	适当减少细胞分裂素和糖的用量
	侧芽不萌发，皮层过于膨大，皮孔长出愈伤组织	采样枝条过嫩；生长素、细胞分裂素用量过多	减少生长素、细胞分裂素用量，采用较老化枝条
增殖培养	幼苗整株失绿，全部或部分叶片黄化、斑驳	培养基中铁元素含量不足；激素配比不当；糖用量不足或已耗尽；培养瓶通气不良，温度不适，光照不足；培养基中添加抗生素类物质	调节培养基组成和pH；控制培养室温度，增加光照，改善瓶内通气情况；减少或不用抗生素物质
	苗分化数量少、速度慢、分枝少，个别苗生长细高	细胞分裂素用量不足；温度偏高；光照不足	增加细胞分裂素用量，适当降低温度
	苗分化较多，生长慢，部分苗畸形，节间极度短缩，苗丛密集	细胞分裂素用量过多；温度不适宜	减少细胞分裂素用量或停用一段时间，适当调节温度
	分化出苗较少，苗畸形，培养较久，苗再次形成愈伤组织	生长素用量偏高，温度偏高	减少生长素用量，适当降低温度
	叶粗厚变脆	生长素用量偏高，或兼用细胞分裂素用量偏高	适当减少激素用量，避免叶接触培养基
	再生苗的叶缘、叶面等处偶有不定芽分化出来	细胞分裂素用量过多，或该种植物适宜于这种再生方式	适当减少细胞分裂素用量，或分阶段利用这一再生方式
	丛生苗过于细弱，不适于生根操作和移栽	细胞分裂素用量过多，温度过高，光照短，光照度过小，久不转接，生长空间窄	减少细胞分裂素用量，延长光照时间，增大光照度，及时转接继代，降低接种密度，改善瓶口遮蔽物
	丛生苗中有黄叶、死苗，部分苗逐渐衰弱，生长停止，草本植物有时呈水浸状、烫伤状	瓶内气体状况恶化，pH变化过大，久不转接糖已耗尽，瓶内乙烯含量升高；培养物受污染，温度不适宜	及时转接继代，改善瓶口遮蔽物，去除污染，控制温度
	幼苗生长无力，陆续发黄落叶，组织呈水浸状、煮熟状	温度不适，光照不足，植物激素配比不适，无机盐浓度不适	控制光温条件，及时继代，适当调节激素配比和无机盐浓度
	幼苗淡绿，部分失绿	缺铁盐或量不足，pH不适，铁、锰、镁元素配比失调，光照过强，温度不适	仔细配制培养基，注意配方成分，调好pH，控制光温条件
生根培养	不生根或生根率低	无机盐浓度高，生长素浓度低，温度不适，苗基部受损	降低无机盐浓度，提高生长素浓度，调整适宜温度
	愈伤组织生长过快、过大，根茎部肿胀或畸形	生长素种类不适，用量过高或伴有细胞分裂素用量过高	更换生长素和细胞分裂素组合，降低浓度
移栽	移栽死亡率高	组培苗质量差；环境条件不适宜；管理不精细	培养高质量组培苗；改善移栽环境；采取配套管理措施

任务工单

任务工单 4-2-2

知识拓展

SPSS 统计分析软件介绍

　　SPSS 是世界上最早的统计分析软件,由美国斯坦福大学的三位研究生于 1968 年研究开发成功,同时成立了 SPSS 公司,并于 1975 年在芝加哥组建了 SPSS 总部。1984 年 SPSS 总部首先推出了世界上第一个统计分析软件微机版本 SPSS/PC+,开创了 SPSS 微机系列产品的开发方向,极大地扩充了它的应用范围,并使其能很快地应用于自然科学、技术科学、社会科学的各个领域。世界上许多有影响的报纸杂志纷纷就 SPSS 的自动统计绘图、数据的深入分析、使用方便、功能齐全等方面给予了高度的评价与称赞。

　　SPSS 是软件英文名称的首字母缩写,原意为 Statistical Package for the Social Sciences,即为"社会科学统计软件包"。但是随着 SPSS 产品服务领域的扩大和服务深度的增加,SPSS 公司已于 2000 年正式将英文全称更改为 Statistical Product and Service Solutions,意为"统计产品与服务解决方案",标志着 SPSS 的战略方向正在做出重大调整。迄今,SPSS 公司已有 40 余年的成长历史,全球约有 28 万家产品用户,它们分布于通信、医疗、银行、证券、保险、制造、商业、市场研究、科研教育等多个领域和行业,是世界上应用最广泛的专业统计软件。

自我测试

一、选择题

1. 接种后 2d 发现培养基表面出现黏液状菌落,判定属于(　　　)性污染。
　A. 细菌　　　　　B. 真菌　　　　　C. 黏菌　　　　　D. 病毒

2. (　　　)与污染、褐变并称植物组织培养的三大技术难题。
　A. 成本高　　　　B. 玻璃化　　　　C. 技术难度大　　D. 遗传不稳定

3. 组培污染有以下(　　　)污染途径。
　A. 外植体灭菌不彻底　　　　　　B. 环境不清洁
　C. 培养基及接种工具灭菌不彻　　D. 操作时人为带入

4. 组培的主要技术指标包括(　　　)。
　A. 出愈率　　　　B. 分化率　　　　C. 增殖率
　D. 生根率　　　　E. 移栽成活率　　F. 污染率

5. 试管苗玻璃化的实质是(　　　)。

A. 病害　　　　　B. 培养基不合适　　C. 生理失调症　　D. 营养失调
6. 在培养基中加入（　　）可大大减轻褐变程度。
A. 抗氧化剂　　　B. 蔗糖　　　　　C. 生长素　　　　D. 灭菌剂
7. 琼脂和蔗糖的浓度与玻璃化苗的发生（　　）。
A. 呈负相关　　　B. 呈正相关　　　C. 没有关系
8. 组培苗在培养过程中光照过强、温度过高、培养时间过长会（　　）外植体的褐变。
A. 降低　　　　　B. 加速　　　　　C. 没有关系
9. 引起试管苗黄化的原因可能是（　　）。
A. 培养基中 Fe 含量不足　　B. 激素配比不当　　C. 蔗糖用量少
D. 培养环境通气不良　　　　E. 光照不足　　　　F. 试管苗长期不转移
10. 试管苗瘦弱或徒长的原因可能是（　　）。
A. CTK 浓度过高　B. 温度过高　　　C. 光照不足　　　D. 培养基水分过多

二、判断题

1. 材料太小、幼龄材料、外植体受伤越重，越容易褐变。（　　）
2. 培养基中 6-BA 浓度和玻璃苗产生率呈负相关。（　　）
3. 琼脂浓度高、光照不足、温度过高过低或忽高忽低都会促进形成玻璃化苗。
（　　）
4. 降低培养基中细胞分裂素的浓度，有助于缓解玻璃化苗的发生。（　　）
5. 夏季取材容易发生褐变，冬、春季节取材则材料褐变死亡率最低。（　　）
6. 组培苗观察内容包括组培苗的生长分化情况和相关技术指标等。（　　）
7. 试管苗玻璃化是离体材料生理失调所表现出来的一种症状。（　　）
8. 试管苗黄化一定是缺铁造成的。（　　）

三、简答题

1. 在培养物的生长发育过程中，主要观察记录的技术指标有哪些？如何进行计算？
2. 如何减少组培试验数据调查的误差？
3. 简述植物组织培养过程中褐变发生原因及预防措施。
4. 从试验设计角度考虑，如何防止组培过程中出现异常问题？

四、综合分析题

某组培企业技术员小王新引进了一批蓝莓组培苗，接种一周后部分试管苗变得矮小肿胀、失绿，叶和嫩梢呈半透明状，生长缓慢。请帮小王分析一下原因，并为其提供解决办法。

模块五　植物脱毒与快繁技术

项目一　植物脱毒技术

 知识目标
- 掌握植物热处理脱毒和微茎尖培养脱毒的原理。
- 掌握常见植物脱毒方法和具体操作步骤。
- 掌握脱毒苗鉴定的常用方法与操作要求。
- 了解脱毒苗的保存与繁育方法。

 能力目标
- 能对带病毒植物进行热处理和微茎尖脱毒处理。
- 会检测病毒，能够准确判定脱毒效果。
- 能采用汁液涂抹法、酶联免疫吸附法对脱毒苗进行检测。

 素质目标
- 具有无菌意识和严谨务实的工作态度。
- 具备观察力和分析解决问题的能力。

知识准备

任务一　植物脱毒方法

自然界中植物病毒侵染植物的范围相当广泛，很多植物病毒危害的对象是与人类生活密切相关的作物，比如粮食、油料、果树、蔬菜、药材、林木和花卉等各种植物。病毒侵染已成为农作物和园艺作物生活力、产量、品质下降及植株大面积死亡的重要原因之一，给农业生产造成巨大的危害和损失。植物病毒侵染植株可导致植物细胞和组织结构发生变化，进而引发植株黄化、褪绿、坏死、枯斑和缺水等现象；或导致植物组织和细胞的不正常生长，如植株矮化、木栓化、叶片卷曲、变形等。病变还可造成植物果实减小，产量降低。例如，小麦黄矮病一般减产 20%～30%；柑橘衰退病曾使巴西大部分的柑橘园毁灭；1995 年，在河北中部爆发的马铃薯退化病发病率为 85%～90%，减产 50%～70%，造成当地马铃薯产量很低，不能留种，给农民带来巨大的经济损失。

一、植物脱毒意义

植物病毒病与真菌、细菌不同，常规使用的农药或抗生素不能从根本上有效防治。20 世纪 50 年代，人们发现通过组织培养途径可以除去植物体内的病毒，六七十年代这项技术便在花卉、蔬菜和果树生产中得到了广泛应用，现已成为彻底脱除植物体内病毒、培育脱毒苗的根本途径。

脱毒苗又称无病毒苗，是指不含有影响该种植物产量和品质的主要危害病毒，即经过检测主要病毒在植物体内的存在表现为阴性反应的苗木。因此，准确地说，把脱毒苗称作特定无病毒或检定苗更为恰当。植物去除病毒后可恢复原来优良种性，生长势增强，品质得到改善，产量明显提高，在农业生产上产生巨大的经济效益，如草莓脱毒后产量可以提高 20%～30%；观赏花卉脱毒后产量可以提高 50%～80%；大蒜脱毒后蒜头产量可以提高 32.3%～114.3%；马铃薯脱毒后产量可以提高 50%～100%，菊花、百合、风信子经过脱毒后，叶片浓绿，茎秆粗壮挺拔，花朵变大，花色变艳。

教学案例：
马铃薯种薯
为什么要脱毒？

目前不少国家已经建立了无病毒良种繁育体系和大规模的无病毒苗生产基地，在生产上发挥了重要的作用，并取得了巨大的经济效益。同时，在地球污染日益严重的今天，栽培无病毒苗可以减少农药的使用或不使用农药，这为保护环境、生产健康绿色食品、促进农业可持续发展奠定了基础。

二、植物脱毒方法

目前，植物脱毒方法有物理性的热处理脱毒、化学性的抗病毒药剂应用（主要抵制病毒的合成）和微茎尖培养、热处理结合茎尖培养、茎尖微体嫁接、愈伤组织培养、花药培养等组培脱毒方法。其中，热处理、微茎尖培养、热处理结合茎尖培养脱毒方法最常用，也最容易掌握。实践证明，根据植物种类和待检病毒的种类、特性不同，采取不同脱毒方法的组合处理，脱毒效果会更好。

（一）热处理脱毒

1. 脱毒原理 主要利用病毒和寄主植物耐高温的差异性，通过高温抑制病毒的增殖，减缓病毒在植株体内的扩散速度。高温对许多植物有加速其生长的作用。针对不同植物、不同品种和不同植物病毒对温度的敏感程度不同的特点，对需要脱毒的植株进行一定温度和时间范围内的热处理，使植物的生长速度明显超过病毒在植株体内扩散的速度，从而使一部分正在迅速生长的植物组织，如顶芽、嫩梢的尖端不含病毒，把不含有病毒的部分切下接种到适宜的培养基上，最终培养出无毒植株。

2. 脱毒方法

（1）温汤浸渍处理。将需要脱除病毒的材料在 50～55℃的温水中浸渍数分钟至数小时，使病毒失去活性。该方法简便易行，适用于休眠期器官、剪下的接穗或种植的材料，但长时间浸渍处理容易造成材料受伤。实践中要注意控制好处理温度。

(2) 热空气处理。热空气处理脱毒适用于鲜活植物材料的脱毒。将生长旺盛的盆栽植株、种球、愈伤组织、离体瓶苗等移入温热治疗室（箱）内，以 35~40℃的温度处理几十分钟至数月。热处理脱毒方法中最主要的影响因素是温度和时间。在热空气处理过程中，通常温度越高、时间越长，脱毒效果就越好，但植物的生存率却呈下降趋势。所以，温度与时间的选择应当考虑脱毒效果和植物耐性两个方面。而植物耐性受植物种类、器官类别、生理状况的影响。热空气处理对活跃生长的茎尖效果较好，如香石竹于 38℃下处理两个月，其茎尖所含病毒即可被清除；马铃薯在 35℃下处理几个月才能获得无病毒苗。

此外，每种植物都有热处理临界温度，过高温度处理会造成植物的伤害，采用变温处理既可消除病毒，又不易伤及植物。如每天 40℃处理 4h 与 16~20℃处理 20h 交替变温处理马铃薯块茎，既清除了芽眼中的卷叶病毒，又保持了芽的活力。

(3) 热处理脱毒的优缺点。热处理方法简单，脱毒效果明显，但仍存在局限性。该方法对植物组织伤害较大，处理过程中极易使植物材料受热枯死，造成损失。而且热处理法不能去除所有病毒，因为并非所有的病毒都对热处理敏感。一般来说，热处理脱毒对圆形病毒（如苹果花叶病毒）、线状病毒（如马铃薯卷叶病毒）以及由类菌质体引起的病毒有效，而对杆状病毒（如千日红病毒）无效。延长热处理时间可以增强病毒钝化效果，但同时也可能会钝化植物组织中的抗性因子，致使寄主植物抗病毒因子难于活化，从而增加无效植株的发生率。因此，热处理需与其他方法配合使用，才可获得良好的效果。

(二) 微茎尖培养脱毒

由于微茎尖培养脱毒效果好，后代遗传性稳定，是目前植物无病毒苗培育应用最广泛、最重要的一个途径。

1. 脱毒原理　微茎尖脱毒法的主要原理是病毒在植株体内的分布不均匀，随植株部位及年龄而异，其中茎尖部分尤其是生长点（0.1~1.0mm 区域）带病毒最少或不带病毒，并且越靠近尖端病毒浓度越低。因为病毒在寄主植物体内随维管系统和胞间连丝移动，而茎尖分生组织中没有维管束系统，病毒运动困难。所以，茎尖分生组织不含病毒粒子或病毒浓度很低，病毒在寄主茎尖分生组织中的转移速度落后于茎尖的生长速度，导致顶端分生组织附近病毒浓度低，甚至不带病毒。

2. 微茎尖培养脱毒繁殖过程　微茎尖培养脱毒一般包括以下几个过程（图 5-1-1）。

(1) 母本植株的选择与预处理。品种选择是微茎尖脱毒培养的关键因素之一。不同品种的产量、品质特性及对病毒侵染的反应不同，直接影响到脱除病毒后植株的增产效果和应用年限。选择母本植株时，选择符合原品种的典型特征的，尽量选择具有单一病毒侵染的植株，在感染病毒程度较轻或携带病毒较少、生长健壮无病虫害的植株上采集外植体，利于培养出脱毒苗。

材料预处理方法是切取插条插入 Knop 营养液中令其长大，由这些插条的腋芽长成的枝条要比在田间植株上直接取来的枝条污染少得多。也可将母本植株栽种在温室内无菌的盆钵中培养，将来在腋芽抽出的枝条上选取外植体。母本植株预培养时，注意浇水不要直接浇在叶片上，定期喷施内吸性杀菌剂，如喷施 0.1% 多菌灵和 0.1% 硫酸链霉

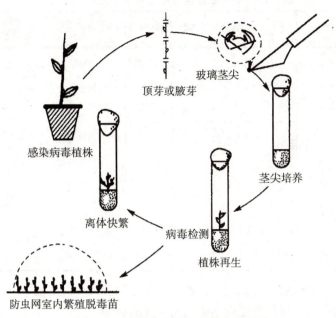

图 5-1-1 微茎尖培养生产脱毒苗流程
（陈世昌，2011. 植物组织培养）

素等。

（2）外植体采集与灭菌。外植体最好从母本植株外围或顶端活跃生长的枝梢上选取，顶芽、侧芽均可。外植体灭菌的一般方法是：剪取植株上部枝梢段 2～3cm，去除较大叶片，用自来水冲洗干净，然后在超净工作台上用 75％酒精浸泡 30s，再用 2％～5％次氯酸钠浸泡 8～15min，最后用无菌水漂洗 3～5 次。实践中可针对不同外植体及原生态环境做相应调整。鳞片及幼叶包被严紧的芽，如菊花、兰花等，只需在 75％酒精中浸蘸一下即可；而叶片包被松散的芽，如香石竹、大蒜和马铃薯等，先用流水冲洗干净，再在 75％酒精中浸泡数秒或 0.1％次氯酸钠溶液浸泡 10min，最后用无菌水漂洗数次。

（3）微茎尖剥离与接种。剥取茎尖在超净工作台上进行。由于微小的茎尖组织很难靠肉眼操作，因而需要一台带有适当光源的解剖镜 [(8～40)×] 作辅助。剥离茎尖后应尽快接种，茎尖暴露的时间应越短越好，可在一个衬有无菌湿滤纸的培养皿内进行操作，有助于防止茎尖变干。接种时只用解剖针即可，确保微茎尖不与芽的较老部分、解剖镜台面或持芽的镊子接触，避免材料染菌。

微茎尖大小是微茎尖脱毒培养另一个关键因素。切取微茎尖的大小应根据欲脱除病毒的种类及其在体内的分布状况来综合确定（表 5-1-1）。病毒分布少，切取的茎尖可稍大，否则宜小。一般要求微茎尖＜1mm。通常微茎尖培养的脱毒效果与微茎尖大小呈负相关，而培养茎尖的成活率则与茎尖大小呈正相关，即茎尖越小，对培养基的要求越高，培养成活率越低，脱毒效果越好；茎尖越大，则与之相反。实践证明，微茎尖剥离时不带叶原基，其脱毒效果最好，但成活率最低；而带 1～2 个叶原基的微茎尖培养，一般可获得 40％以上的脱毒苗。通常切取带 1～2 个叶原基的微茎尖进行培养，以达到既脱毒又保证成活率的目的。

表 5-1-1　植物脱除病毒宜采用的微茎尖大小范围

植物种类	病毒种类	茎尖大小/mm	品种数	植物种类	病毒种类	茎尖大小/mm	品种数
甘薯	斑叶花叶病毒	1.0～2.0	6	康乃馨	花叶病毒	0.2～0.8	5
	缩叶花叶病毒	1.0～2.0	1	百合	各种花叶病毒	0.2～1.0	3
	羽毛状花叶病毒	0.3～1.0	2	鸢尾	花叶病毒	0.2～0.5	1
马铃薯	马铃薯 Y 病毒	1.0～3.0	1	大蒜	花叶病毒	0.3～1.0	1
	马铃薯 X 病毒	0.2～0.5	7	矮牵牛	烟草花叶病毒	0.1～0.3	6
	马铃薯卷叶病毒	1.0～3.0	3	菊花	花叶病毒	0.2～1.0	3
	马铃薯 G 病毒	0.2～0.3	1	草莓	各种病毒	0.2～1.0	4
	马铃薯 S 病毒	0.2 以下	5	甘蔗	花叶病毒	0.7～0.8	1
大丽花	花叶病毒	0.6～1.0	1	春山芥	芜菁花叶病毒	0.5	1

不同植物微茎尖的形状各不相同。在剥离某种植物的微茎尖之前，应对具体植物的微茎尖的形状有清晰的印象，这是保证微茎尖剥离质量的前提。

（4）培养基和培养条件。微茎尖培养一般以 White、Morel 和 MS 作为基本培养基。提高钾盐和铵盐的含量有利于茎尖的生长，反之则有利于生根。在 MS 培养基上培养某些植物的微茎尖时，应适当降低部分离子的浓度。为了操作方便，一般使用琼脂培养基。不过，在琼脂培养基能诱导外植体愈伤组织分化的情况下，最好还是用液体培养基，因为这样的培养方式有利于外植体的通气、生根，还能消除琼脂中杂质对微茎尖生长的不利影响。有时茎尖培养添加活性炭对某些植物的茎尖生长有利。

植物激素的种类和浓度组合对微茎尖的生长发育具有重要的作用。双子叶植物的生长素和细胞分裂素是由第二对最年幼的叶原基合成的，所以培养不带叶原基的微茎尖时，需要在培养基中适当添加生长素与细胞分裂素；为了使培养的脱毒苗能保持原品种的特征，应避免使用易促进愈伤组织分化的 2,4-滴，而改用稳定性较好的 NAA 或 IBA 等生长素；细胞分裂素可选用 KT 或 BA。GA_3 对某些植物茎尖培养有利，应注意选择使用。

微茎尖接种后置于 25℃左右、光照时间 10～16h/d、光照度 1 500～5 000lx 的条件下培养。一般光照培养比暗培养效果好，由于在低温和短日照下，茎尖有可能进入休眠，所以必须保证较高的温度和充足的日照时间。培养环境的相对湿度以 70%～80% 较为适宜。

微茎尖需数月培养才能萌发和生长。较大的微茎尖培养 2 个月左右才能再生出绿芽，较小的微茎尖则需要 3 个月以上，甚至更长时间才发生绿芽。这期间应注意更换新鲜培养基，逐步提高培养基中 BA 的浓度，以获得大量丛生芽。

丛生芽的增殖与生根培养与一般器官的培养相同，此处不再赘述。

三、其他脱毒方法

其他脱毒方法见表 5-1-2。

表 5-1-2 其他植物脱毒方法简介

脱毒方法	原 理	方法	应用	特点
茎尖微体嫁接脱毒	多数病毒不经种子传播，所以用种子繁殖的实生苗不带病毒；茎尖培养能够脱毒。因此，将微茎尖嫁接到用种子繁殖的无菌砧木上培养，能得到脱毒苗	切取微茎尖作为接穗，嫁接到试管中培养的无菌实生砧木上，继续进行试管培养，愈合成为完整植株	该方法是获得无病毒柑橘的最有效方法；在杏、桉树和山茶等植物中，也有非常好的效果	1. 微体嫁接操作需精细； 2. 砧木必须是细嫩材料，与茎尖密合度要高； 3. 嫁接成活率与接穗大小呈正比，脱毒效果与接穗大小呈反比； 4. 此法多用于木本植物脱毒
茎尖培养结合热处理	见茎尖培养和热处理脱毒法	将植株在高温下处理，再切取茎尖进行培养	该方法可有效脱除水仙病毒；用于百合珠芽脱毒，脱毒率达100%	两种脱毒法的组合运用，脱毒效果更好
化学疗法脱毒	抗病毒药剂进入带病毒植株体内后，会阻止病毒RNA帽子结构的形成而达到除去病毒的目的，然后再结合茎尖培养进一步脱毒	将染病植株接种在含抗病毒试剂的培养基中，培养一段时间，切取茎尖进行茎尖脱毒培养	对苹果植株体内的褪绿叶斑病毒和苹果茎沟病毒效果明显	1. 采用注射法或将药剂注入培养基使植物吸收； 2. 常用抗病毒药剂主要有利巴韦林、2-硫脲嘧啶、5-二氢尿嘧啶等； 3. 此法剥取的茎尖可大于1mm，其成活率高于一般的微茎尖培养
愈伤组织培养脱毒	愈伤组织增殖速度比病毒复制速度快，且愈伤组织容易产生抗病毒变异	通过外植体培养来诱导产生愈伤组织，愈伤组织再分化出芽，长成无毒苗	该方法先后在马铃薯、天竺葵、大蒜、草莓等多种植物上获得成功	此法外植体选择面广，脱毒苗变异率较高，生产上应用较少
珠心胚培养脱毒	珠心组织与维管系统无直接联系，又保持着母本植株的遗传特性，由它形成的珠心胚可作为外植体培育脱毒苗	自然条件下，珠心胚不能发育成熟，将其从种子中剥离出来，接种在培养基上，才能培养成植株	多用于具多胚性的植物，如柑橘、杧果等	该法脱毒率可达100%，但长成的植株会出现长势过旺、结实太迟、呈现野生性状等问题，使其应用受到限制
花药培养法	花药培养经愈伤组织培养途径产生的花粉植株不带病毒	花药经诱导产生愈伤组织，再将愈伤组织转入分化培养基上，培养形成无病毒植株	该方法已广泛应用于草莓无毒苗的生产	可快速培育大量脱毒苗，且可省去脱毒效果鉴定工作，但需做倍性检测

任务工单 5-1-1

技能训练

微茎尖剥离

一、训练目标

掌握微茎尖剥离操作程序，能够规范、熟练、准确地切取微茎尖。

二、材料与用品

各种植物材料的嫩茎、脱脂棉、75%酒精、95%酒精、2%次氯酸钠、无菌水、培养基、解剖镜、解剖刀、解剖针、酒精灯、标签纸、培养瓶、培养皿、烧杯、记号笔等。

三、方法与步骤

1. 切取茎芽 任选几种植物嫩茎，用已消毒的剪刀剪取长3～5cm、带顶芽或腋芽的短茎10个，去掉叶片，仅保留护芽的嫩叶柄，置于灭过菌的培养皿中。

2. 茎芽消毒 用洗涤液或洗衣粉水洗涤，尤其是腋芽的叶柄处用软毛刷刷洗，用清水冲洗干净，然后移入超净工作台，用2%次氯酸钠浸渍5～10min，无菌水冲洗3～5次后备用。

3. 剥离茎尖 将芽置于衬有无菌湿滤纸的培养皿内，在解剖镜下，一只手拿镊子按住嫩叶柄或芽，另一只手用解剖刀或解剖针将叶片和叶原基层层剥除，到茎尖初露为止，再用解剖刀切下0.3～0.5mm的微茎尖（带2个叶原基）。选用不同的材料反复练习，达到熟练操作。

四、注意事项

（1）接种时最好使茎尖向上，不能埋入培养基内。

（2）为了防止茎尖变干，应在一个衬有无菌湿滤纸的培养皿内剥离茎尖，而且从剥离到接种的时间间隔越短越好。

（3）整个剥离过程中，要注意常将解剖针和解剖刀浸入75%酒精中，并用火焰灼烧灭菌，冷却后使用。

（4）剥离微茎尖时双眼要同时睁开，调整好解剖镜的焦距，并且手、眼与工具间配合默契。

（5）切割微茎尖要用锋利的解剖刀，并做到随切随接种。

五、考核评价建议

考核重点是微茎尖剥离是否规范、调查污染率、成活率。考核方案见表5-1-3。

表5-1-3 微茎尖剥离考核评价建议

考核项目	考核标准	考核形式	满分
实训态度	1. 任务工单撰写字迹工整、详略得当（10分）； 2. 操作认真，积极主动完成任务（10分）； 3. 积极思考，有协作精神（10分）	教师评价	30分

(续)

考核项目	考核标准	考核形式	满分
技能操作	1. 微茎尖剥离方法正确（20分）； 2. 操作规范和准确（20分）； 3. 操作熟练（10分）	现场操作	50分
效果	1. 污染率、成活率调查准确（10分）； 2. 实习场地清理干净（10分）	现场检查	20分
合计			100分

任务二　脱毒苗鉴定与保存

经过脱毒处理得到的种苗必须经过严格鉴定，确定其无病毒且农艺性状优良之后，才可以作为脱毒良种用于实际生产。脱毒苗的鉴定包括两个方面：一是脱毒效果的鉴定；二是农艺性状的鉴定。

一、脱毒效果鉴定

对于非潜隐性病毒，通过直观检测法就能判断是否患病毒病；对于潜隐性病毒则必须通过病毒检测。病毒检测方法有生物学检测法、血清学检测法、电子显微镜法和分子生物学检测法等。在生产实践中，具体使用哪一种检测方法要根据病毒类型、技术掌握程度、设备等具体条件进行选择。

（一）生物学检测法

生物学检测法以植物病毒在寄主上的表观症状作为识别和检测病毒的基础。该检测方法简单，结果观察直接，鉴定结果也较为可靠，不过检测较慢，而且受季节和气候等因素的限制，灵敏度不高，某些病毒因为无法找到鉴别寄主而不能运用这种检测方法。生物学检测法主要包括直观检测法和指示植物检测法两种。

1. 直观检测法　直观检测法是根据病毒在植株上的表现症状来判断感病情况，即根据植株茎叶是否表现出某种病毒所特有的可见症状来确定病毒的感染程度。直接观察待测植株生长状态是否正常，茎叶上有无特定的病毒引起的症状，如脱毒苗叶色浓绿，均匀一致，生长势好，未脱毒的植株出现花叶、黄叶、矮化等异常状态。该种方法简便、直观、准确。

2. 指示植物检测法　指示植物是指对某种病毒反应敏感、症状明显、用以鉴定病毒种类的植物，又称鉴别寄主。指示植物检测法是指利用指示植物比原始寄主更容易表现症状的特点，将汁液涂抹接种或是将待检苗株（原始寄主）嫁接到指示植物上，利用病毒在其他植物上产生的症状作为鉴别病毒种类的方法。指示植物法具有灵敏、准确、可靠、操作简便等优点，是其他检验方法不可替代的传统植物病毒检测方法。

指示植物根据性状分为草本指示植物和木本指示植物。一般情况下，草本植物脱毒鉴定多采用汁液接种法和小叶嫁接法，而很多果树与林木植物的脱毒鉴定多采用木本指示植物嫁接方法。

病毒检测指示植物的一般要求为：根据病毒种类及其寄生范围的不同，选择适合的指示植物；一年四季都能栽培；能够在较长时间内保持对病毒的敏感性和容易接种；在较广的范围内具有同样的反应。指示植物应在严格防虫条件下隔离繁殖，以免交叉感染而影响脱毒效果的准确判断。部分常用的指示植物见表 5-1-4。

表 5-1-4 一些常用指示植物及其检测的病毒

（王清连，2003. 植物组织培养）

植物病毒种类	主要指标植物
草莓斑驳病毒（SMoV）	UC-4、UC-5、Alpine
草莓镶脉病毒（SVBV）	UC-10、UC-4、UC-5
草莓皱缩病毒（SCrV）	UC-10、UC-4、UC-5、Alpine
草莓轻型黄边病毒（SMYEV）	UC-10、UC-4、UC-5、Alpine
柑橘裂皮病毒（CEV）	Etro 香橼
柑橘碎叶病毒（TLV）	Rusk 酸枳
柑橘衰退病毒（CTV）	墨西哥来檬
苹果茎沟槽病毒（SGV）	弗吉尼亚小苹果
苹果茎痘病毒（SPV）	弗吉尼亚小苹果、君柚
苹果褪绿叶斑病毒（CLSV）	俄罗斯大苹果、大果海棠、杂种温瞟
葡萄扇叶病毒（GFV）	Rupestris St. George
葡萄卷叶病毒（GLRV）	黑比诺、赤霞朱、品丽珠等
葡萄栓皮病毒（GCBV）	LN33
葡萄茎痘病毒（GSPV）	LN33、Rupestri. St. George

（1）草本指示植物的脱毒鉴定。

①汁液涂抹法。适用于鉴定通过汁液传播的病毒。利用指示植物法鉴定时，一般以早春为宜，因为早春刚萌发嫩叶或花瓣接种成功率较高，5 月以后接种较难成功，从而影响检测结果的正确性。具体检测方法：取待检植株的叶片置于研钵中，加入少量的水和等量的 0.1mol/L 磷酸缓冲液（pH 7.0），磨成匀浆，将其涂抹在指示植株叶片上，在指示植物的叶片上撒金刚砂，通过轻轻摩擦使汁液浸入叶片表皮细胞而又不损伤叶片，5min 后用清水清洗叶面。将指示植株放于防蚜虫网罩的温室内。数天至几周后观察指示植物，然后视其病斑的有无，来判断是否脱除了病毒（图 5-1-2）。

图 5-1-2 汁液涂抹法操作示意

②小叶嫁接法。此法适用于汁液涂抹法鉴定比较困难,多用于如草莓等无性繁殖的草本植物(图5-1-3),适用于非汁液传播病毒(如草莓的黄化病毒、丛枝病毒等)的鉴定。取待检植物小叶嫁接到指示植物叶上,根据被嫁接指示植物叶上有无病毒症状,鉴定待检植物病毒。

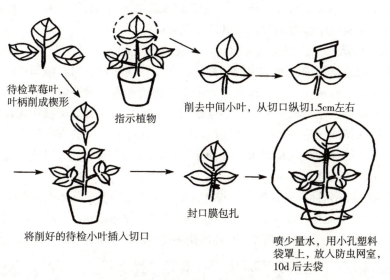

图 5-1-3　草莓指示植物小叶嫁接检测法
(熊庆娥,2003. 植物生理学实验教程)

(2)木本指示植物的脱毒鉴定。

①双重芽接。8月中下旬从待检样本树上剪取一年生枝条作为待检接穗,先将其上的芽片削成盾形,芽接在距地面5cm左右的砧木基部。每株待检树在同一砧木上嫁接1~2个待检芽。然后剥取指示植物的芽片嫁接在待检芽的上方,两芽相距2~3cm。嫁接后15~20d检查接芽的成活情况(图5-1-4)。若指示植物的芽未成活,再进行补接。成活后剪去指示植物芽以上的砧干。翌年发芽后摘除待检芽的生长点,促进指示植物的生长,观察是否有症状出现。

②双重切接。也称双芽嫁接法,多在春季进行。在休眠期分别剪取各带2个芽的指示植物及待检树的接穗,萌芽前将待检树接穗切接在实生砧木上,将指示植物接穗切接在待检树的接穗上(图5-1-5)。为促进伤口愈合和提高成活率,可在嫁接后套上塑料袋保温保湿。此种方法的缺点是嫁接技术要求高,成活率低,嫁接速度慢。

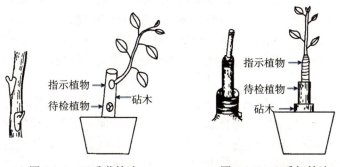

图 5-1-4　双重芽接法　　图 5-1-5　双重切接法
(王国平,2002. 果树无病毒苗木繁育与栽培)

(二)血清学植物病毒检测法

血清学植物病毒检测法是指利用抗原、抗体的体外特异性相结合来检测植物病毒。常见的血清学检测方法有酶联免疫吸附法、快速免疫滤纸法、免疫荧光技术、斑点免疫测定法以及免疫胶体金技术等,这些方法的广泛应用使得植物病毒的检测灵敏性与检测速度都得到极大的提高,也更为灵活。酶联免疫吸附法(ELISA 法)是血清学植物病毒检测法中采用较多的一种方法。下面介绍抗血清检测法和酶联免疫吸附法。

1. 抗血清检测法 凡能刺激动物机体产生免疫反应的物质称为抗原。抗体则是由抗原刺激动物机体的免疫活性细胞而生成的一种具有免疫特性的球蛋白,能与该抗原发生专化性免疫反应,它存在于血清中,故称抗血清。由于植物病毒为一种核蛋白复合体,因此它也具有抗原的作用,能刺激动物机体的免疫活性细胞产生抗体。同时由于植物病毒抗血清具有高度的专化性,感病植株无论是显性还是隐性,都可以通过血清学的方法准确地判断植物病毒的存在与否、存在的部位和数量。由于其特异性高,测定速度快,所以抗血清法也成为植物病毒检测最常用的方法之一。

抗血清鉴定法包括抗原制备、抗血清收集、免疫反应试验等,具体操作程序见图 5-1-6。利用抗血清鉴定时要注意避免叶绿体的自发凝聚,可用磷酸缓冲液提取汁液,再用氯仿处理除去叶绿体,pH 保持 6.5~8.5。另外,抗原和抗体的比例要适当,抗原过量时会抑制沉淀的生成。

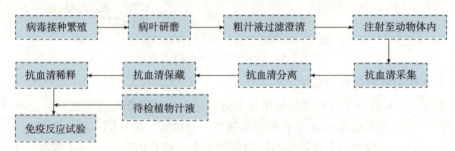

图 5-1-6 抗血清鉴定法操作流程

2. 酶联免疫吸附法(ELISA 法)

(1)含义与特点。酶联免疫吸附测定法是以免疫学反应为基础,将抗原、抗体的特异性反应与酶对底物的高效催化作用相结合的一种高敏感性的试验技术。具体是将酶与抗体(或抗原)结合,制成酶标抗体(或酶标抗原);将抗原固定在支持物上,加入待检血清,然后加入酶(过氧化物酶或碱性磷酸酶)标记的抗体,使待检血清中与对应抗原的特异性抗体结合,最后用特殊分光光度计测定。常用的 ELISA 法分为两方面:一方面是测定抗原的,方法主要有竞争法、双抗体夹心法、改良双抗体夹心法和抑制性测定法;另一方面是测定抗体的,主要用间接法。由于抗原、抗体的反应在一种固相载体——聚苯乙烯微量滴定板的孔中进行,每加入一种试剂孵育后,可通过洗涤除去多余的游离反应物,从而保证试验结果的特异性与稳定性。

ELISA 法是抗血清鉴定法中发展最迅速、应用最广泛的方法,具有灵敏度高,特异性强,适于测定大量样品,反应结果可长期保存,快捷、简便,不需要使用同位素和复杂的设备,且对人体基本无害等一系列优点。但是也存在一定的缺点:①抗体制备所需时间长,费时费力;②经常存在假阳性反应,给脱毒苗检测带来困难。

(2)检测方案设计。检测之前,首先根据检测的需要设计酶联板点样孔。将使用的点样孔安排在内部，避免使用酶联板周围一圈的点样孔，防止发生边际效应而影响检验结果的准确性。在一次检测试验中，一般设置2个阳性对照孔、2个阴性对照孔、2个空白对照孔作为质量控制，并根据送检样品的数量设置待检测样品孔的数量，要求每个待测样品设置2次重复。同时，需确定包被抗体和酶标抗体的最适浓度。

（3）样品选取与处理要求。选取幼嫩或处于萌芽状态的植物组织样品用于检测，如芽尖、幼叶等植物组织，避免选取成熟的植物组织样品。检测韧皮部中的病毒应选取韧皮组织样品；检测树皮中的病毒应选取带有形成层组织的样品，也可选取幼嫩的根部组织作为病毒检测样品。

（4）植物病毒粗提液的制备。选取植物样品，一般按照适当的比例加入样品抽提缓冲液，制备一个植物病毒粗提液。如果提高植物样品所占比例，有可能减少酶联反应的概率，加大制备植物病毒粗提液的难度。相反，减少植物样品所占比例，则有利于酶联反应的进行。对于难于研磨的植物样品，可加入金刚砂或硅藻土等研磨剂，将有助于研磨。

（5）操作程序。ELISA法检测操作程序通常包括包被、加样、孵育、包被酶标抗体、加底物、显色和读板等步骤（表5-1-5）。

表 5-1-5　ELISA 法操作步骤

序别	间接法（测抗体）	双抗体夹心法（测抗原）	竞争法（测抗原）	抑制法（测抗原）
1	包被抗原：用包被缓冲液稀释抗原至最适浓度5～20μg/mL，微反应板每个凹孔中各加0.3mL，4℃过夜或37℃水浴2～3h，贮存在冰箱中	包被抗体：用包被缓冲液稀释特异性抗体球蛋白至最适浓度（1～10μg/mL），每凹孔加0.3mL，4℃过夜或37℃水浴3h，贮存在冰箱中	包被特异性抗体：用包被缓冲液稀释特异性抗体球蛋白至最适浓度（1～10μg/mL），每凹孔加0.3mL，4℃过夜或37℃水浴3h，贮存在冰箱中	包被抗原：用包被缓冲液稀释抗原至最适浓度5～20μg/mL，微反应板每个凹孔中各加0.3mL，4℃过夜或37℃水浴2～3h，贮存在冰箱中
2	洗涤：移去包液，凹孔用洗涤缓冲液（含0.05%吐温-20）洗3次，每次5min			
3	加被检标本：每凹孔加入0.2mL用含有0.05%吐温-20的稀释缓冲液稀释的被检血清，在37℃下保持1～2h	每凹孔加入0.2mL用稀释缓冲液稀释的含抗原的被检标本，在37℃下保持1～2h	分2组，A组加酶标记抗原和被检抗原混合液0.2mL，B组只加酶标记抗原液0.2mL，在37℃下保持1～2h（混合液可稀释为不同稀浓度）	A组加参考抗体和被检抗原混合液0.2mL，B组加参考抗体与等量稀释剂0.2mL，在37℃下保持1～2h
4	洗涤：重复2			
5	加入酶结合物：每凹孔加入0.2mL稀释缓冲液稀释的酶结合物，在37℃下保持1～2h	加入0.2mL用稀释缓冲液稀释的酶标记特异性抗体溶液，在37℃下保持1～2h或由预备试验确定作用时间	—	各加入0.2mL抗参考抗体的酶结合物，在37℃下保持1～2h
6	洗涤：重复2			
7	每个凹孔加入0.2mL底物溶液，（OPD或OT），在室温下保持30min（另作一空白对照，0.4mL底物加0.1mL终止剂）			
8	加终止剂：每凹孔加2mol/L H_2SO_4 或2mol/L柠檬酸 0.05mL			
9	观察记录结果：目测或用酶标比色计测定（OPD用492nm）OD值		用酶标比色计测定A、B两组的OD值，并求出A、B两组OD值的差数	

（6）结果判定。在所有阳性对照、阴性对照和空白对照结果均成立的情况下，通过 P/N 值进行判定。如果 P/N 值在推荐的阳性判定标准范围内，则判定为阳性样品；如果 P/N 值在推荐的可疑判定标准范围内，则判定为可疑样品；如果 P/N 值在推荐的阴性判定标准范围内，则判定为阴性样品。

（三）其他脱毒鉴定方法

其他脱毒鉴定方法举例见表 5-1-6。

表 5-1-6　其他脱毒鉴定方法列举

鉴定法名称	原理	说明
电镜检查法	用电子显微镜直接观察被鉴定植物组织的提取液有无病毒，并鉴定病毒颗粒大小、形状、结构、种类	灵敏度高、准确率高，能定量测定病毒，但设备昂贵
免疫双扩散法	抗原、抗体在半固体凝胶中进行扩散和免疫反应，有扩散沉淀的抗原提供植株为带病毒株	原理与抗血清鉴定法相同，但能节约血清，汁液也不用特殊处理
反转录聚合酶链反应（RT-PCR）检测法	提取被鉴定植物的病毒 RNA，根据病毒基因序列设计合成引物，反转录合成病毒 cDNA，然后 cDNA 扩增，取出扩增产物，利用琼脂糖凝胶电泳进行检测	与 ELISA 法相比，不需制备抗体，检测所需病毒量也少，具有灵敏、快速、特异性强等优点
核酸斑点杂交（NASH）技术	根据互补核酸单链可以相互结合的原理，将一段核酸单链以某种方式加以标记，制成探针，与互补的待鉴定病原的核酸杂交，鉴定带探针的杂交物指示病原的存在	灵敏度较高，特异性较强，缺点是检测大量样品时，探针分离较困难

二、农艺性状鉴定

有些脱毒方法可使脱毒苗产生变异。如经热处理后，高温可引起分生组织细胞突变；经愈伤组织诱导的再生植株脱毒苗有时会产生染色体变异，导致良种性状的丧失。因此，经过脱毒和脱毒效果鉴定后，还需进行田间农艺性状鉴定，确定脱毒苗仍保持原品种的特征特性之后，才能作为原原种进行推广。农艺性状鉴定时必须采取隔离措施，以免重新感染病毒；鉴定中注意淘汰劣变植株，保留优良植株；注意发现和选留超越母体植株优良性状的突变体。

三、脱毒苗的保存

通过不同脱毒方法处理所获得的植株，经过鉴定确系无特定病毒者，即是脱毒原原种。脱毒原原种只是脱除了原母株上的特定病毒，抗病毒能力并未增强，因而在自然条件下易受到病毒再侵染而丧失其利用价值。同时受到自然条件影响，脱毒原种易丢失。因此，须将脱毒原原种按照正确的方法进行保存。

（一）隔离保存

植物病毒的传播媒介主要是昆虫，如蚜虫、叶蝉或土壤线虫等。因此，应将脱毒原原种苗种植于防虫网室、栽在盆钵中保存。栽培基质应事先消毒处理。除去网室周围的杂草和易滋生蚜虫等传播媒介的植物，保证环境清洁，并定期喷药剂防虫杀菌。凡接触脱毒苗的工具应消毒并单独保管专用，操作人员也应穿消毒的工作服。若有条件，最好将脱毒苗母本园建在相对隔离的海岛或高岭山地种植保存。对隔离保存的脱毒种苗要定期检测有无病毒感染，及时将再感染的植株淘汰或重新脱毒。若管理得当，材料可保存5～10年。

（二）离体保存

离体保存是利用植物组织培养的方法，将单细胞、原生质体、愈伤组织、悬浮细胞、体细胞胚、组培苗等植物组织培养物储存在使其抑制生长或无生长条件下，以达到保存植物种质的方法。离体保存具有省时、省地、省力、不受自然条件的影响，便于运输等优点。

1. 低温保存 低温保存是在低于正常培养温度下保存植物组织培养物的技术，它是植物生长发育的有关理论与组织培养技术相结合的产物。低温保存的基本特征是保存材料的定期继代培养，不断繁殖更新。能够最大限度地保持材料的遗传稳定性。低温保存的基本措施是控制保存材料所处的温度和光照。在一定温度范围内，材料的寿命随保存温度的降低而延长，但要注意各种植物对低温忍受程度的差异。

甘薯、马铃薯、魔芋等多种植物的低温保存都取得了良好的效果。将茎尖或小植株接种到培养基上，培养一段时间，置于低温（1～9℃）、低光照下保存。材料生长极缓慢，只需半年或一年更换一次培养基，又称最小生长法。在培养基中添加脱落酸、矮壮素和甘露醇等生长延缓剂和渗透剂可以提高保存效果。保存材料每6个月继代培养一次。继代培养时，从形态、经济性状、生理生化等方面对材料进行遗传稳定性鉴定。保存的材料要定期检查，及时清除污染材料，保持清洁。

2. 超低温保存 超低温保存也称冷冻保存，一般以液态氮（－196℃）为冷源，使材料保存温度维持在－196℃，植物新陈代谢活动基本停止。

由于材料生理状态的不同和植物种的差异，冷冻会导致不同的效果，但关键是保护细胞不受冻害。目前有4种冷冻方法：快速冷冻法、慢速冷冻法、分步冷冻法和干燥冷冻法。

（1）快速冷冻法。快速冷冻法是将植物材料从0℃或者其他预处理温度直接投入到液氮中。在降温冷冻过程中，植物体内的水在－140～－10℃是冰晶形成和增长的危险温度区；－140℃以下，冰晶不再增生。

（2）慢速冷冻法。慢速冷冻法是以每分钟0.1～10℃的降温速度（一般1～2℃/min）使材料从0℃降至－10℃左右，随即浸入液氮，或者以此降温速度连续降至－196℃。

（3）分步冷冻法。分步冷冻法是指将植物的组织和细胞在放入液氮前经过一个短时间的低温锻炼。分步冷冻法可分为两步冷冻法和逐级冷冻法两种。两步冷冻法是慢速冷冻和快速冷冻法的结合。它的第一步是采用0.5～4.0℃/min的慢速降温法，使温度从0℃降至－40℃，第二步是投入液氮迅速冷冻。

逐级冷冻法是在程序降温仪或连续降温冷冻设备条件下所采用的一种种质保存方法。其方法是先制备不同等级温度的溶液，如－10℃、－15℃、－23℃、－35℃或－40℃等。植物材料经冷冻保护剂在0℃处理后，逐级通过这些温度。材料在每级温度中停留一定时间（4～6min），然后浸入液氮。这种方法使细胞在解冻后呈现较高的活力。

（4）干燥冷冻法。干燥冷冻法是将植物材料置于27～29℃烘箱内，使其含水量由72%～77%下降到27%～40%后再浸入液氮。

四、脱毒苗的繁殖

为了满足生产需要，脱毒毒苗还需要进行扩大繁殖，主要通过嫁接繁殖、扦插繁殖、压条繁殖、匍匐茎繁殖、微型块茎（根）繁殖等方法在有防护措施的露地扩繁后应用于大田生产。

脱毒苗不具有额外的抗病性，在自然条件下很快再次被同一病毒或不同病毒感染。所以，在整个种子生产过程中要采取措施，切断病毒的传播途径。在大规模繁殖这些植株时，应把它们种在田间隔离区内。

任务工单

任务工单 5-1-2

技能训练

病毒鉴定

一、训练目标

了解各种病毒鉴定方法和原理；能够熟练、规范地完成病毒鉴定操作。

二、材料与用品

香石竹待检脱毒苗、0.1mol/L 磷酸缓冲液（pH 7.0）、栽培基质与肥料、各种杀虫剂和杀菌剂等；300 目防虫网室、花盆、研钵、500～600 目金刚砂、医用小剪刀、嫁接刀、嫁接夹、封口膜、纱布、棉球、苹果待检脱毒苗、山定子实生幼苗无病叶、苹果褪绿叶斑病毒的抗血清、抗体、酶标 A 蛋白稀释液、A 蛋白、包被液、0.4mg/mL 邻苯二胺、2mol/L 硫酸溶液、蒸馏水等；酶联免疫检测仪、离心机、冰箱、微孔板（40 孔微量聚苯乙烯板；先用 95％酒精浸泡 2h，再用蒸馏水冲洗后晾干备用）、研钵、解剖刀、手术剪、移液管等。

三、方法与步骤

1. 香石竹脱毒苗指示植物鉴定法

（1）脱毒苗培育与指示植物栽植。在防虫网室内提前播种石竹、苋色藜等指示植物种子，培育实生苗；按热处理结合茎尖培养脱毒法培育香石竹试管苗，作为待检苗。

（2）叶片研磨。当指示植物石竹、苋色藜的实生苗苗龄达 8～10 周时，取香石竹脱毒苗幼叶 1～3g 置于研钵中，加入 10mL 水和等量的 0.1mol/L 磷酸缓冲液，研碎后加入少量 600 目金刚砂作为摩擦剂，制成匀浆。

（3）汁液涂抹。用纱布或棉球蘸取匀浆液轻轻涂抹石竹、苋色藜的叶片表皮接种。两种

指示植物各涂抹 2 组，每组 5 盆。

(4) 观察记录。汁液涂抹 1 周后检查新生叶是否产生病斑，如果有枯斑或花叶等症状，说明脱毒效果不佳，需进一步脱毒。

2. 苹果脱毒苗的酶联免疫吸附测定法

(1) 样品处理。取待测苹果嫩叶，按 1∶（2～5）加抗原提取液（可用抗体及酶标 A 蛋白稀释液）研磨，低速离心（4 000r/min，离心 5min），取上清液，即为待检样品。用山定子实生幼苗的无病叶为阴性对照。

(2) 包被 A 蛋白。取 A 蛋白加 5 倍包被液，在 28℃条件下孵育 2h。A 蛋白的工作浓度为 1μg/mL。

(3) 加抗血清 ACLSV。加入抗血清 ACLSV，在 28℃条件下孵育 2h。抗血清 ACLSV 的工作浓度为 1∶（1 000～2 000）。

(4) 加待检样品。即抗原样品及山定子阴性对照样品，在 4℃温度下过夜。

(5) 加酶标 A 蛋白。加入酶标 A 蛋白，28℃条件下孵育 2h。酶标 A 蛋白适宜的工作浓度为 1∶（4～100）。

(6) 加底物溶液。加入 0.4mg/mL 邻苯二胺，在室温下遮光显色 15～30min。

(7) 加反应终止液。显色达到要求后，加入 2mol/L 硫酸溶液，使反应终止。

(8) 用酶联免疫检测仪测定。反应终止后 20min 内，于 490nm 波长处测定吸光值，以待检样品的平均吸光值/阴性对照的平均吸光值≥2，视为阳性，即苹果脱毒苗带病毒，有待进一步脱毒。

四、注意事项

(1) 指示植物和脱毒苗要提前培育。

(2) 采用汁液涂抹法进行香石竹组培苗脱毒鉴定时涂抹叶片力度要适当，既要使汁液浸入叶片，又不使指示植物的叶片受损严重，这样有利于受损部位尽快愈合。

(3) 严格按照酶联免疫吸附测定流程操作，测定时要多做几个重复，以提高结果的准确性。

五、考核评价建议

考核重点是病毒检测方法正确，操作规范、熟练。考核方案见表 5-1-7。

表 5-1-7　病毒鉴定考核评价

考核项目	考核标准	考核形式	满分
实训态度	1. 任务工单撰写字迹工整、详略得当（10 分）； 2. 操作认真，主动积极完成任务（10 分）； 2. 积极思考，有协作精神（10 分）	教师评价	30 分
技能操作	1. 病毒检测方法正确（20 分）； 2. 操作规范、准确（20 分）； 3. 操作熟练（10 分）	现场操作	50 分
效果	1. 检测结果准确（10 分）； 2. 实习场地清理干净（10 分）	现场检查	20 分
合计			100 分

知识拓展

植物超低温疗法脱毒

植物超低温脱毒处理是利用液氮超低温（-196℃）对植物细胞的选择性杀伤，得到存活的顶端分生组织。在超低温处理过程中，导致细胞死亡主要发生在冰冻和冻融期间，在此期间，细胞的结构和功能受到严重损伤，致死冻融的细胞难以恢复生长而死亡。含有病毒的顶端细胞液泡较大，胞液中含有的水分也较多，在超低温保存过程中易被形成的冰晶破坏致死，而增殖速度较快的分生组织含的水分少，胞质浓，抗冻性强，不易被冻死。这样超低温处理过的植株再生后可能是无病毒的，目前，超低温保存作为一种可去除病毒的方法而受到人们关注。

到目前为止，超低温疗法已建立了多种超低温保存种类，包括小滴法、玻璃化法、包埋干燥法、包埋玻璃化法、小滴玻璃化法和小滴包埋玻璃化法。应用在马铃薯上的报道主要有玻璃化法、包埋玻璃化法和小滴玻璃化法。下面以马铃薯为例介绍玻璃化法低温疗法脱毒步骤。

一、茎尖材料的获取

超低温疗法对材料降温速率有特殊要求，所选材料需具备细胞体积小、分化程度低、核质比大、含水量小等特征，一般选择试管苗的茎尖分生组织。茎尖材料的获取方法主要有两种：一是直接获取；二是截取茎段经低温、预培养后再剥离。

二、材料预培养

预培养步骤有的是放在茎尖剥离前，有的是放在茎尖剥离后。预培养基成分普遍是MS+不同浓度的蔗糖。预培养时间一般是2~3d。预培养方式主要有：

1. 直接培养 剥离茎尖，直接放在不同糖浓度的预培养基上培养不同的时间。

2. 间接预培养 将茎尖放在逐步增加糖浓度的培养基上进行培养。

三、加载和冷冻保护剂

在液氮保存前，需要加载或者渗透保护使细胞受到伤害降低。加载液通常使用蔗糖和甘油，用来增加细胞内的渗透压及减少自由水的含量。0.6mol/L蔗糖和2mol/L甘油组合能得到最好的再生率。在玻璃化溶液的选择中，PVS是最常用的冷冻保护剂。植物茎尖可以在加载后直接投入100%的PVS中，或者投入60%的PVS中，然后把浓度逐步增加到100%。PVS处理的时间因处理的温度（室温或者0℃）、茎尖大小和基因型而异。

四、液氮冷冻及解冻处理

离体茎尖处理后于液氮中分别冻存1d，从液氮处理取出的材料需马上进行化冻处理，即将液氮处理后的材料投入25~40℃的水浴中快速化冻1~3min，避免次生结冰对材料造成的伤害，化冻后立即洗涤，目的是去除高浓度冷冻保护剂（DMSO）对植物材料的毒害，防止对超低温处理后恢复培养的影响。最常用的洗涤方法是用含1.2mol/L蔗糖的MS液体培养基在20~25℃条件下洗涤2~3次，每次10min。

自我测试

一、填空题

1. 植物脱毒常用的方法有_____、_____、_____等。
2. 脱毒苗具有_____、_____、_____等优势。
3. 马铃薯种性退化是_____造成的，马铃薯脱毒最好的方法是_____。
4. 由试管苗生产的_____微小马铃薯称为微型薯。
5. 脱毒效果鉴定的常用方法有指示植物法、_____和_____等。
6. 马铃薯微茎尖要求最好带_____个叶原基。

二、判断题

1. 病毒可通过无性繁殖的营养器官世代相传。（　　）
2. 微型薯原原种必须等芽萌动后才能播种。（　　）
3. 热空气处理脱毒适用于休眠器官脱毒。（　　）
4. 热处理能脱除植物体内所有病毒。（　　）
5. 热处理脱毒与茎尖培养脱毒在性质上是相同的。（　　）
6. 马铃薯试管苗徒长，可在 MS 培养基中添加丁酰肼或 CCC 复壮。（　　）
7. 茎尖大小与脱毒效果呈正比，与成活率呈反比。（　　）
8. 在脱毒马铃薯苗大规模增殖前，不需要进行脱毒效果鉴定。（　　）
9. 采用汁液涂抹法进行马铃薯脱毒苗鉴定时，可以选用任何植物作为指示植物。（　　）

三、简答题

1. 针对具体植物如何选择适宜的脱毒方法？
2. 为什么植物根尖和茎尖病毒含量很少或不含病毒？
3. 植物脱毒效果鉴定所采用的嫁接法和栽培上的嫁接法有何不同？
4. 针对某一脱毒植物，如何选择适宜的脱毒效果鉴定方法？

项目二
花卉组培与快繁

 知识目标

- 掌握蝴蝶兰、红掌和大花蕙兰等花卉的组培快繁技术。
- 掌握试管苗驯化移栽的目的、原则与方法,清楚提高试管苗移栽成活率的措施。
- 了解茎尖培养、叶片培养、花梗等器官培养的方法与影响因素。

 能力目标

- 能够熟练进行不同外植体的无菌操作。
- 熟练掌握接种、转瓶等无菌操作技术。
- 能够正确进行继代培养、壮苗生根培养和驯化移栽。

 素质目标

- 养成求真务实的工作态度和爱岗敬业的工匠精神。
- 具有较强的分析问题能力,善于总结经验,具有较好的逻辑思维能力,具有创新精神。

知识准备

任务一 蝴蝶兰组培与快繁

蝴蝶兰是兰科蝴蝶兰属的一种热带附生兰,素有"兰花皇后"的美誉。其花大如蝶,花形优美,花色艳丽,色泽丰富,花期持久,成为世界名贵高档花卉之一,深受人们的喜爱。蝴蝶兰原产于欧亚、北非、北美和中美,以我国台湾出产最多,主要分布在南北纬23°之间。由于蝴蝶兰属于单轴性气生兰,植株上极少发育侧枝,不能用传统的分株进行繁殖。蝴蝶兰的种子非常细小,胚乳和胚发育不完全,种皮透性差含有抑制物,在自然条件下很难萌发。因此,采用组培快繁技术是蝴蝶兰有效的繁殖方法,能够在较短的时间获得大量的优质种苗,服务于生产。

蝴蝶兰的组织培养最早报道于1949年,当时Rotor成功地在试管中培养出了花梗苗。但是大量的应用研究是在20世纪60年代以后,现已建立兰花组培育苗技术体系,实现了兰花工厂化生产。蝴蝶兰种子小,数量多,比较适合无菌播种培养,但种子培养获得的植株与母株基因型有较大差异,易发生变异,不宜作为良种的扩繁方式,而作为品种选育却比较适宜。原球茎发生型、丛生芽增殖型再生植株是其组织培养的主要途径,一般先从花梗侧芽得到植株,然后取试管苗的叶片、茎尖、根尖等再培养,这样易获得成功。目前花梗腋芽培养是蝴蝶兰快繁的主要方式。

一、蝴蝶兰组培快繁操作流程

蝴蝶兰组培快繁操作流程见图 5-2-1。

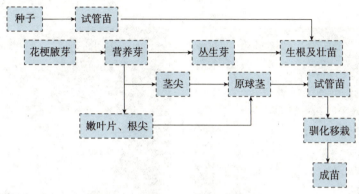

图 5-2-1　蝴蝶兰组培快繁操作流程

二、蝴蝶兰花梗腋芽培养

1. 外植体的选择与处理

（1）外植体的选择。蝴蝶兰是单节性气生兰，只有一个茎尖，如果取茎尖就会牺牲整个植株，以花梗作为外植体，就不会牺牲母株，而且消毒也较为容易。选择长势健壮、无病虫害、花梗粗壮、花朵颜色等级高的品种作为母本。当蝴蝶兰花梗长到15cm左右高时，从基部整枝取下。

（2）外植体的处理。用75％酒精棉球将花梗外表的灰尘、杂物等擦拭干净，剥除苞叶并用解剖刀把节与芽相接处清除干净，同时削去花梗节段表面有病斑或焦枯的部分，然后以节为单位切成段，使腋芽在节的中间部位。流水冲洗30min，在超净台上用75％酒精消毒30s，无菌水冲洗2~3次，再用1％次氯酸钠溶液浸泡，消毒时间依花梗的质地和幼嫩程度的不同而异。花朵盛开或花朵已谢的成熟花梗，消毒时间为15~20min；较嫩的组织可将消毒时间缩短为10~15min。消毒结束后用无菌水冲洗3~5次，然后切除节段两端各0.5cm，花梗余下部分剪成长约2cm、带饱满腋芽的切段，接入诱导培养基上。

2. 诱导培养

将消毒的花梗接种到诱导培养基花宝1号2.0g/L＋花宝2号1.0g/L＋BA 3mg/L＋NAA 0.5mg/L＋2％香蕉粉（pH 5.5）上，培养室温度为（25±1）℃，光照度为1 500~2 000lx，光照时间为12~14h/d。每瓶接种1个外植体（图5-2-2），置于培养室培养。

通常花梗侧芽在适当培养基上培养7~10d后腋芽突出肥大，15d后腋芽萌发，30d左右可长出3个左右＞1cm的不定芽（图5-2-3）。花梗侧芽在离体培养条件下有两种发育可能，一种是进行营养生长，长出叶片而成幼小植株；另一种长出花梗。其发育方向主要与培养时所取的花梗芽的位置、生长时期、状态、品种、培养基成分、培养环境等因素密切相关。所取组织材料较嫩或栽培环境温度较低、芽大的多抽出花梗，而组织木质化程度较高、栽培环境温度高的大多长出叶并形成完整的芽。

花梗在培养过程中，外植体基部容易变褐色，因而要及时在原培养基上转移或转接到新鲜培养基上。这个培养程序的目的是使休眠的花梗腋芽和顶芽启动，形成营养芽，在试管内长成无菌植株，便于进一步利用，如取无菌试管苗的叶片、茎尖或根尖进行培养，建立无性繁殖体系。

图 5-2-2　蝴蝶兰花梗接种后

图 5-2-3　蝴蝶兰花梗腋芽分化出芽

3. 增殖培养

（1）丛生芽增殖。将花梗诱导产生的芽或芽丛从花梗上切离，转入花宝 1 号 3.0g/L＋BA 3mg/L＋NAA 0.2mg/L＋2%香蕉粉，pH 5.5 的继代增殖培养基上培养，培养条件与诱导培养条件相同，一般每瓶接种 5~8 个中间繁殖体。丛生芽增殖培养方式有两种：一种是将小芽切离花梗茎段，并横切为上、下两段，分别接种培养，诱导丛芽增殖；另一种是将芽切离茎段，作为种苗接种增殖培养，30d 左右在基部可萌生新的芽丛（图 5-2-4），40d 后可分割丛生芽，按照苗的大小分级移植，由此通过不断分苗，可获得大量的种苗和丛生苗，达到扩大繁殖的目的。

图 5-2-4　蝴蝶兰丛生芽增殖

影响蝴蝶兰丛生芽继代培养效果的条件和因素很多，主要是生长调节剂种类和浓度、有机物添加种类等。细胞分裂素有利于芽的增殖，但是 BA 浓度并非越高越好，高浓度的 BA 会使芽的生长减弱。另外，培养基中添加椰子汁、水解乳蛋白（LH）、胰蛋白胨可明显地提高蝴蝶兰丛生芽的增殖率，且长势较好。

（2）原球茎增殖。蝴蝶兰丛生芽增殖倍数有限，为了工厂化生产，在形成原球茎阶段要对原球茎进行增殖培养。当原球茎达到一定数量和大小时，接种到花宝 1 号 3.0g/L＋BA 3mg/L＋NAA 1.0mg/L＋2%香蕉粉的培养基上进行扩大繁殖，建立快速无性繁殖系。原球茎在切割分块转接过程中每瓶接种要保证一定的密度，有利于原球茎的增殖。培养一段时间以后，再不断进行继代，原球茎便以几何级数增长（图 5-2-5），实现扩繁增殖目的。当原球茎增殖到一定数量时，在继代培养基上延迟培养时间来诱导分化出芽，逐渐形成丛生的小植株（图 5-2-6）。

图 5-2-5　蝴蝶兰原球茎增殖

图 5-2-6　蝴蝶兰原球茎分化出芽

4. 壮苗与生根培养　通过丛生芽增殖途径繁育的小苗在原培养基上，植株生长缓慢、细弱，不易诱导生根成苗，因此，需要转移到新的培养基中促进生长和生根。蝴蝶兰壮苗与生根一般同时进行。将增殖的丛生芽切去部分叶片和气生根。转入壮苗培养基 1/2MS＋NAA 1.0mg/L＋2％香蕉粉＋AC 2g/L（pH 5.5）上。在促进根系生长方面，适当提高光照度可明显促进植株生长健壮，以 3 000lx 最好，植株表现出叶色浓绿，叶片肥厚，植株生长健壮，而在 1 000lx 时，叶色浅绿，叶片瘦长，植株较弱。而在培养基中添加香蕉泥和马铃薯泥，可以明显促进根系生长，生根数量较多（图 5-2-7）。

图 5-2-7　蝴蝶兰生根苗

5. 驯化移栽　当蝴蝶兰长出 2～3 条根、根长 3cm 左右时，将生根的瓶苗拿入温室在自然光下炼苗 5d 左右（图 5-2-8），然后用清水洗净根部的琼脂，移栽到水苔基质中（图 5-2-9），水苔基质要提前浸泡 3～5h。蝴蝶兰按双叶距将瓶苗分级，分为特级苗、一级苗、二级苗和三级苗，分级标准相应为双叶距＞5cm、3～5cm、2～3cm 和＜2cm。特级苗直接移栽到 7cm 盆中，一级苗种植于 5cm 盆中，二级苗种植到 128 孔的穴盘中或育苗盘中。移栽时要将泡透的水苔包裹住蝴蝶兰的根，然后栽入穴盘中，以不包裹顶心和不露根为宜，且松紧适宜。刚定植的蝴蝶兰应遮光 50％左右，温度控

蝴蝶兰组培苗驯化移栽

制在18～28℃，湿度以60%～80%为宜，以后逐渐保持在70%左右。缓苗后（两周左右）逐步提高光照度至6 000～8 000lx。蝴蝶兰根部忌积水，喜通风和干燥，水分过多易引起根系腐烂。刚出瓶的小苗应勤补水，中苗或大苗根据干湿程度浇水，一般每7～10d浇一次水，当水苔基质变干，盆面发白时，宜浇水，浇水要浇透。

图5-2-8 蝴蝶兰组培苗驯化

图5-2-9 蝴蝶兰组培苗出瓶移栽后

三、蝴蝶兰组培快繁的影响因素

蝴蝶兰组培快繁的影响因素

1. 外植体 诱导蝴蝶兰原球茎采用的外植体主要有根段、花梗苗根尖、花梗腋芽、茎尖、叶片、胚、花梗节间、花梗节或花梗节间切段、种子等。由于花梗腋芽具有取材和灭菌较容易、不伤及母株、组培效果较好和容易组培成功的特点，而成为蝴蝶兰组培快繁首选的最佳外植体。顾伟民等研究表明，蝴蝶兰不同外植体的成活率有差异，其中，花梗腋芽、花梗、叶片和根尖的成活率分别为75%、62.5%、12.5%和7.5%；针对不同外植体，取材方法也不同，通常取花梗节之间1～2cm长幼嫩部分，切取长2～3mm的切段作为外植体。如利用长2～3cm的根尖段，将其切成长0.5～0.8cm的小段，接种2周后根端切口处开始膨大，产生淡绿色瘤状愈伤组织；采用无菌种子苗茎尖作为外植体时，培养30d后基部出现愈伤组织，出愈率达85%以上；而利用正在培养的花梗苗生长旺盛的根尖进行培养，20d左右外植体膨大且表面颜色明显加深。

2. 基本培养基 蝴蝶兰组织培养所采用的基本培养基包括MS、1/2MS、VW、B_5、KC、花宝及其改良型等，但对最适培养基的选择因蝴蝶兰品种差异及外植体来源而异。周俊辉等以红花品种为试材，研究比较了MS、1/2MS和改良KC三种基本培养基，发现改良KC的效果最好，1/2MS次之，MS最差。多人的研究结果表明，蝴蝶兰的原球茎增殖与分化以较低的无机盐浓度为好，1/2MS培养效果明显好于MS。鲁雪华等认为减少MS中大量元素和部分微量元素及有机成分，适当增加少量的叶酸和生物素有利于原球茎的增殖生长。杨美纯等则认为，MS培养基最适合蝴蝶兰种子的萌发。另外，也有报道B_5培养基更有利于蝴蝶兰根段原球茎的诱导和增殖。

3. 植物激素 蝴蝶兰组织培养中常用的细胞分裂素为BA。在28℃下，在0.01～

5.0mg/L 的浓度范围，营养芽的诱导率随 BA 浓度增加而提高，培养基中添加 5.0mg/L 的 BA，使花梗各部位的腋芽有 93% 发育为营养芽。另外，多数研究结果表明，6-BA 在 1.0～5.0mg/L 的浓度范围内有利于促进蝴蝶兰原球茎增殖，而较低浓度（0.1～0.5mg/L）的 6-BA 则能促进原球茎分化，BA 浓度在 6mg/L 以上容易出现原球茎褐化；单独添加 3mg/L 6-BA，原球茎的增殖率与平均每块增殖数要高于其他各激素浓度的配比，且原球茎增殖迅速。相对而言，6-BA 对原球茎的增殖效果好于 KT。有人认为低浓度的 NAA 对原球茎增殖和出苗均有促进作用，高浓度的则不利；适宜浓度的 6-BA 配合较低浓度的 NAA 更有利于原球茎的增殖。彭立新等在蝴蝶兰组培快繁研究中，采用 6-BA 3.0mg/L＋NAA 0.2mg/L 配方，能够有效地诱导原球茎，同时还发现提高激素配比（6-BA 5.0mg/L＋NAA 0.2mg/L＋活性炭 1.0g/L），有利于原球茎的增殖，能提高增殖系数，且不用转接就可直接生根成苗，避免转接过程带来的污染损失，简化了培养过程，因而是一种值得推广的方法。此外，在培养基中加入 1.0mg/L GA_3 对原球茎分化成芽有一定的抑制效果。

4. 添加物 不同添加物对蝴蝶兰原球茎增殖和分化的影响是不同的。水解酪蛋白对蝴蝶兰原球茎增殖有明显促进作用，而水解酪蛋白和香蕉匀浆相结合却对原球茎增殖有抑制作用。有机添加物之间的相互作用或有机添加物与培养基之间的相互作用可能对原球茎增殖有影响。许多研究也表明，添加适量的香蕉泥、椰乳或含胶质的果菜汁等均对原球茎增殖有明显促进效果。高浓度 AC（2.0～3.0g/L）对原球茎增殖有促进作用，也能防止原球茎褐化，但原球茎有黄化现象。蔗糖作为培养基的能源物质和渗透调节剂，对原球茎的增殖生长影响较大。有人认为，2% 的蔗糖有利于原球茎生长，2%～3% 的蔗糖能促进芽的形成，5% 的蔗糖有利于根的分化和生长。陈勇等也认为蔗糖浓度对原球茎分化有明显的影响，当分化培养基含 1% 或 2% 蔗糖时原球茎 100% 分化，尤其蔗糖为 2% 时，分化速度最快；蔗糖含量为 3%～5% 时，抑制原球茎的分化和生长，分化质量和分化速度都显著下降。

5. 培养条件 蝴蝶兰组织培养适宜的温度为 25～28℃。较高的培养温度能够促进腋芽朝营养芽的方向分化，而较低的温度则促进花梗腋芽朝花芽方向分化；当温度低于 20℃ 时，诱导叶块形成原球茎的发生率很低。完全黑暗或光照度低于 1 000lx 的条件不利于叶块诱导原球茎的形成。

四、蝴蝶兰工厂化生产的常见问题

1. 污染 控制或降低污染率是蝴蝶兰工厂化生产关键技术之一，从蝴蝶兰组培快繁的全过程来看，每一环节都可能出现污染，为了实现低污染率，在组织培养中应加强无菌意识，遵守无菌操作各环节的技术规程。具体从以下几个方面着手：

（1）良好的空气质量。培养物产生 CO_2，当浓度过高时，有害气体难以散去，也会阻碍培养物的生长和分化。因此，要注意瓶内与外界保持通气状态，最好采用通气性好的瓶盖、有滤气膜的封口材料或棉塞。应当使用空气净化系统改善室内的通气状况，定期对室内空间进行消毒。培养室的相对湿度一般要保持在 70%～80%，屋内太潮，菌类繁衍多。

（2）灭菌要彻底。洁净的培养容器和培养基彻底灭菌是减少污染的必然要求。在工厂化生产中，各种培养基以及接种过程中使用的各种器具都要严格灭菌。首先培养瓶、试管等容器和封口用的盖子、耐高温的塑料膜等物品在用前要经过彻底清洗、晾干。其次是培养基灭菌，锅内温度达到121℃，保持20~30min。经灭菌后的培养基放置3~5d，若培养基表面和内部无任何菌类滋生痕迹，证明已彻底灭菌，可使用。接种用的器具除了经过高温灭菌外，在接种的过程中每使用一次后都要蘸酒精在酒精灯火焰上灼烧灭菌。

（3）环境消毒。保持干净整洁的环境是减少污染的基本要求。不清洁的环境也会使培养的污染率明显增加。具体要做到每周对整个组培工厂进行一次彻底的大扫除，用消毒液对接种室和培养室内的设备、墙壁及地面进行擦洗，接种室和培养室要求密闭、干燥，保持与外界环境处于相对隔绝的状态，尽量减少与外界的空气对流及微生物与尘埃的侵入，控制好光、温、湿、气等各种生态因子，夏季高温高湿时要即时降温排湿，接种和培养环境要保持清洁，定期进行熏蒸或喷雾消毒。高锰酸钾和甲醛熏蒸效果好，但对人体有一定的伤害，一般每年熏蒸2~3次。经常用0.2%新洁尔灭对接种室和培养室进行消毒，平时用紫外灯对接种室和培养室进行空气消毒，每次开启30~50min，定期检查超净工作台上的过滤装置，定期更换初效过滤器。

（4）严格无菌操作，提高接种人员操作水平。严格规范且熟练的无菌操作是减少污染的关键。在无菌操作过程中，工作人员严格按照无菌操作要求，规范熟练地完成每一个步骤，能有效地减少由操作引起的污染。接种前工作人员的双手必须用肥皂水洗净，进入接种室后换上工作服、戴上口罩，用75%酒精擦拭消毒双手，擦拭超净工作台，接种工具（如剪刀、手术刀、镊子等）使用前要在75%酒精中浸泡，再在火焰上灼烧，冷却后使用。在超净工作台上正确摆放接种用具、培养材料和培养基，台面上的东西不能堆放太多，以免影响气流。接种过程中应避免他人来回走动，操作人员禁止谈话，并尽量避免操作人员头部伸入超净工作台的工作区内。培养瓶的开启、接种材料的切割、分装、封口等步骤要规范熟练，避免交叉污染。每切割、转接完一瓶母种材料后要及时更换无菌纸，重新更换所用的接种工具，最好备两套交替使用。

（5）正确处理污染苗。污染苗的正确处理是防止污染传播蔓延的有效途径。组织培养中污染是经常发生的，一旦发现培养物污染，应对其进行及时处理，否则会导致培养室环境污染，造成污染的蔓延和相互传染。首先立即把污染材料从培养室转移出去，然后对其进行高压灭菌，最后彻底清洗培养瓶，晾干后待用。

2. 褐化 在蝴蝶兰组织培养过程中，外植体容易产生褐化现象。影响蝴蝶兰褐变的因子是复杂的，主要有外植体酚类物质的含量、外植体的大小、培养基的成分、激素类型等。一般采取以下方法防止外植体褐化：

（1）外植体选择适当。蝴蝶兰外植体取材时应注意选择褐变程度较小的品种和部位。成年植株比幼苗褐变程度严重，夏季材料比冬季及早春和秋季材料褐化严重。冬季的芽不易生长，宜选用早春和秋季的材料作为外植体。外植体的取材时间及部位、大小及发育阶段都对褐化的发生有影响。在蝴蝶兰花梗腋芽离体快繁的过程中发现带腋芽花梗节段褐化程度比腋芽要轻。在原球茎增殖过程中，原球茎切割时不应切得太小，否则褐化情况严重。此外，外植体越老，木质素含量越高，越易褐化。

（2）适宜的培养基。蝴蝶兰培养基不适合，褐化现象就比较严重，选择适合的培养基是减轻褐化的有效途径。低浓度的无机盐可促进外植体的生长与分化，减轻外植体褐化的程度。培养基激素种类对褐变的发生产生影响，通常生长素浓度过高可促进褐变，高浓度6-BA会使组织严重褐化。培养基的pH为4.5~5.0对褐化有抑制作用。

（3）适宜的培养条件。如温度过高或光照过强，则促进酚类物质的氧化，从而加速蝴蝶兰组培材料的褐变。因此，初期培养要在黑暗或弱光条件下进行。在不影响正常生长和分化的前提下应适当降低温度、减少光照。参与褐变发生的酶系统活性受光照影响，适当遮光处理可有效抑制褐变。适当的暗培养有利于减轻外植体的褐变，无论是花梗腋芽还是花梗节段的外植体，暗培养一周后再转入光照度2 000lx下正常培养，都比接种后直接放在2 000lx条件下培养外植体发生褐变要轻，并且发生褐变的时间推迟。此外，温度对褐化的影响也比较大，温度越高，褐化越严重，低温可减轻褐化。

（4）添加褐变抑制剂和吸附剂。褐变抑制剂主要包括抗氧化剂和PPO（多酚氧化酶）。在培养基中加入偏二亚硫酸钠、L-半胱氨酸、抗坏血酸、椰子汁、柠檬酸、二硫苏糖醇等抗氧化剂都可以与氧化产物醌发生作用，使其重新还原为酚。由于其作用过程均为消耗性的，在实际应用中应注意添加量。

常用的吸附剂为活性炭，活性炭是一种吸附性较强的无机吸附剂，能吸附培养基中的有害物质，包括琼脂中的杂质、培养物在培养过程中分泌的酚、醌类物质，从而有利于培养物的生长，一般在培养基中加入1~2g/L活性炭。在使用过程中应注意，尽量用最低浓度的活性炭来对抗褐变的产生，因为活性炭的吸附作用是没有选择性的，在吸附物质的同时也会吸附培养基中的其他成分，对外植体的诱导分化会产生一定的负面影响，在抑制褐化的同时也影响到芽的萌发和增殖效果。

（5）多次转移。蝴蝶兰外植体接种后，在培养过程中应经常进行观察，如发现褐变现象且危害严重的，宜进行多次转移来减轻褐变的危害。如外植体为褐变严重的材料，在外植体接种1~2d后应立即转移到新鲜培养基中，能减轻酚类物质对培养物的毒害作用，降低抑制作用，使外植体尽快分生，连续转移5~6次可基本解决外植体的褐变问题。

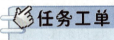任务工单

任务工单5-2-1

技能训练

花器培养

一、训练目标

掌握花器培养的操作流程与成苗途径；能适期进行外植体选取与处理。

二、材料与用品

番茄和大花萱草带花梗的花蕾、番茄培养基（诱导与分化培养基：Nitsch；生根培养

基：MS+IAA 2mg/L）、大花萱草培养基（诱导培养基：MS+KT 0.5mg/L+NAA 5mg/L；分化培养基：MS+BA 2mg/L+NAA 0.2mg/L；生根培养基：MS+NAA 0.05mg/L）、无菌水、95％酒精、75％酒精、2‰～5％次氯酸钠、超净工作台、酒精灯、75％酒精棉球、烧杯、培养皿、记号笔、无菌瓶、接种工具、营养土、育苗盘、移栽用品等。

三、方法与步骤

1. 番茄子房的离体培养

（1）外植体选择及处理。开花前3～5d从生长正常、无病虫害的番茄植株上选取花蕾，流水冲洗0.5～1h后在超净工作台上先用75％酒精浸泡30s，再用2.6％次氯酸钠浸泡5～6min，最后用无菌水冲洗5次，无菌滤纸吸干水分。

（2）接种。用接种工具去除花梗，剥掉花被，最后取出子房，竖直接种于诱导与分化培养基上。

（3）培养。子房接种后置于23～25℃、12～16h/d的散射光下培养。经过1个月左右在子房壁上长出愈伤组织，再培养一段时间分化出芽。当芽苗高>2cm时转移到生根培养基上生长，很快形成幼根。

（4）驯化移栽。当根长1～2cm时就可以驯化移栽。在温室内不开瓶驯化3d后再出瓶栽植于营养土中，覆膜保湿，4～5d后就可去膜定植。

2. 大花萱草的花器培养

（1）外植体选择及处理。开花前3～5d从生长正常、无病虫害的大花萱草植株上剪下带花梗的花蕾，流水冲洗0.5～1h后在超净工作台上进行花蕾表面消毒。具体方法是：先用75％酒精浸泡30s，再用2.6％次氯酸钠浸泡5～6min，最后用无菌水冲洗5次，无菌滤纸吸干水分。

（2）接种。用接种工具将花梗剪成长1cm左右的小段，分离一个个花瓣，用镊子取出子房，然后将花瓣、花梗、子房分别接种于诱导培养基上。子房要竖直插入培养基。

（3）培养。花器接种后置于25℃、10～12h/d、光照度1 500～2 000lx的条件下培养。经2～3周即产生愈伤组织。当愈伤组织长到一定大小时，将其切成0.5cm×0.5cm的小块，转移到分化培养基上，2周后开始形成不定芽，5～6周后形成芽丛。通过芽丛分离进行继代增殖，继代周期5～6周。将高2～3cm、粗壮的芽切下，转移至生根培养基上，便可诱导出不定根。

（4）驯化移栽。当试管苗具2～4条根、根长1.0～1.5cm时移至温室内炼苗。5～7d后移栽到河沙或腐殖土中。

四、注意事项

（1）用镊子夹取子房时力度要小，子房要竖直插入培养基。

（2）注意花蕾的采集时间。

五、考核评价建议

考核重点是外植体取材、剥离和易发问题的解决。考核方案见表5-2-1。

表 5-2-1　花器培养考核评价

考核项目	考核标准	考核形式	满分
实训态度	1. 任务工单撰写字迹工整、详略得当（5分）； 2. 实训操作认真，积极主动完成任务（5分）； 3. 积极思考，有大局观念、团队意识和创新精神（5分）	教师评价	15分
现场操作和管理	1. 外植体取材时间合适，剥离操作正确（10分）； 2. 无菌操作规范、熟练，工作效率高（10分）； 3. 项目管理科学、有效（10分）	现场操作	30分
分析解决问题能力	1. 观察细心、认真，能够及时发现问题（5分）； 2. 问题分析科学、客观、准确（10分）； 3. 问题解决及时，措施科学合理、针对性强（10分）	口试、讨论	25分
培养与驯化效果	1. 建立组培无性繁殖系（10分）； 2. 出愈率、分化率高，污染率低≤10%（10分）； 3. 移栽成活率≥80%（10分）	现场检查	30分
合计			100分

任务二　红掌组培与快繁

红掌也称为花烛、安祖花、红鹤芋、火鹤花、红鹅掌、鹅掌红、红苞芋、幸运花等，是单子叶植物纲天南星科花烛属常绿多年生草本植物。红掌株高因品种而异，多为50~80cm，节间较短，叶为长圆状心形或卵圆形，深绿色，有光泽，叶自根茎抽出，具长柄，单生，花葶自叶腋抽出，其花序为肉穗花序，具有红色、粉红色、白色及五彩色的蜡质佛焰苞，终年开花不断，既可用作盆花又可用于切花，是当今世界著名的切花和盆栽花卉之一。红掌市场潜力大，具有极高的观赏价值和经济价值。

红掌可进行种子繁殖，但进入开花期时间较长，人工授粉较难；繁殖一般以分株为主，但每年只能生产3~4株新苗，对直立性有茎的红掌品种偶尔也用扦插繁殖，自然繁殖系数很低，远远不能满足市场的需要。利用组培快繁技术进行红掌种苗生产，可在短时间内获得大量的优质种苗。

红掌离体培养的外植体主要是叶片、叶柄、茎尖、根尖等，其中叶柄最易诱导出愈伤组织，茎尖最易诱导出丛生芽，叶片最易进行消毒。红掌离体器官再生的途径主要有两种：一是以茎尖为外植体的丛生芽增殖途径；二是以叶片、叶柄为外植体的器官发生途径，先诱导愈伤组织，然后再形成不定芽。红掌植株再生时间比较长，通常要一年时间。丛生芽增殖速度较快，但存在茎尖外植体数量少、内生菌严重、消毒困难等问题。

一、红掌组培快繁操作流程

红掌组培快繁操作流程见图5-2-10。

红掌组培快繁技术

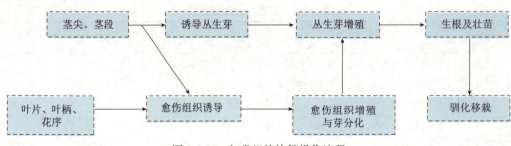

图 5-2-10　红掌组培快繁操作流程

二、红掌叶片培养

红掌叶片的采集与处理

1. 叶片的采集和灭菌　选择园艺性状良好、无病虫害的红掌植株作为培养对象，将其置于培养室或人工气候室内预培养。从预培养的健壮未开花母本植株上切取幼嫩叶片，在流水下冲洗 30min，备用。在超净工作台上先用 75% 酒精消毒 30s，无菌水冲洗 2~3 次，再用 2.6% 次氯酸钠溶液浸泡消毒 10~15min，在浸泡过程中要不断摇晃，最后用无菌水冲洗 3~5 次。

红掌叶片培养生长过程

2. 愈伤组织诱导与分化　在超净工作台上用无菌滤纸吸干叶片表面水分后，剪成 0.5cm×0.5cm 的叶块直接接种于愈伤组织诱导培养基上。愈伤组织诱导培养基为 MS+BA 2mg/L+2,4-滴 0.5mg/L（pH 5.8~6.0），培养温度为（25±2）℃，先暗培养 1 周，然后转入光照度 1 500~2 000lx、光照时间 12~14h/d 的培养条件下继续培养。一般接种 25~30d 后可观察到叶脉和叶片切口处开始产生愈伤组织，35d 后愈伤组织膨大凸起（图 5-2-11）。将愈伤组织切块转入分化培养基 MS+BA 2mg/L 上，经过 15~20d 的培养，愈伤组织分化出不定芽，45d 后形成大量丛生芽，丛生芽数量为 3~7 个（图 5-2-12）。

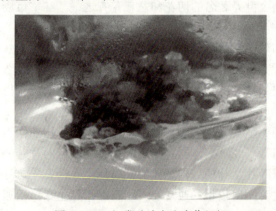

图 5-2-11　红掌叶片产生愈伤组织

图 5-2-12　红掌愈伤组织分化出不定芽

3. 丛生芽增殖　将高>1.0cm 的芽苗分切成单株，去除>1.5cm 的叶和底部老化的愈伤组织，芽苗基部保留约 0.5cm³ 的愈伤组织切块，转接到增殖培养基（MS 或改良 MS+BA 2mg/L+NAA 0.2mg/L）上培养。培养条件与诱导培养阶段相同。注意将愈伤组织上产生的芽点和小苗以及愈伤组织分开，>1.0cm 的芽苗分切成单株，<1.0cm 的芽和愈伤组织

团块继续接入增殖培养基上继续培养。培养条件与愈伤组织诱导时的培养条件相同,约培养50d后丛生芽可增殖5~8倍(图5-2-13)。

4. 生根培养 选取长至2~3cm的壮苗切成单株,接种到培养基1/2MS+NAA 0.2mg/L+AC 1.0g/L(pH 5.8)上进行生根培养。培养温度为25℃,然后转入光照度2 500~3 000lx、光照时间12h/d的培养条件下培养。红掌生根容易,一般1个月左右就能长出3~4条根,生根率可达100%(图5-2-14)。

图5-2-13 红掌丛生芽增殖　　　　图5-2-14 红掌生根培养

5. 驯化移栽 红掌组培苗出瓶前,先将瓶苗移出培养室,打开瓶盖,置于通风明亮的常温房间里,每天早、中、晚各喷1次水,以保证足够的湿度。5d后将瓶苗从瓶中移出,用清水洗净根系上的培养基,用0.5g/L的高锰酸钾蘸根消毒后移栽到表土与腐殖土混合的基质上,淋水后罩上透明塑料薄膜以保持空气湿度,10d后打开保湿罩,逐渐降低湿度并增大光照度,30d后成活率可达到90%以上。

红掌试管苗移栽方法简单易行,对基质的要求不高,采用沙土、沙混表土或沙混黄土作为移栽基质均可达到较高的成活率,但从植株长势等方面来看,移栽在表土中的试管苗生长健壮,叶色浓绿,长势较好。红掌原产地经常雾雨不断,故喜空气湿度高而又排水通畅的环境,喜阴,喜湿热。生长季节每日除浇水外,还要给植株喷雾。终年最低温度应保持在18~20℃。喜清晨或傍晚的阳光,忌强烈日光。

三、红掌组培调控

红掌愈伤组织的诱导及形成十分缓慢,接种20d后,叶片仍为绿色,1个月后叶片切口处才会出现少量黄色泡状的愈伤组织,一个半月后泡状愈伤组织形成黄绿色瘤状突起,2个月后扩大连成一片,然后逐渐出现锥状突起,并形成红色的幼芽。在培养中发现,单独使用BA不能诱导叶片产生愈伤组织,只有同时使用生长素才能产生愈伤组织。在与BA配合使用的生长素中2,4-滴诱导率较高,NAA次之,IBA的效果最差。在分化培养中,不同细胞分裂素对分化芽的效果不同,BA与ZT的效果较好,KT较差。在规模化生产中考虑到ZT的价格远高于BA,所以一般使用BA进行分化及继代培养。另据研究表明,大量元素的全量与半量对红掌愈伤组织的诱导影响不大,但对芽分化有一定的影响,在相同激素水平下，1/2MS 处理，不定芽的分化率显著高于 MS 处理，所以在不定芽继代培养中，有人建议采用 1/2MS 培养基。一般红掌较易生根，一定浓度的生长素均可促其生根。

另外，在红掌的组织培养中，采用浅层液体静置培养基，其增殖率远远高于固体培养基，且生长周期缩短，成本降低。因此，在进入大量增殖阶段后，即可改为液体培养。生根培养也可采用浅层液体静置培养的方法。

四、红掌生根苗后期管理

1. 温度 红掌生长的最适温度为 18～28℃，最高温度不宜超过 35℃，最低温度为 14℃，低于 10℃随时会产生冻害。夏季当温度高于 32℃时需采取降温措施，如加强通风、多喷水、适当遮阳等。冬季如果室内温度低于 14℃需进行加温。

2. 湿度 红掌生长需较高的空气湿度，一般不应低于 50%，高温高湿有利于红掌生长。当气温低于 20℃，保持室内的自然环境即可；当气温高于 28℃，可采用喷雾来增加叶面和室内空气的相对湿度，以营造高温高湿的生长环境。在冬季，即使室内气温较高时也不宜过多降温保湿，因为夜间植株叶片过湿反而会降低抗寒能力，容易产生冻害。

3. 光照 光照过强时，有可能造成叶片变色、灼伤或焦枯。光照管理成功与否直接关系到盆花的质量和花的多少。红掌是喜阴植物，因此在室内宜放置在有一定散射光的明亮之处，千万应注意不要把红掌放在有强烈太阳光直射的环境中。

4. 水肥 红掌对盐分较敏感，水的含盐量越少越好，最好采用自来水。肥料往往结合浇水一起施用，一般选用氮、磷、钾比例为 1∶1∶1 的复合肥，把复合肥溶于水后，用浓度为 0.1%的液肥浇施。液肥施用要掌握定期定量的原则，春、秋两季一般每 3d 浇一次肥水，气温高则视盆内基质干湿每 2～3d 浇一次肥水；夏季可每 2d 浇一次肥水，气温高时可加浇一次；冬季一般每 5～7d 浇一次肥水。也可直接使用红掌专用肥。

5. 土壤 pH pH 在 5.2～6.1 最适合红掌生长。如果 pH 过小，花茎变短，就会降低观赏价值。

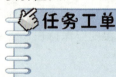

任务工单 5-2-2

任务三　大花蕙兰组培与快繁

大花蕙兰是兰科兰属多年生草本植物，属热带附生兰，原种产生于喜马拉雅山、印度、缅甸、泰国等地，后经人工杂交选育而成。由于大花蕙兰多为杂交品种，种子繁殖无法保持其品种特性，且结实率相当低，分株能力又很弱，因而繁殖系数极低，繁殖速度慢，且长期采用分株繁殖，容易造成病毒积累，加重危害，受病毒侵染后的大花蕙兰长势变弱，花朵变小，观赏价值大大降低，很难满足大花蕙兰市场对植株品质的要求。现常用组织培养的方法以达到快繁的目的。大花蕙兰的组织培养有两种不同的繁殖途径：一是通过诱导原球茎分化为试管苗；二是直接诱导丛生芽生长为试管苗。

一、大花蕙兰组培快繁操作流程

大花蕙兰组培快繁操作流程见图5-2-15。

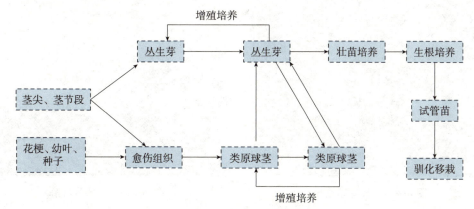

图 5-2-15　大花蕙兰组培快繁操作流程

二、大花蕙兰茎尖培养

1. 外植体的选择和处理　选择市场潜力好、花色正的品种，母株要求生长健壮、无病毒、无病虫害，一般选取大花蕙兰5～10cm长的新生侧芽。将大花蕙兰侧芽从基部与假鳞茎相连处切断，先剥去数层外叶，看到侧芽即停止剥离，并小心保留侧芽。用刀片削去顶端叶片，只留下总长在2～3cm的芽体，放入盛有洗衣粉水的溶液中冲洗3～5min，然后在流水下冲洗30min备用。在超净工作台上先用75％酒精消毒20～30s，无菌水冲洗2～3次，再用2.6％次氯酸钠溶液加数滴吐温-20作展着剂消毒10～15min，无菌水冲洗2～3次，然后用解剖刀对材料进行第二次修整，去除1～2片外叶，以肉眼或借助解剖镜切下每个侧芽及顶芽，以长度<2mm为宜。

2. 诱导培养　将外植体接种在MS＋BA 4mg/L＋NAA 2mg/L，pH 5.8的诱导培养基上，在培养温度（25±2）℃、光照度2 500lx左右、光照时间12～14h/d的条件下培养。培养3～4周后，基部发生轻微膨大，为淡绿色，并有细小的白毛（图5-2-16）；8周以后，茎尖膨大部分形成小球状的原球茎，并随培养时间的推移有增殖的趋势，最终分化出多个原球茎（成团）。

3. 原球茎增殖　将茎尖培养形成的原球茎从培养基中取出，在无菌培养器中切

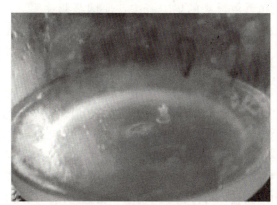

图 5-2-16　大花蕙兰侧芽培养

分，切口朝上平放在增殖培养基上。增殖培养基和诱导培养基的配方相同，培养条件也相同。转移继代时，原球茎切割不宜过小，直径要＞2mm，每瓶可以接种10～20块原球茎。在1 500lx以上的光照下培养4～6周，在已分切的每块原球茎上又分别长出5～10个原球茎。初生的原球茎直径为1～2mm，淡绿色，表面密布放射状白色细毛，成团的原球茎外观如同桑果状（图5-2-17），增殖较快（图5-2-18）。

图5-2-17 原球茎增殖

图5-2-18 原球茎增殖

4. 壮苗培养 大花蕙兰的原球茎在固体增殖培养基上长期培养，没有切分转移，原球茎慢慢发生极性分化，先在顶端分化出小叶片，继而长出芽，当芽长到2cm左右时基部分化出根，原球茎在进行器官分化生成芽、根的同时仍继续生长，形成小芽丛和生成新的原球茎，这两者均可作为继代增殖的中间体，同样可以增殖，获得无性繁殖系，即器官分化和增殖培养同时进行。在这个阶段，一个培养瓶中既有原球茎，又有已分化的具根小苗（图5-2-19）。

图5-2-19 原球茎分化出苗

如果需要大规模工厂化生产，则需要将原球茎继代增殖和芽分化分为两个阶段进行。在增殖系数最高的培养基中，原球茎萌芽率（即为分化成苗率）和生根率最低。在光照度2 000lx以上的条件下，小苗伸长，茎增粗，继续分化叶片的同时叶片变宽增厚；而在光照度为500lx的条件下培养的瓶苗长势细弱，叶片数少，移栽成活率低，生长不一致，不利于管理。

5. 生根与移栽 小苗长至2cm左右时从基部切下，转到生根培养基1/2MS＋NAA 1.0mg/L＋AC 1.0g/L（pH 5.8）上，每瓶接10～15株，在培养温度（25±2）℃、光照度2 500lx左右、光照时间12～14h/d的条件下培养。经过6～8周培养，可长成高8～10cm、具3片叶以上、根长2cm左右的大苗（图5-2-20）。此时即可炼苗、移栽。

将瓶苗拿到温室炼苗，一周后打开瓶盖适应环境2～3d后即可移栽。移栽时先洗净根部的培养基，再移栽于苗盘上。苗盘选用多孔性不易积水的矮盘，移栽基质选用水苔。将水苔浸泡洗净挤开，保持一定湿度，并进行消毒处理，移栽时先在盘上铺一层1cm厚的水苔，然后把幼苗的根部一株一株地包上水苔，包苗时不能太松或太紧。大苗卷成一小团，按株行距一株一株地放置在苗盘上（图 5-2-21）。小苗要严格分开种植，放置的地方要求弱光、阴凉、通风好，湿度达到80%～90%。大花蕙兰试管苗对基质要求不严格，水苔、蛭石、椰糠等都可以作移栽基质。移栽后用喷雾器将苗株与植株喷湿，每天用喷雾器向叶片喷水数次，切忌过干或过湿。2 周后每 7d 喷洒一次杀菌、杀虫剂。约 20d 新根长出后逐渐增加光照，每周进行一次根外追肥，可用花宝1号稀释2 000 倍喷洒，6～8 个月后可移栽于营养钵中单株种植。大花蕙兰易受叶枯病、茎腐病、介壳虫类和螨虫类等病虫害侵染，因此移植棚内应定期用蒸汽熏蒸或暴晒移植基质，并定期喷杀虫、杀菌药，预防病虫害。

图 5-2-20　大花蕙兰生根苗

图 5-2-21　大花蕙兰移栽

三、大花蕙兰组培快繁的影响因素

1. 培养基　适合大花蕙兰的基本培养基有 MS、1/2MS 或 VW 等，基本培养基尤其是大量元素是基本培养基中重要的组成部分，有试验表明增加无机盐浓度不利于大花蕙兰生根和芽的萌发，只有利于形成更多的原球茎，所以繁殖系数随无机盐浓度的增加而增大。

大花蕙兰茎尖在不同激素组合的培养基上均能不同程度地发生原球茎诱导。随着 BA 浓度的增大，原球茎诱导率逐步增高，但浓度过高原球茎诱导率反而下降。谷祝平等研究表明，较高浓度的 BA 能促进大花蕙兰原球茎的增殖，较低浓度 BA 促进原球茎分化。糖的浓度也影响大花蕙兰的萌芽和生根，在芽萌发阶段，随着蔗糖含量的增加，芽萌发率逐渐下降；在生根阶段，随着蔗糖含量的增加，生根率逐渐增加，高糖能促进生根，低糖则试管苗生长缓慢。

2. 原球茎增殖　在原球茎增殖培养过程中，原球茎的切块不能太小，太小不利于增殖。随着原球茎增殖数量的增加，总会有一部分出现芽的萌发，从而影响原球茎的进一步增殖，这与原球茎在增殖过程中的群体生长效应有关。据苏悦等报道，在同一生存空间内原球茎和幼苗存在争夺营养和互相胁迫。继代时接入的原球茎密度适中，则表现出一定的群体生长效应，增殖系数高、分化出的幼苗少。反之，则原球茎分化成幼苗，不利于增殖。

3. 有机添加物　目前应用在大花蕙兰组织培养中的天然添加物有椰乳、香蕉泥、马铃薯匀浆等。韩牙琴研究表明，在大花蕙兰培养中添加椰乳、马铃薯匀浆和香蕉泥，原球茎浓绿、球体较大、粗壮，长势好，增殖率均有提高。但三者的作用有所差异，香蕉泥明显地促进原球茎增殖，但膨大时间较其他二者长，且易分化丛生芽；马铃薯匀浆明显地促进原球茎膨大，增殖小原球茎较少，分化丛生芽适中；椰乳对原球茎的增殖与膨大作用明显，分化丛生芽数较其他二者少。

四、大花蕙兰工厂化生产的常见问题

1. 褐变 在大花蕙兰组织培养中，褐化现象往往会影响其离体培养效果，外植体如果发生褐变，随着时间的推移，其褐变程度会逐渐加深，轻则抑制材料的生长，重则导致死亡。外植体的褐变与植物的基因型、外植体的生理状态、外植体大小等自身因素有关，也与培养条件如光照、温度等有关，另外也与培养基的蔗糖浓度、琼脂浓度、激素浓度有关。

可以采用合适的培养基和培养方式克服褐变。1/2MS可有效减轻或抑制大花蕙兰茎尖褐变现象，也可以利用抗氧化剂、抑制剂和吸附剂或加入培养基或作为外植体的预处理剂来抑制外植体的褐变。PVP防止大花蕙兰褐变的效果最佳，其次为硫代硫酸钠，活性炭和维生素C也具有防止大花蕙兰褐变的作用。香蕉粉添加在培养基中对降低外植体的褐变死亡率具有较好的效果。当外植体出现褐化后，及时将其转接于相同成分的新鲜培养基上有助于控制褐化现象的扩展。

2. 生产周期长 为了提高大花蕙兰的市场竞争力，提高生产企业的经济效益，可以采取缩短生产周期和一次成苗等措施。

（1）更改繁殖途径。原球茎途径因需经过脱分化与再分化的过程，其生产周期较丛生芽途径长，改用丛生芽途径后生产周期可缩短60d。

（2）提高瓶苗的生长量。提高瓶的生长量可通过调整培养基、添加有机添加物、采用光独立培养法进行无糖培养、添加菌根稀释液等方式促进试管苗的生长，从而间接缩短生产周期。这些可能成为以后大花蕙兰离体培养的新方向。

（3）一次成苗。在快速繁殖过程中，使用一种培养基可以完成原球基的诱导、增殖分化及壮苗生根过程，可一次性成苗，并且多数植株生长迅速，植株较健壮，移栽后易成活。

任务工单

任务工单 5-2-3

技能训练

茎段培养

一、训练目标

熟练掌握茎段培养的操作流程；能够合理设计培养方案；规范、熟练地进行外植体选

择、消毒以及无菌操作，培养出健壮组培苗。

二、材料与用品

月季或玫瑰枝条、诱导培养基（MS＋BA 0.3～1.0mg/L）、增殖培养基（MS＋BA 1.0～2.0mg/L＋NAA 0.01～0.1mg/L）、生根培养基（1/2MS＋NAA 0.5mg/L）、琼脂、蔗糖、无菌水、95％酒精、75％酒精、2％～5％次氯酸钠、超净工作台、酒精灯、75％酒精棉球、烧杯、培养皿、记号笔、无菌瓶、接种工具、基质、育苗盘、塑料杯、塑料盆等。

三、方法与步骤

1. 外植体选择与处理

（1）取健壮具有饱满芽而未萌发的当年生枝条，切取半木质化的中段，削去叶柄和皮刺，用自来水冲净，剪成带节小段，每段带1个芽。

（2）在超净工作台上，先用75％酒精浸泡30s，2.6％次氯酸钠浸泡8～10min，再用无菌水冲洗5次，最后用无菌滤纸吸干表面水分。

2. 接种 切去茎段两端受伤部位，接种到诱导培养基中。每瓶接种1个茎段。

3. 初代培养 接种后培养瓶置于22～24℃、光照度1 500～2 000lx、光照时间12h/d的培养室内进行培养。2～3周后从叶腋处长出长1cm左右的腋芽。

4. 继代培养 切下萌发的腋芽接种到增殖培养基中，侧芽继续伸长并萌发出新的侧枝，4～5周后继续分切成单芽茎段进行增殖培养。

5. 生根培养 当苗高＞2cm时，切下转接到生根培养中诱导生根。

6. 驯化移栽 当试管苗具有3～4条根、根长达0.5～1.0cm时，先不开瓶炼苗2～3d，再开瓶炼苗1～2d，然后及时移栽到育苗盘中。基质可选河沙、珍珠岩、腐殖土等，基质使用前需要消毒，移植后覆膜保湿，2周后逐渐揭膜通风，1个月后移植到花盆。

四、注意事项

（1）外植体最好选择具未萌发饱满腋芽、半木质化的当年生枝条。

（2）腋芽萌发后及时转接到增殖培养基中。

（3）培养过程中跟踪观察，统计各项技术指标，及时分析并有效解决存在的问题，发现污染瓶及时清洗。

五、考核评价建议

考核重点是外植体修剪、无菌操作与接种后培养效果。考核方案见表5-2-2。

表5-2-2　茎段培养考核评价

考核项目	考核标准	考核形式	满分
实训态度	1. 任务工单撰写字迹工整、详略得当（5分）； 2. 实训操作认真，积极主动完成任务（5分）； 2. 积极思考，有全局观念、团队意识和创新精神（5分）	教师评价	15分
方案设计	方案科学合理、经济适用，可操作性强（10分）	教师评价	10分

(续)

考核项目	考核标准	考核形式	满分
现场操作和管理	1. 外植体选择、处理、修剪适宜（10分）； 2. 无菌操作规范、熟练，工作效率高（10分）； 3. 项目管理科学、有效（10分）	现场操作	30分
分析解决问题能力	1. 观察细心、认真，能够及时发现问题（5分）； 2. 问题分析科学、客观、准确（10分）； 3. 问题解决及时，措施科学合理、针对性强（10分）	口试、讨论	25分
培养与驯化效果	1. 建立组培无性繁殖系（10分）； 2. 出愈率、分化率高，污染率低≤10%（5分）； 3. 移栽成活率≥80%（5分）	现场检查	20分
	合计		100分

知识拓展

叶片培养

一、离体叶培养简介

叶培养是以叶原基、子叶、叶的组成部分等叶组织为外植体进行的离体培养。叶是植物进行光合作用的器官，也是某些植物的繁殖器官。离体叶培养主要用于研究叶形态建成、光合作用、叶绿素形成等理论问题；也可利用离体叶组织建立植物无性繁殖系，尤其是珍稀名贵品种，既能提高植物的繁殖系数，又不伤及母株。此外，在育种上也可以利用叶细胞培养物的诱变，筛选突变体，加以利用。

二、影响叶培养的主要因素

1. 基因型 不同的植物种类在叶组织培养特性上有一定的差异，同一个物种的不同品种间叶组织培养特性也不尽相同。

2. 植物激素 植物激素在叶组织培养中起着重要作用，叶组织的发生途径一般有两种：一是直接分化出器官；二是经过愈伤组织阶段，即经过脱分化与再分化过程。离体叶的培养较植株其他部位培养的难度大，一般不同的培养阶段要采用不同的激素组合处理，其器官形成符合生长调节剂比例控制器官发育模式。如许智宏等在烟草叶片培养中发现，低浓度NAA与不同浓度的BA配合或BA单独使用均能形成大量的芽，以含有NAA者茎叶生长较好，且很少有根的形成，反之则明显地促进根和愈伤组织的形成。

3. 植株的叶龄 一般个体发育早期的幼嫩叶片较成熟叶片分化能力高。

4. 极性 极性也是影响某些植物叶组织培养的一个较为重要的因素。离体叶培养一般要将叶的正面朝上，叶背面接触培养基。如烟草的一些品种，若将叶背朝上接种，就不生长、死亡或只形成愈伤组织而没有器官的分化。

5. 损伤 叶片外植体修剪过程产生的损伤对愈伤组织的形成也有影响。一些有关叶片培养的试验证明，多数植物会在切口处形成愈伤组织或直接分化出芽，但是损伤引起的细胞分裂活动并非是愈伤组织诱导或器官分化的唯一动力。一些植物（如秋海棠）则在没有损伤的离体叶表面分化大量芽。

自我测试

一、填空题

1. 蝴蝶兰种子繁殖中，以采用授粉后发育_____d的果荚为宜。
2. 蝴蝶兰因没有粗壮的假球茎储蓄水分，因此宜生长在_____的环境。
3. 大花蕙兰茎尖诱导培养的结果是形成_____和_____。
4. 对红掌组培影响最显著的因子是_____。
5. 蝴蝶兰原球茎诱导和增殖过程出现褐化现象，需要在培养基中添加1～3g/L的_____，有助于减轻褐化程度，利于小苗的生长。

二、判断题

1. 2,4-滴利于诱导叶片产生愈伤组织和芽的分化。　　　　　　　　（　　）
2. 红掌茎尖和芽在初代培养前期都需要一段时间的暗培养。　　　　（　　）
3. 红掌幼叶较成熟叶脱分化时间短，分化能力强。　　　　　　　　（　　）
4. 离体叶培养的外植体一般要求带叶脉。　　　　　　　　　　　　（　　）
5. 红掌试管苗移栽基质要求具备透气、保湿和保肥的特点，且容易灭菌。同时要根据不同植物的栽培习性来进行配制。　　　　　　　　　　　　　　　　（　　）
6. 红掌叶片培养的植株再生途径主要是胚状体发生型。　　　　　　（　　）
7. 蝴蝶兰为单轴类的兰花，茎短而肥厚，有假鳞茎。　　　　　　　（　　）
8. 蝴蝶兰花轴基部的芽往往为休眠芽，一般不能作为花梗芽组织培养的材料。（　　）

三、简答题

1. 蝴蝶兰原球茎发生型与丛生芽发生型有何差异？
2. 为什么蝴蝶兰试管苗移栽时，通常采用苔藓、蕨根、水苔、椰壳、蛭石等基质，而不是土壤？
3. 如何提高红掌试管苗驯化移栽成活率？
4. 如何建立气生根再生繁殖系，以解决红掌愈伤组织增殖多次后退化问题？
5. 大花蕙兰驯化移栽时要控制好哪几个因素才能提高试管苗的成活率？
6. 如何提高大花蕙兰在组培中的遗传稳定性？

项目三
蔬菜组培与快繁

 知识目标
- 了解紫背天葵、马铃薯、龙牙楤木等蔬菜的生物学特性和组培快繁流程。
- 了解器官发生型和胚状体发生型植株再生途径的影响因素。
- 掌握茎尖培养、叶片培养的培养方法与影响因素。

 能力目标
- 能够熟练进行紫背天葵叶片的组培和快繁。
- 能够熟练进行马铃薯微茎尖的脱毒和快繁。
- 能够熟练进行龙牙楤木茎尖的组培和快繁。

 素质目标
- 养成良好的职业道德和职业操守,追求精益求精的工匠精神。
- 具备较强的试验设计能力和科学的求异思维,养成自主分析问题和解决问题的能力。

知识准备

任务一 紫背天葵组培与快繁

紫背天葵为菊科三七属多年生常绿草本植物,又名两色三七草、紫背红凤菜、红玉菜等。紫背天葵全株肉质,嫩叶和茎都可食用,口感柔嫩,风味独特,除具有一般蔬菜所具有的营养价值外,还富含造血功能的铁素、维生素A、黄酮类化合物以及黄酮苷等成分,具有生津止渴、润燥止咳、活血化瘀、清热解毒的药效,能有效提高机体的免疫力,清除自由基和延缓衰老,是一种药食多用的高档蔬菜。

紫背天葵很难采收到种子,不宜于进行有性繁殖,传统的繁殖方式是扦插或分株繁殖。扦插、分株繁殖具有一定的局限性,无法保证种苗的整齐一致,甚至易感染病毒,不利于规模化生产的推广应用。组培快繁技术具有不受时间限制、繁殖速度快、繁殖系数大等优点,而广泛应用。利用紫背天葵嫩叶、嫩枝进行组织培养,能在短期内生产出大量优质的商品紫背天葵种苗,在不影响原有紫背天葵采收情况下获得较高的经济效益。

一、紫背天葵组培快繁操作流程

紫背天葵组培快繁操作流程见图5-3-1。

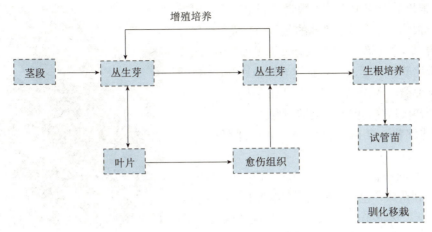

图 5-3-1　紫背天葵组培快繁操作流程

二、紫背天葵叶片培养

1. 外植体的选择与处理　从健康、无病虫害的植株上选取嫩叶，连同叶柄一起剪下，然后用 75% 酒精棉球擦拭，装入保鲜袋中，带回实验室。将选取好的外植体置于流水下冲洗 50min。在超净工作台上，先用 75% 酒精浸润 30s，无菌水冲洗 2 次，再用 0.05% 氯化汞溶液消毒 5min，无菌水冲洗 5 次，最后置于无菌滤纸上吸干表面的水分备用。

2. 初代培养　将消毒好的叶片沿主脉剪切成 5mm×5mm 的叶块，接种于诱导培养基 MS+BA 0.5~1.0mg/L+NAA 0.5~1.0mg/L 上进行诱导培养。培养条件为温度 23~25℃、光照时间 14h/d、光照度 2 000~3 000lx。材料接种 10d 后，叶片增厚，边缘扭曲，叶片切口出现少量绿色、颗粒状、疏松的愈伤组织，随着培养时间的延长，颗粒物上分化出大量绿色芽点（图 5-3-2），最后形成丛生芽苗。

3. 增殖培养　当初代诱导出的丛生芽苗高>3cm 时，将其切割成长 1~2cm、带腋芽的茎段接种到增殖培养基 MS+BA 0.3~0.5mg/L+NAA 0.05~0.2mg/L 上进行增殖培养。培养条件同初代培养。芽苗茎段增殖培养 25d 后又分化出多个芽苗，形成新的芽丛（图 5-3-3），就可以再次进行增殖。如此以 25d 为一个周期，反复转接即可扩繁大量芽苗。

图 5-3-2　紫背天葵叶片诱导出的丛生芽

图 5-3-3　紫背天葵增殖培养产生丛生芽

4. 生根培养 当增殖苗的数量达到生产需求时就可以进行生根培养。将增殖培养的芽苗切割成单苗转接到生根培养基 1/2 MS＋NAA 0.1mg/L＋IBA 0.1mg/L 上进行生根培养。7d 后芽苗基部诱导出根原基，20d 后每个芽苗基部能产生 3～5 条、长>2cm 的根（图 5-3-4）。培养条件同初代培养，但要适当增加光强。

5. 驯化移栽 芽苗生根培养 20d 后即可进行驯化移栽。

（1）移栽前准备。驯化移栽可在温室或大棚中进行，可移栽到苗床，也可以移栽到穴苗盘上。苗床驯化则提前做苗床，床宽 1m、深 15cm，床长依温室或大棚跨度决定。其上搭建拱棚。穴盘驯化时，可选 72 穴或 105 穴的穴盘。移栽基质可用珍珠岩∶蛭石∶草炭＝1∶1∶1 的复合基质。移栽基质、苗床或穴苗盘都要事先消毒，消毒液可选用多菌灵 1 000 倍液。

图 5-3-4 紫背天葵试管生根苗

（2）瓶苗驯化。将紫背天葵生根的试管苗移至温室，先闭瓶炼苗 5d，再开瓶炼苗 2d。

（3）移栽。将生根的试管苗从瓶中取出，洗净根部附着的培养基，再在多菌灵 800～1 000 倍液中消毒 5～10min，捞出沥干水分。移栽至穴苗盘或苗床上，加扣小拱棚，盖上遮阳网。

（4）栽后管理。移栽后湿度要保持在 85% 以上，温度控制在 15～30℃，光照在 3 000～5 000lx。移栽一周后，可以逐渐通风，一个月左右即可成活，成活率在 98% 以上（图 5-3-5）。

图 5-3-5 紫背天葵移栽驯化苗

三、紫背天葵茎段培养

1. 外植体的采集与处理 从健康、无病虫害的母株上选取生长健壮的幼嫩茎段，去叶片，留下长 0.5cm 左右的叶柄，剪切成长 4～5cm 的茎段，置于流水下冲洗 1h。在无菌超净工作台上，先用 75% 的酒精消毒 30s，无菌水冲洗 3 次，再用 1.5% 次氯酸钠浸泡 6min，无菌水漂洗 5 次，最后置于无菌滤纸上吸干表面水分备用。

2. 初代培养 将备用的外植体剪切成长 1cm、带腋芽的茎段，接种于初代培养基 MS＋BA 0.5～1.0mg/L＋NAA 0.1～0.3mg/L 上进行诱导培养。培养条件为温度 23～25℃、光照时间 14h/d、光照度 2 000～3 000lx。外植体接种 7d 后，腋芽开始萌动，每个叶腋处萌动 2～4 个新芽，经 30d 左右，新梢高>3.5cm 时可进行增殖。

3. 增殖培养 将初代诱导出的丛生芽苗，剪切成长 1cm、带腋芽的茎段，接种到增殖培养基 MS＋BA 0.5～0.7mg/L＋NAA 0.1～0.2mg/L 上进行增殖培养。培养条件同初代培养。芽苗茎段增殖培养 25d 后又分化出多个芽苗，形成新的芽丛，就可以再次进行增殖。

如此以 25d 为一个周期，反复转接即可扩繁大量芽苗。

4. 生根和驯化移栽 同叶片培养中生根与驯化移栽。

四、紫背天葵组培快繁的影响因素

1. 外植体 目前，紫背天葵外植体材料主要选用球茎、叶片和茎段，也有个别的选用种子作为外植体。其中以叶片、茎段作为初代培养材料，诱导效果最好。

2. 培养条件 温度、光照、湿度是紫背天葵组培苗生长的主要影响因素，茎段、叶片试管内的培养条件为温度（25±2）℃、光照时间 14h/d、光照度 2 000~3 000lx，试管外的培养条件为湿度＞85％、温度 15~30℃，光照度 3 000~5 000lx。在这种条件下，诱导、增殖效果最好，生根率最高。

3. 发生的途径 紫背天葵组培的发生途径主要有丛生芽发生型、体细胞发生型、器官发生型、胚状体发生型。林碧英等以茎段为外植体，通过丛生芽增殖途径成功获得再生植株；张兰英等以紫背天葵叶片为外植体进行了胚状体诱导，成功获得再生植株，但是效率不高；郭仰东等以叶片为外植体，构建了器官发生型植株再生培养体系，所产生的试管苗易于生根，再生植株成活率高达 95％以上。

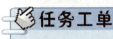

任务工单 5-3-1

技能训练

离体叶的培养

一、训练目标

熟练离体叶片培养的操作流程。

二、材料与用品

驱蚊草的叶片、诱导与分化培养基（MS＋BA 0.5~1.0mg/L＋IAA 0.05~0.2mg/L）、生根培养基（1/2MS＋NAA 0.01~0.2mg/L）、无菌水、95％酒精、75％酒精、2％~5％次氯酸钠、超净工作台、酒精灯、75％酒精棉球、烧杯、培养皿、记号笔、无菌瓶、接种工具、基质、育苗盘、塑料杯、塑料盆等。

三、方法与步骤

1. 外植体选择与处理

（1）取带叶柄的幼嫩叶片，用流水冲洗 2h 以上。

（2）在超净工作台上，先用75%酒精浸泡15s，再用2.6%次氯酸钠浸泡8～10min，然后用无菌水冲洗5次，最后用无菌滤纸吸干表面水分备用。

2. 接种　用解剖刀或手术剪剪去叶缘和叶尖后，将叶片、叶柄分别剪成0.5cm×0.5cm的小叶块和长1cm的叶柄小段，接种到诱导与分化培养基上。注意每个小叶块尽量包含部分中脉，一般要求叶背面朝下平放在培养基上，叶柄斜插于培养基中。每瓶接种1个茎段。

3. 初代培养　接种后培养瓶置于25℃、光照度1 000～1 500lx、光照时间16h/d的培养室内培养。培养4周后陆续有不定芽产生。

4. 继代培养　切下诱导分化的小芽，接种到相同的培养基上进行增殖培养，小芽逐渐长大并形成芽丛。

5. 生根培养　当芽苗高>2cm时，切下转接到生根培养中诱导生根。

6. 驯化移栽　当芽苗具有3～4条根、根长>1.0cm时进行驯化移栽，基质可选用草炭、珍珠岩、蛭石、腐殖土等。

四、注意事项

（1）注意叶片的分切部位与分切方法。

（2）根据叶片的幼嫩程度合理选择消毒剂和确定适宜的灭菌时间，防止消毒过度。

（3）接种时，接种工具灼烧灭菌后要充分冷却后再接种，防止造成叶片、叶柄烫伤。

（4）注意把握愈伤组织分化时机。

（5）跟踪观察记录产生愈伤组织和不定芽的时间，以及出愈率、分化率和污染率等技术指标，及时淘汰劣苗、污染苗。

五、考核评价建议

考核重点是外植体分切方式、愈伤组织分化时机选择、无菌操作与接种后培养效果等。考核方案见表5-3-1。

表5-3-1　离体叶培养考核评价

考核项目	考核标准	考核形式	满分
实训态度	1. 任务工单撰写字迹工整、详略得当（5分）； 2. 实训操作认真，积极主动完成任务（5分）； 3. 积极思考，有全局观念、团队意识和创新精神（5分）	教师评价	15分
现场操作和管理	1. 叶片分切方式正确（10分）； 2. 无菌操作规范、熟练，工作效率高（10分）； 3. 项目管理科学、有效（10分）	现场操作	30分
分析解决问题能力	1. 观察细心、认真，能够及时发现问题（5分）； 2. 问题分析科学、客观、准确（10分）； 3. 问题解决及时，措施科学合理、针对性强（10分）	口试、讨论	25分
培养与驯化效果	1. 建立组培无性繁殖系（10分）； 2. 出愈率、分化率高，污染率低≤10%（10分）； 3. 移栽成活率≥80%（10分）	现场检查	30分
合计			100分

任务二 马铃薯脱毒与快繁

马铃薯为茄科茄属一年生草本植物，是全球重要的粮菜兼用作物。马铃薯生产中普遍存在种性退化的问题，而病毒侵染是马铃薯退化的根源，并世代相传，逐年加重，造成种性退化、大幅减产和品质下降。目前，世界上公认的解决马铃薯病毒危害、防止品种退化的有效途径是茎尖离体培养。通过茎尖离体培养培育脱毒组培苗，再通过建立合理的良种繁育体系生产优良种薯，从而确保马铃薯优质、高产、稳产。

一、马铃薯脱毒种薯生产流程

马铃薯脱毒种薯生产流程见图 5-3-6。

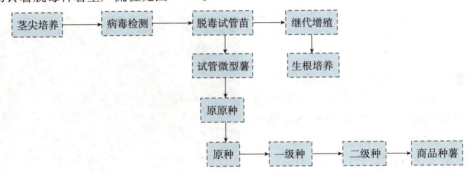

图 5-3-6 马铃薯脱毒种薯生产流程

二、脱毒苗培育

马铃薯
脱毒培养

1. 脱毒材料的选取　母本要选择生长健壮、无病虫害、具有品种的典型特征（株型、叶形、花色、成熟期等）的植株。块茎要求具有品种代表性（薯块皮色、肉色、薯形和芽眼等），薯块大、无病斑、无虫蛀、无机械创伤。

2. 热处理　将马铃薯块茎置于人工气候箱，使其萌发，待芽长到 1~2cm 时再根据要脱除的病毒种类进行热处理。

（1）脱除马铃薯 X 病毒（PVX）和马铃薯 S 病毒（PVS）。在 35℃下处理 1~4 周后再进行茎尖培养。

（2）脱除马铃薯卷叶病毒（PLRV）。40℃下处理 4h 与 16~20℃下处理 20h 的交替变温处理。

（3）脱除马铃薯纺锤块茎类病毒（PSTVd）。需要进行 2 次热处理，第一次热处理 2~14 周，经茎尖培养后筛选轻微感染的植株再进行 2~12 周的热处理，然后切取茎尖进行培养。

3. 微茎尖培养

（1）取材。

方法1：要对田间选定的母本植株定期喷施内吸杀菌剂，如 0.1% 链霉素和 0.1% 多菌灵的混合液，以降低母体带病菌种类和数量。当母本植株的顶芽或腋芽长约 15cm 时，在距顶端 6～8cm 处切下，带回实验室继续培育。将带回实验室的材料基部置于事先配好的营养液中，3 周后去除顶芽，以消除顶端优势，促使腋芽萌发生长，当腋芽长至 1.5cm 时，剪下作为外植体。

方法 2：将马铃薯块茎放置在较低温度和较强光照条件下促其萌发，取粗壮顶芽作为接种材料。

方法 3：当采取热处理结合茎尖培养脱毒时，先将块茎进行热处理，然后取萌生的顶芽或腋芽为接种材料。相对而言，顶芽较腋芽培养效果较好。

(2) 外植体灭菌。将顶芽或腋芽外面展开叶去除，放入烧杯中，在流水下冲洗 1h。在无菌超净工作台上将冲洗好的材料先用 75％酒精浸泡 30s，无菌水冲洗 3 次，再用 0.05％氯化汞溶液消毒 6min，无菌水冲洗 5 次，最后置于无菌水中备用。

(3) 微茎尖剥离与接种。剥离茎尖一般在超净工作台上进行，需要解剖镜、解剖针、镊子刀片等。解剖前先将手和所用工具、超净工作台面等用 75％酒精或新洁尔灭彻底擦一遍。

微茎尖剥离要在双筒解剖镜下进行，解剖时左手拿镊子固定材料，右手拿解剖针层层剥掉幼叶，直至露出带两个叶原基的生长点，这时切下带两个叶原基的茎尖，迅速接种到诱导培养基 MS＋IAA 1mg/L＋KT 1mg/L＋2,4-滴 0.5mg/L 上，置于人工室内培养 8 周。培养温度为 25℃，光照度为 1 500～1 800lx，光照时间为 16h/d。接种后，茎尖组织泛绿，生长点萌动，并逐渐长成新梢（图 5-3-7）。

图 5-3-7　马铃薯茎尖诱导出新梢

三、病毒检测

马铃薯脱毒苗鉴定

微茎尖培养获得的脱毒种苗，要经过病毒检测，确认不带病毒后，才能进行增殖扩繁。对检测出有病毒的试管苗，可再次脱毒鉴定。脱毒的种苗扩繁几代后要再进行一次病毒检测，以防弱毒株系病毒积累或病毒传播。

马铃薯病毒检测可采用电镜观察法、指示植物法、血清学方法、核酸杂交及 PCR 技术。指示植物法中的汁液涂抹法相对简单直观，而血清学方法中的酶联免疫吸附（ELISA）法虽然操作比较复杂，却是目前马铃薯脱毒苗病毒检测的常用方法。不同方法的检测程序不同，具体可参考模块五的相关内容。

四、脱毒苗快繁

1. 增殖培养　将鉴定后无病毒的马铃薯试管苗从母瓶中取出，置于接种盘上，剪切成带1片叶子的茎段，均匀平放或扦插到增殖培养基MS上进行增殖培养，每瓶接种15个茎段。培养条件为温度22℃、光照度1 000lx、光照时间16h/d。材料增殖培养25d后，生长为高5cm以上、有7片以上叶子时可以进行转接。增殖培养以25d为一个增殖周期，增殖系数在8左右（图5-3-8）。

2. 壮苗与生根 试管苗在移栽前，为了提高成活率，常常要进行壮苗处理。即将修剪好的芽苗接种到壮苗培养基MS（去除微量元素和有机成分）＋丁酰肼10mg/L上进行壮苗培养，促使小苗矮化蹲苗。温度降至15～18℃，光照度提高到3 000～4 000lx，光照时间20h/d。

图5-3-8 增殖25d的马铃薯试管苗

五、驯化移栽与微型薯生产

当壮苗长有3～5片叶、高2～3cm时就可以进行驯化移栽。栽植前一周，将瓶苗置于温室内有散射光的地方，揭去瓶塞进行炼苗培养，增强小苗对外界环境的适应能力。

移栽时，可向瓶内注入少量水，并轻轻摇晃，然后取出苗，洗去根部培养基。在网室内移栽，将脱毒试管苗剪切成单芽或双芽茎段扦插到消毒过的基质中，基质采用珍珠岩：草炭土＝1：2的混合基质。也可搭建4～6层育苗架，其上摆放育苗盘，在育苗盘内装填基质，再扦插于育苗盘内。温度白天23～27℃，夜间不低于10℃，光照度3 000～4 000lx，光照时间20h/d。扦插成活后每隔2～3d喷一次营养液，后期每隔10d喷一次，以促进扦插苗健壮和顺利结薯。在人工调控的温光条件下，一般经60～90d即可收获微型薯。

六、马铃薯微茎尖脱毒培养的影响因素

1. 茎尖大小 马铃薯的茎尖太小不易成活，太大脱毒效果不理想，实际操作中一般都是剥离带1～2个叶原基，且尽量不带或少带生长点邻近组织，这样基本能达到生长与脱毒的效果。

2. 培养基

（1）水质。在生产实践中可以用自来水代替蒸馏水配制培养基和降低碳源等措施降低成本。有试验证明，马铃薯培养基利用雨水（雪水）来配制更有利于试管苗生长与快繁。

（2）碳源。马铃薯组培过程中采用食用白糖代替试剂蔗糖具有相同的效果，因此，完全可以用食用白糖作为培养基的碳源。韦莹研究发现，不同蔗糖浓度对芽诱导效果不同，试验结果表明蔗糖的最佳浓度为30mg/L，在此浓度下培养的试管苗生长旺盛，根系发达。

（3）培养支撑物。在马铃薯的脱毒与快繁中，可以采用琼脂、卡拉胶、倍力凝等作为固体支撑物。琼脂作为固体支撑物相对来说成本高，卡拉胶或倍力凝作为固体支撑物相对来说成本低廉，但实践证明无论哪种原料都可以达到试管苗健壮、生长快的效果。

（4）基本培养基。马铃薯常采用MS作为基本培养基。陈敏敏等研究表明，1/2MS培养基是马铃薯试管苗工厂化繁殖的最佳培养基，在此培养基上培养的试管苗生长快，生长势

强,增殖系数高。刘海英研究发现,磷、钾素减半的 MS 培养基不影响试管苗的生长,且在活叶数、生物量、有效茎节数、平均根条数、平均根长等指标上优于全量添加的 MS 培养基。

3. 培养条件 固体培养温度多采用 23~27℃,光照度 2 000~3 000lx,光照时间 16h/d;液体培养多采用 21~25℃,光照度 3 000~4 000lx,光照时间 16h/d。若以滤纸桥法液体培养,在光照度 1 000~3 000lx、光照时间 16h/d 的条件下,经 120d 的培养,茎尖即可长成小苗。

4. 病毒种类 马铃薯病毒种类很多,全世界有 30 余种病毒和 1 种类病毒。我国主要的危害病毒有马铃薯 X 病毒(PVX)、马铃薯 Y 病毒(PVY)、马铃薯 A 病毒(PVA)、马铃薯 S 病毒(PVS)、马铃薯 M 病毒(PVM)、马铃薯卷叶病毒(PLRV)和马铃薯纺锤块茎类病毒(PSTVd)等。受到侵染植株的症状表现在其形态、生长势和产量等方面的变化。马铃薯主要病毒症状及其危害见表 5-3-2。

表 5-3-2　马铃薯主要病毒症状及危害

病毒种类	病毒症状	侵染方式	减产率
PVX	植株矮小、叶片皱缩,所结块茎少而小	汁液传播、机械传播、咀嚼式口器昆虫传播等	10%~50%
PLRV	被侵染幼叶失绿,小叶沿中脉向上卷曲,顶部叶片上竖	桃蚜传播	40%~60%
PVY	由潜隐无症到轻花叶,皱缩花叶及叶脉坏死	蚜虫传播、机械传播	50%左右
PVS	叶脉深陷,叶片粗缩、轻度垂叶;植株呈开扩状,多数不表现症状	叶片摩擦、机械传播、桃蚜传播	10%~20%
PVM	轻花叶,叶尖扭曲,顶部叶片卷曲;重株系叶片严重变形,有时叶柄叶脉坏死	汁液嫁接传播、蚜虫传播	10%~20%
PVA	花叶	与 PVY 复合侵染	10%~50%
PSTVd	叶片与主茎间角度小,呈锐角,叶片上竖,上部叶片变小,有时植株矮化;感病块茎变长,呈纺锤状,芽眼增多,芽眉凸起,有时块茎产生龟裂	接触传播	20%~60%

马铃薯茎尖培养脱毒从易到难的顺序为:马铃薯卷叶病毒(PLRV)、马铃薯 A 病毒(PVA)、马铃薯 Y 病毒(PVY)、马铃薯 M 病毒(PVM)、马铃薯 X 病毒(PVX)、马铃薯 S 病毒(PVS)。试验证明,有些病毒也可侵入分生组织,如 PVX、TMV(烟草花叶病毒)均可侵入茎尖,所以顶端分生组织可以脱除病毒,但并不是所有的均可脱除,因而必须采用与热处理结合顶端分生组织培养方法,先热处理母株,然后剥离茎尖进行培养。两种方法相结合处理可除去单用茎尖培养难以脱除的病毒。

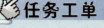任务工单

任务工单 5-3-2

技能训练

马铃薯脱毒培养

一、训练目标

了解植物热处理和茎尖脱毒的基本原理,学会马铃薯茎尖脱毒的程序和方法。

二、材料与用品

马铃薯块茎、培养基（MS＋GA_3 0.1mg/L＋NAA 0.5mg/＋6-BA 0.5mg/L）、75％酒精、2％～5％次氯酸钠、光照培养箱、超净工作台、解剖镜、解剖刀、长镊子、培养皿、75％酒精棉球、烧杯、记号笔、无菌瓶、接种工具等。

三、方法与步骤

1. 室内催芽 选择表面光滑的马铃薯块茎,播种在湿润的无菌沙土中,适温催芽。待芽长至2cm时,将发芽块茎放入38℃的光照培养箱中,光照时间12h/d,处理2周左右。

2. 材料选取与灭菌 剪取经过高温处理的马铃薯茎尖1～2cm,用自来水冲洗30min,剥去外面的叶片,然后放在超净工作台进行消毒。先用75％酒精浸润15s,用无菌水冲洗3～5次,再用2.6％次氯酸钠浸泡8～10min,无菌水冲洗5～6次,最后将处理过的材料放入已灭菌的培养皿中备用。

3. 茎尖的剥离 在超净工作台上,将已消毒的茎尖放在解剖镜下,逐层剥去幼叶直至露出圆锥形生长点,用已灭菌的解剖刀切取长0.1～0.5mm、带1～2个叶原基的茎尖。

4. 接种 将切取的茎尖迅速接种到诱导培养基上,注意茎尖切面要贴在培养基表面上,不能将茎尖陷入培养基内。放好后扎好瓶口,送入培养室培养。

5. 培养 培养条件为温度23～27℃,光照度1 000～3 000lx,光照时间16h/d。5～7d后茎尖转绿,40～50d后成苗。

四、注意事项

（1）为了防止茎尖变干,应在一个衬有无菌湿滤纸的培养皿内剥离茎尖,而且从剥离到接种的时间间隔越短越好。

（2）整个剥离过程中,要注意常将解剖针和解剖刀浸入75％酒精中,并用火焰灼烧灭菌,冷却后使用。

（3）切割微茎尖要用锋利的解剖刀,并做到随切随接种。

（4）定期观察并记录其生长、分化及污染情况。

五、考核评价建议

考核重点是微茎尖剥离方法、无菌操作与接种后的培养效果等。考核方案见表5-3-3。

表 5-3-3　马铃薯脱毒培养考核评价

考核项目	考核标准	考核形式	满分
实训态度	1. 任务工单撰写字迹工整、详略得当（10分）； 2. 实训操作认真，积极主动完成任务（5分）； 2. 积极思考，有全局观念、团队意识和创新精神（5分）	教师评价	20分
技能操作	1. 微茎尖剥离方法正确（10分）； 2. 无菌操作规范和准确（10分）； 3. 操作熟练（10分）	现场操作	30分
分析解决问题能力	1. 观察细心、认真，能够及时发现问题（5分）； 2. 问题分析科学、客观、准确（10分）； 3. 问题解决及时，措施科学合理、针对性强（10分）	口试、讨论	25分
培养与驯化效果	1. 建立马铃薯脱毒繁殖系（15分）； 2. 分化率高，污染率≤10%（10分）	现场检查	25分
合计			100分

任务三　龙牙楤木组培与快繁

龙牙楤木又名辽东楤木、刺嫩芽、刺龙芽等，为五加科楤木属植物。龙牙楤木是食药两用植物。其嫩芽味香、鲜脆、风味独特，且富含氨基酸、蛋白质、维生素及微量元素。目前，龙牙楤木产品主要依赖于野生资源的利用，露地栽培及反季节生产才刚刚起步。由于市场需求量越来越大，对野生龙牙楤木的过度开采，已造成其野生资源的严重破坏。植物组织培养是植物进行工厂化育苗的最佳手段，既可保护野生资源，又可创造出较高的经济效益。龙牙楤木主要以茎尖、叶片、叶柄等作为外植体进行组织培养。

一、龙牙楤木组培快繁操作流程

龙牙楤木组培快繁操作流程见图 5-3-9。

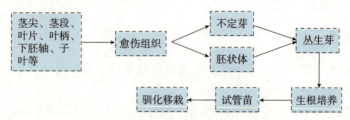

图 5-3-9　龙牙楤木组培快繁操作流程

二、龙牙楤木茎尖培养

1. 外植体的选择　可在春季 5 月前后选取萌芽 1~2 周、芽大、无刺或少刺、生长迅速、抗病性好的饱满芽作为外植体。也可以在 2—3 月采割 2~3 年生植株的枝条，置于室内或温室水培催芽，待休眠芽长至 2～3cm 时剪下作为外植体。

2. 外植体的处理　去掉外植体叶片，置于流水下冲洗 30min。在超净工作台上，先用 75% 酒精消毒 30s，无菌水冲洗 3 次，再用 2% 次氯酸钠消毒 10min，无菌水冲洗 3～5 次，最后置于无菌滤纸上吸干水分备用。

3. 初代培养　剥离外植体材料的外层叶片，切割成长 0.5～1.0cm 的芽块接种到 MS＋2,4-滴 1.0mg/L 上进行诱导培养（图 5-3-10）。培养条件为温度 24～26℃、光照度 1 500～2 000lx、光照时间 12～16h/d。材料接种 7～9d 后，切口处开始膨大，陆续出现浅黄色、疏松的胚性愈伤组织，随着时间的延长，胚性愈伤组织分化出胚状体（图 5-3-11），此时可以进行继代转接。

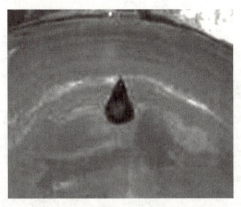

图 5-3-10　龙牙楤木茎尖外植体

图 5-3-11　初代培养分化出的胚状体

4. 增殖培养　在无菌条件下，用解剖刀和弯头挑针将长满胚状体的胚性愈伤组织轻轻挑开，转接到增殖培养基 MS＋2,4-滴 1.0mg/L＋6-BA 0.1mg/L 上进行增殖培养。培养条件同初代培养。30d 为一个增殖周期，增殖系数为 30 左右。

5. 壮苗和生根培养　将增殖培养的组培苗转移到壮苗培养基 MS＋活性炭 1.5g/L 上培养。培养条件同初代培养。20d 后逐渐形成健壮的完成植株（图 5-3-12、图 5-3-13）。

图 5-3-12　龙牙楤木生根苗

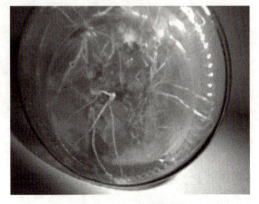

图 5-3-13　龙牙楤木生根状

6. 驯化移栽　当植株高 3～4cm、根长 4～6cm 时，将试管苗移至温室内炼苗 7d。之后，将试管苗从瓶内取出，充分洗去附着在根部的培养基，然后将幼苗根部浸泡在 400mg/L 的 GA_3 溶液中，移栽到灭过菌的珍珠岩：落叶松腐殖土＝1：1 的混合基质中。移栽前先用清水将基质浸透，然后用竹筷打孔将根栽入、轻压并用水浇平，再用塑料袋覆盖营养钵以保持湿度在80%~90%，置于温度25℃、光照时间12h/d、光照度1 500lx的条件下培养，每隔3d浇一次50倍的MS培养基营养液，7d后揭开逐渐通风换气，30d左右即可成活，成活率在90%以上。

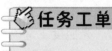任务工单

任务工单5-3-3

知识拓展

马铃薯微型薯生产

由试管苗生产的重1~30g的微小马铃薯称为微型薯（图5-3-14）。马铃薯微型薯生产分为温室生产和实验室生产两种方式。温室生产微型薯一般结合试管苗同步进行，也可以采取扦插成活后雾化栽培生产微型薯。

虽然温室和实验室内都可以诱导产生微型薯，但以实验室内诱导生产为主，实验室组培生产的微型薯质量好，整齐度高，粒重一般为1~5g。实验室微型薯生产一般分为单茎段扩大繁殖和微型薯诱导两个阶段。

实验室生产马铃薯微型薯

图5-3-14 马铃薯微型薯

一、单茎节扩大繁殖

将脱毒试管苗在无菌条件下剪切成带1片叶的单茎切段，接种到扩大培养基MS+丁酰肼5mg/L上培养，每个培养瓶接种15个材料。培养条件为温度22℃、光照度1 000lx、光照时间16h/d。在此条件下，由腋芽形成的小植株生长很快，当小植株长到4~5cm时就可以进行第二步培养。

二、微型薯诱导

将长势一致的扩繁壮苗剪切后接种到微型薯诱导培养基 MS＋BA 5.0mg/L＋AC 0.2％（液体或固体培养基）上进行诱导培养。采用廉价的香豆素代替矮壮素和丁酰肼、食用白糖代替蔗糖，同样结薯很好。诱导培养基也可选择 MS＋香豆素 50～100mg/L 的液体或固体培养基。培养基的液固相态和光照条件对微型薯诱导有很大作用。材料接种后要置于黑暗条件下培养，培养温度为 22℃。如果不在黑暗条件下培养，则只有植株生长，而没有小薯形成。

自我测试

一、简答题

1. 在马铃薯脱毒培养时，为什么剥离的微茎尖如果不带叶原基会严重影响茎尖培养的成活率？
2. 热处理和茎尖培养在脱毒原理上有何不同？
3. 影响紫背天葵叶片分化的因素有哪些？
4. 如何提高龙牙楤木组培苗的驯化移栽成活率？

二、论述题

1. 我国培育马铃薯脱毒苗和微型薯有何现实意义？
2. 根据所学知识，试分析组培中无菌短枝扦插和栽培上的常规扦插有何区别。

项目四　果树组培与快繁

 知识目标
- 了解草莓、蓝莓、大樱桃砧木、香蕉等果树的生物学特性。
- 掌握果树脱毒与快繁工艺流程。
- 掌握微茎尖脱毒、茎段培养、吸芽培养的方法与影响因素。

 能力目标
- 能够进行草莓茎尖脱毒与快繁。
- 能够进行蓝莓的组培与快繁。
- 能够进行大樱桃砧木的组培与快繁。
- 能够进行香蕉吸芽的组培与快繁。

 素质目标
- 养成良好的职业道德和职业操守。
- 培养知识和技能的灵活应用能力。

知识准备

任务一　草莓脱毒与快繁

草莓为蔷薇科草莓属多年生草本植物，是重要的浆果类果树，在市场上备受欢迎。草莓适应性强，栽培容易，且生长周期短，成熟早，结果快，产量高，经济效益好，因而全国草莓栽培面积不断扩大，特别是草莓促成栽培的迅速发展，填补了水果的淡季市场。草莓传统繁殖主要采用匍匐茎繁殖和分株繁殖，此法繁殖速度慢，效率低，占地多，不利于新品种的推广，并且长期无性繁殖和栽培易受多种病毒的侵染，引起品种退化，产量下降，品质变劣。应用组培技术快繁优质种苗既利于品种的提纯、更新和种质资源的离体保存，又能脱除草莓体内的病毒，而成为目前草莓种苗繁育的重要途径。

国外于20世纪60年代开始利用微茎尖培育草莓无病毒苗，我国在20世纪80年代末开始进行草莓脱毒与快繁。经过各方专家和学者的不懈研究与努力，我国于1985年在北京市林业果树科学研究所建立了第一个草莓脱毒试管苗生产基地并投入使用，向全国各地提供生产用的原种草莓脱毒苗，并与世界各国进行种苗交换。草莓脱毒苗培育主要采用花药培养法、热处理与微茎尖培养法，由于花药培养中花粉发育时期不好把控，且外植体选取受时间限制，因而目前热处理与微茎尖培养法是草莓培育脱毒苗的常用方法。

一、草莓脱毒与快繁操作流程

草莓脱毒与快繁操作流程见图 5-4-1。

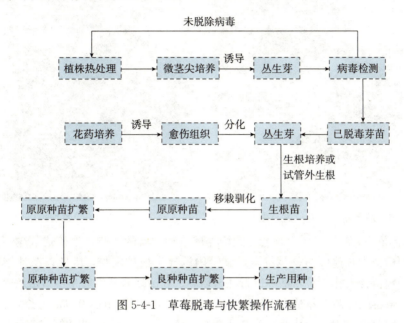

图 5-4-1 草莓脱毒与快繁操作流程

二、脱毒苗培育

（一）热处理与微茎尖培养脱毒

1. 热处理 将生长健壮、无病虫害的盆栽草莓置于培养箱内，设定光照时间 16h/d、光照度 4 000～5 000lx、空气湿度 50％～60％，并进行变温处理（40℃，16h；35℃，8h）35d 以上。

2. 外植体的选择与处理 选取热处理后，匍匐茎苗充实，尖端生长良好的植株，从基部整株剪下，剥掉外层老叶，用 75％酒精棉球擦拭伤口，置于流水下冲洗 0.5～1h。在无菌操作台上，先用 75％酒精消毒 30s，除去表面的蜡质，无菌水冲洗 2～3 次，再用 0.1％氯化汞溶液（内滴数滴 0.1％吐温-20）消毒处理 5～8min，无菌水冲洗 5 次。最后用无菌滤纸吸干表面水分备用。

3. 诱导培养 在无菌条件下，借助解剖镜将芽外面的幼叶和部分叶原基除去，切取带有 1～2 个叶原基、长 0.2～0.3mm 的微茎尖，迅速接种到 MS＋BA 1.0～1.5mg/L＋IBA 0.05～0.2mg/L＋GA 0.3～0.5mg/L 的初代培养基上，然后置于光照时间 16h/d、光照度 1 500～2 000lx、温度 25～28℃的培养室内进行诱导培养。

一般草莓茎尖接种 7d 后顶芽开始萌动，叶片开始伸展，并陆续在茎尖基部分化出新的芽原基。30d 后，顶芽基部形成 3～10 个丛生芽，芽高 2～3cm（图 5-4-2）。

4. 增殖培养 将诱导出的丛生芽从基部切割成含 2 芽（簇）的芽（簇）块，接种到增殖培养基 MS＋6-BA 0.5～1.0mg/L＋IBA 0.05mg/L＋GA 0.2mg/L 上进行增殖培养，每瓶接种4簇，培养条件与诱导培养条件一致。经过25～30d的培养，可获得由30～40个芽形成的芽丛（图5-4-3）。在增殖培养芽苗修剪过程，剪去接种材料的原生叶片，更有利于新芽的分化；同时还要去除增殖材料基部产生的愈伤组织，更有利于丛生芽的增殖和生长。

图5-4-2　草莓茎尖培养形成丛生芽　　　　　图5-4-3　草莓增殖培养

5. 壮苗培养　芽苗反复增殖，会受到培养环境和激素的影响，增殖代数越多、增殖系数越大，获得的植株生长越缓慢、越细弱，试管内诱导生根越困难，因此，在计划试管内生根前，需要将增殖苗转入壮苗培养基中进行壮苗培养。壮苗培养基一般是将增殖培养基中的细胞分裂素降低。草莓的壮苗培养基为MS＋6-BA 0.1～0.3mg/L＋IBA 0.05mg/L，壮苗转接切割的操作手法与增殖培养相同。壮苗培养25d左右，苗高4cm以上，苗浓绿、健壮（图5-4-4）。

6. 生根培养　当壮苗培养的芽苗长至≥3.5cm就可进行生根培养。生根培养时要将丛生的芽苗剪切成单苗，接到生根培养基1/2MS＋IBA 0.1mg/L＋NAA 0.05mg/L＋AC 0.5g/L上，培养条件为光照时间16h/d，光照度2 500～3 000lx，温度23～25℃。

生根培养7d后，在芽苗基部开始形成根原基，15～20d即可产生新根，生根率可达100%（图5-4-5）。草莓组培苗可以试管内生根，也可以将壮苗培养的芽苗进行试管外生根。

图5-4-4　草莓壮苗培养　　　　　图5-4-5　草莓试管内生根苗

（二）草莓花药培养

1. 花粉发育时期的检测　春季草莓现蕾期，选取不同大小的草莓花蕾数个。剥开花蕾，每个花蕾取 1~2 枚花药置于载玻片上，加一滴 0.5% 醋酸洋红溶液，并用解剖针或镊子挤压花药，释放出小孢子，剔除药壁、药隔等碎片，加上盖玻片镜检。镜检时，若多数花粉只有 1 个核，称为单核期，如细胞核被挤向一侧，称为单核靠边期。记录花粉发育处于单核期的草莓花蕾的形态特点，如花蕾大小、花萼与花冠长度与颜色、花药颜色及饱满程度等形态指标，作为田间采集花蕾的形态标准。

2. 材料的选取与处理 根据镜检检测的记录情况，从田间或温室采集符合标准的草莓花蕾（一般花蕾直径为 4~6mm、花萼略长于花冠或花冠刚露白、花冠白色或淡绿色且不松动，花药微黄而充实），用湿纱布包好，置于无菌的接种盒内，放入 4℃冰箱中低温保存 2~3d。接种前将花蕾从冰箱内取出，置于流水下冲洗 30min 后在无菌操作台上进行消毒处理。先在 75% 酒精中浸泡 30s，无菌水冲洗 2 次，再用 2% 次氯酸钠浸泡 5~8min，无菌水冲洗 3 次，最后置于无菌滤纸盘上备用。

3. 花药接种 在无菌条件下，将消毒后的花蕾去部分花冠，露出花丝。再用镊子夹住花丝，将花药取出置于内衬湿润滤纸的培养皿中。最后用接种环切离花药接种到诱导培养基 GD+2, 4-滴 1.0mg/L 上，置于培养室内进行诱导培养。培养温度 24~26℃，光照时间 10~12h/d，光照度 1 500~3 000lx。

4. 诱导与分化 花药培养 15d 后，产生乳黄色的愈伤组织，25d 后转入诱导培养基 MS+BA 0.5~1.0mg/L 上培养。诱导培养 10d 后，愈伤组织表面分化出半球形小突起，并逐渐转变为绿色，20d 左右分化出小苗，并形成无根的植株。

5. 增殖培养与生根培养 增殖培养、生根培养的方式与草莓茎尖脱毒培养的过程一致。

三、脱毒苗鉴定

热处理与微茎尖培养技术获得的草莓苗并不一定能够完全脱毒，因此需要对脱毒后的草莓苗进行病毒检测。目前，世界上已检测出的草莓病毒有 20 多种，其中草莓镶脉病毒（SVBV）、草莓轻型黄边病毒（SMYEV）、草莓皱缩病毒（SCRV）和草莓斑驳病毒（SMOV）为我国常见的草莓病毒。指示植物小叶嫁接鉴定法是草莓脱毒苗鉴定的常用方法。具体操作步骤如下：

1. 指示植物选择与培养 在嫁接接种前 1.5~2 个月，从森林草莓或深红草莓两大系列中选择一种指示植物单株盆栽，然后置于温、光、湿较好的温室中，加强管理并注意防治病虫害，促使指示植物苗生长健壮、组织充实。在嫁接接种当天，从待检测病毒的草莓植株上剪取完整的成熟叶片，剪后放入装有清水的烧杯中，保持嫁接叶片湿润、新鲜。

2. 脱毒效果鉴定 先将待检草莓植株上叶片的左右两片小叶剪掉，在中央小叶带 1.0~1.5cm 长的叶柄处用锋利的刀片削成楔形作为接穗。将生长健壮的指示植物叶片剪去中央小叶，在保留两侧小叶的两个叶柄间向下纵切 1.5~2.0cm 长的切口，然后把待检接穗迅速地接入切口中，用塑料薄膜带包扎好。每株指示植物苗可同时接数片待检株的叶片，以便进行检测症状的印证。为了确保嫁接叶片成活，嫁接后要把整株盆栽罩上塑料罩，以利于保温保湿。

3. 症状观察 一般嫁接 1.5~2 个月就可以出现症状。草莓斑驳病毒的症状往往显现最早，一般在嫁接成活后 7~14d 即有症状表现；其次是草莓镶脉病毒和轻型黄边病毒，两者显现症状的时间分别为成活后 15~30d 和 24~37d；草莓皱缩病毒显现症状最晚，要在嫁接成活后 39~57d 才表现出来。在我国已经调查明确的 4 种蚜虫传播病毒，它们的最佳指示植物及主要症状表现见表 5-4-1。

表 5-4-1 草莓的病毒种类与症状表现

病毒种类	指示植物	主要症状
皱缩病病毒	UC5	叶片生长不对称、皱缩，叶脉不整齐，叶柄暗褐色，产生坏死斑
镶脉病病毒	EMC	小叶向后反转成风车状，尖端卷曲，叶脉呈带状褪绿
	UC5	叶呈带状褪绿条斑，后期变成褐色坏死条斑
斑驳病病毒	UC5	褪绿斑驳，黄色不规整斑驳
	EMC	叶片有不整齐的黄色小斑点
轻型黄边病病毒	EMC	叶脉坏死，老叶坏死或变红
	UC5	植物短化，叶缘失绿

四、驯化移栽

1. 炼苗 组培苗在培养室内培养，温、光、湿恒定，在移苗前进行一段时间的炼苗，能够有效提高移栽成活率。这一阶段为室内培养与室外育苗的过渡阶段，是适应外界环境的一个过程。草莓生根的组培瓶苗，移入温室的前 2~3d 要适当遮阳，避免出现叶片灼烧现象。之后，将瓶盖逐渐拧松至打开，再经过 1 周左右的锻炼，幼苗茎秆颜色变深，即已适应外界环境，此时可以进行移栽。

2. 取苗 首先，向瓶内注入少量水，并轻轻摇动组培瓶，使瓶内培养基松动。然后，用镊子将瓶内的幼苗轻轻夹出，去除根部黏着的培养基，置于温水中清洗，注意动作一定要轻，尽量不伤及根系、嫩芽、嫩叶。最后按大小将幼苗分级，进行移栽。移栽基质可选用腐熟的锯木屑或腐叶土单一基质，也可采用蛭石与珍珠岩配比为 1∶1 或园土与炉渣配比为 2∶1 的复合基质。

3. 移栽 用准备好的方便筷在穴盘的基质上插洞，将幼苗根部轻轻放入洞中，尽量"不窝根"，更不能让基质埋过苗的根颈处，然后用喷壶浇水，将基质封严。

4. 移栽后的管理 温室拱棚内的温度要控制在 15~25℃，湿度控制在 85% 以上。刚刚移栽的草莓穴盘苗，茎秆脆嫩，浇水时应尽量采用喷雾浇水，水量不宜过大，干后再喷。草莓组培苗移栽初期要遮光 50%，1 周后逐渐增加光强。再过 30d，试管苗长出新叶、发出新根即代表成活，移栽成活率可达 90%~100%。

五、影响草莓脱毒与快繁的因素

1. 外植体的消毒时间 组织培养中消毒时间长短直接影响着外植体的污染率和组培苗的成活率。从相关研究来看，不同学者对草莓外植体的消毒处理不同，其中研究最多的是氯化汞消毒时间长短对组培苗的影响，不同品种对氯化汞的敏感程度不同，所以品种不同结论有所不同。吴正凯等人试验表明，氯化汞消毒处理时间长短对草莓匍匐茎茎尖成活的影响十分明显,他们认为,用0.1%氯化汞消毒的时间以3min最适合,消毒时间>5min会使外植体褐变,甚至死亡;消毒时间<2min,材料易污染,达不到消毒效果。而多数学者认为氯化汞的消毒时间以5~8min为宜。和秀云等对草莓外植体的消毒试验设了5个处理,结果表明,消毒处理时间越长,污染率越低,褐化率越高,最适合草莓茎尖消毒的时间为12min,存活率在85%以上。

2. 茎尖大小　茎尖培养脱毒效果与茎尖大小密切相关。茎尖越小,脱除病毒的概率越大。茎尖<0.3mm时,脱毒率最高,几乎不带病毒,但成活率较低;>0.5mm时,成活率较高,但脱毒率低。因此,草莓茎尖的大小一般控制在0.2~0.3mm。

3. 外源激素　不同的外源激素对草莓茎尖培养的效果不同。饶学梅研究了外源激素IBA对草莓组培快繁的影响,试验以MS+6-BA 0.5mg/L为基本培养基,添加不同浓度的IBA,研究其对组培苗增殖、玻璃化苗及畸形的影响。结果表明,基本培养基中添加0.02mg/L IBA可以降低玻璃化和畸形苗的发生率,可以达到最佳的增殖效果。李会珍等研究了不同外源激素对红颊草莓组培快繁的影响,试验选用BA、IBA、KT、GA等6种激素多个水平,设置了不同的处理。结果表明,在基本培养基中添加6-BA 0.5mg/L、IBA 0.3mg/L,组培苗增殖速度最快、增殖系数最高。汤访评研究了水杨酸在草莓组培中防止玻璃化的问题,结果表明水杨酸降低了草莓组培苗玻璃化水平,提高了组培苗的抗逆性,提高了苗的生长质量。

4. 移栽基质　草莓脱毒组培苗的移栽基质可选用腐熟的锯木屑或腐叶土等有机基质,也可采用蛭石与珍珠岩配比为1∶1或园土与炉渣配比为2∶1的复合基质,移栽成活率可达90%以上。

任务工单5-4-1

任务二　蓝莓组培与快繁

蓝莓也称越橘,属杜鹃花科越橘属多年生灌木,起源于北美,因果实呈蓝色,故称为蓝莓。蓝莓果实富含维生素、矿物元素、类黄酮、花青素、叶酸等生理活性成分,具有延缓衰老的作用,是集营养、保健于一身的第三代浆果,被国际粮农组织列为五大健康食品之一,誉为"浆果之王"。随着蓝莓各种加工品在国际市场上供不应求,栽培面积不断扩大,常规的扦插繁殖已经满足不了市场对种苗的需求,组培快繁已成为蓝莓苗木工厂化繁育的主要途径。

在蓝莓组培的应用研究中,通常选用种子、休眠枝条、叶片、当年生茎段或茎尖等作为外植体。而在实际生产中,常常选用蓝莓当年萌发的带腋芽茎段为外植体,此法操作简单、成活率高、增殖率高,且可以保持相关蓝莓品种的种性优势。

一、蓝莓组培快繁操作流程

蓝莓组培快繁操作流程见图 5-4-6。

蓝莓组培快繁流程

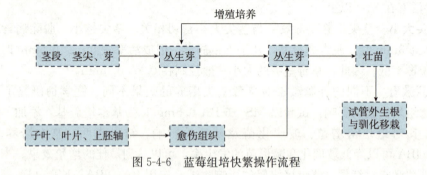

图 5-4-6 蓝莓组培快繁操作流程

二、蓝莓茎段培养

1. 外植体的选择与处理 在晴天上午，从露地或温室大棚内选取健壮、无病虫害，当年生带腋芽半木质化的茎段作为外植体。将选取的材料去叶片、留叶柄剪切成长 5cm 左右的茎段，置于流水下冲洗 1~2h。在无菌超净工作台上，先用 75% 酒精浸泡 30s，无菌水冲洗 3 次，再用 0.1% 氯化汞浸泡消毒 6min，无菌水冲洗 5 次，最后置于无菌滤纸上吸干水分备用。

2. 初代培养 将消毒好的材料剪切成长 1cm 左右、带腋芽茎段，接种到改良初代培养基 WPM+ZT 2.0~5.0mg/L+IBA 0.2~0.5mg/L+GA 0.5mg/L 上，初代培养基内添加蔗糖 20g/L、琼脂 8g/L，pH 5.4。接种后将材料移至培养室进行诱导培养。培养条件为温度 21~23℃，光照度 2 000lx，光照时间 16h/d。外植体接种 10d 后腋芽萌动，随着时间延长，腋芽抽节生长，形成新梢。接种后 40d 左右，新梢高>4cm 时可以进行增殖转接（图 5-4-7）。

3. 增殖培养 将初代诱导出来的新梢剪切成含 1~2 个腋芽、长>1.5cm 的茎段，接种到改良的增殖培养基 WPM+ZT 0.5~1.0mg/L+IBA 0.2mg/L+GA 0.2mg/L 上培养。培养条件同初代培养。材料转接 15d 后，茎段基部分化出 10 个以上的新梢。随着时间的延长，新梢不断生长。40d 时，新梢高>3cm，增殖系数可达 20~30（图 5-4-8）。之后，每 40d 作为一个增殖周期，不断增殖。

4. 壮苗 组培苗在移栽驯化前进行复壮，可以有效提高成活率，保证苗木质量。将增殖培养的试管苗剪切成>2cm、带腋芽茎段，接种到改良的壮苗培养基 WPM+ZT 0.5mg/L 上培养。培养条件同初代培养。经 45d 左右，苗高>4cm 就可以进行试管外生根（图 5-4-9）。

5. 瓶外生根与移栽驯化 蓝莓试管苗瓶内生根过程繁杂，生根率不高，而蓝莓试管苗瓶外生根不但可以降低组培成本、缩短育苗周期，还可以节约培养空间、提高移栽成活率。

图 5-4-7　蓝莓茎段萌发新梢

图 5-4-8　蓝莓增殖培养

（1）炼苗。将壮苗培养后的无根瓶苗，从培养室转移至温室中，然后打开瓶盖炼苗 3～5d，使试管苗能够逐渐适应外部环境，提高自身的抗逆性。

（2）清洗与修剪。用镊子将经过炼苗的试管苗从瓶内取出，洗净根部培养基。用手术剪刀将清洗过的无根苗剪切成长 4～5cm 的茎段，并将茎段中下部的叶片去掉，只保留茎顶端的 2～3 个叶片，并置于干净的容器内作为插穗。

（3）激素处理。将插穗基部浸蘸事先配制好的 1 000mg/L 的 IBA 0.5min，然后扦插到消毒好的 72 孔穴盘的苔藓基质中，并用喷壶浇透基质，移至小拱棚内驯化管理。

（4）后期管理。扦插后白天温度保持在 25～27℃，晚上温度保持在 23～25℃，湿度控制在 80%以上，适当遮阳，每周浇灌 1/2 倍大量元素（WPM）营养液一次，喷洒杀菌剂一次。经 30d 左右，新梢基部长出新根，新叶生长（图 5-4-10），代表成活。移栽成活后 20d 左右即可移入营养钵，进行正常管理。

图 5-4-9　蓝莓壮苗

图 5-4-10　驯化后的蓝莓苗

三、蓝莓瓶外生根的影响因素

蓝莓苗木的主要繁育方法是组织培养和扦插。在组织培养繁育中，蓝莓可以在短时间内快速获得大量增殖苗，但瓶内生根较困难，并且生根周期长、移栽成活率低、成本高，从而限制了蓝莓的繁殖。而相对于组培繁育，扦插繁殖因具有简单易行、育苗周期短、生根速度快等优点而在植物苗木繁育中被广泛应用，但常规扦插繁殖方法会受到插条数量、取材时间等限制。因此，在较成熟的蓝莓组织培养技术基础上进行瓶外扦插可以简化组织培养环节，降低成本，缩短育苗周期。

1. 品种与基因型 不同蓝莓品种的组培试管苗在形态结构、生长发育规律及对外界环境条件的适应能力不同，不同蓝莓基因型对不定根的分化能力不同。乌凤章等研究了8个蓝莓品种生根情况，结果表明，不同蓝莓品种的生根能力不同，其中公爵的生根能力最强，北陆生根能力次之。朱世银等对莱克西、安娜、奥尼尔、南大等4个蓝莓品种的组培苗进行了试管外生根，结果表明，南大生根率最高，奥尼尔、莱克西次之，安娜最低。随着现代分子生物学技术的发展，基因型差异与生根的关系还需要进一步研究。

2. 激素处理 蓝莓组培苗无论是试管内生根还是试管外生根，只要把握好生长素的使用种类和浓度，都可以诱导出根原基，促进不定根的生长。蓝莓组培苗生根常用NAA、IAA、IBA等几种生长素，其中IBA使用最为广泛。但不同蓝莓品种的组培苗和不同生长状态组培苗，瓶外生根所用的生长素种类、用量均不同。

蓝莓组培苗试管外生根，一般是将壮苗培养的试管无根苗速蘸高浓度的生长素并直接扦插到基质上，使移栽与生根同步进行。将组培壮苗剪成长2cm左右的茎段，浸蘸100mg/L IBA溶液后，再扦插到苗床上的苔藓中，扣小拱棚保湿，生根成活率可达80%左右。王雪娇等用笃斯越橘试管苗茎段进行试管外生根研究，生长素选用IBA、IAA，对浸蘸时间、浸蘸浓度两个指标进行了探讨，结果表明，生长素IBA有利于笃斯越橘试管苗试管外生根，试管苗茎段浸蘸300mg/L IBA 10s后扦插到基质中，生根效果最好，生根率最高。

3. 环境条件 环境条件主要指组培苗生长环境中的温度、湿度、光照、营养成分、气体交换等。组培苗在试管内的湿度几乎为100%，温度、光照恒定，营养充足。蓝莓试管外生根过程中的温湿度非常重要。温度主要体现在气温和地温两个方面。气温可满足芽的活动，促进叶片的光合作用，地温则影响生根速度，生根阶段地温略高于气温有利于根的诱导和生长。湿度对蓝莓试管苗瓶外生根也很重要，移植的组培苗没有根系，此时空气湿度是维持其存活的关键。光照是影响组培苗试管外生根的另外一个因素，其主要是通过对插穗自身代谢的控制来刺激芽的生长，抑制根的发育，因此，在诱导试管苗生根时应适当遮阳，刺激插条先生根，后抽梢发叶，提高试管苗的成活率。

任务工单 5-4-2

任务三 大樱桃砧木组培与快繁

大樱桃又名欧洲甜樱桃和西洋樱桃,为蔷薇科李亚科李属樱亚属多年生乔木,是继中国樱桃之后成熟最早的落叶果树。其果实营养丰富、成熟早,经济效益显著,但其繁殖过程易受病毒侵染和具自交不亲和现象,生产中难以保持苗木的优良性状和获得稳定及较高的产量。因此,相关学者、种植企业深入开展了相关研究,最后得出优质的嫁接砧木是解决上述问题的关键。优质砧木嫁接的大樱桃树体生长快、结果早、产量高,而且适应性和抗逆性强。近几年,市场出现了多种类型的大樱桃砧木,通过嫁接生产试验,目前一致认为吉塞拉系列砧木较好。

吉塞拉系列矮化砧对大樱桃有明显的矮化作用,该砧木具有极强的抗病、抗寒能力、土壤适应性强,且萌蘖少、固地性好,用大樱桃吉塞拉系列矮化砧嫁接的大樱桃早熟、丰产、口感好,因此市场对其苗木需求量极大。然而在常规条件下,吉塞拉系列大樱桃矮化砧分株繁殖速度较慢,扦插成活率低,难以满足市场需求。通过组织培养手段利用大樱桃吉塞拉系列矮化砧休眠芽、茎尖和茎段等为外植体,建立大樱桃吉塞拉系矮化砧成熟的组培快繁体系,为工厂化生产和良种繁育提供技术保障。

一、大樱桃砧木组培快繁操作流程

大樱桃砧木组培快繁操作流程见图 5-4-11。

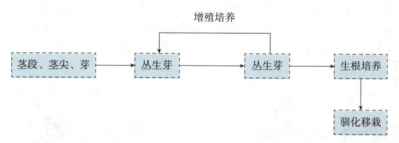

图 5-4-11 大樱桃砧木组培快繁操作流程

二、大樱桃矮化砧茎段培养

1. 外植体选择与处理 从生长旺盛、无病虫害的树体上剪取当年生未木质化的新生枝条,去叶片,留下长 0.3cm 左右的叶柄,剪切成长 5cm 左右、带腋芽的茎段,置于流水下冲洗 1~2h。之后,在无菌条件下用先用 75% 酒精浸泡 30s,无菌水冲洗 3 次,再用 2.6% 次氯酸钠浸泡 6min,无菌水冲洗 5 次,最后将消毒好的材料置于无菌滤纸上吸干水分备用。

2. 初代培养 将消毒好的材料,剪切成长 0.5~1.0cm、带腋芽的茎段,接种到初代诱导培养基 MS+BA 0.5mg/L+NAA 0.05mg/L 上培养。培养条件为温度 25~26℃、光照度 2 500lx、光照时间 12h/d。材料接种 7d 后腋芽开始萌动,15d 左右新叶展开,高>2cm,随着时间延长,新梢不断向上生长,并不断有新芽长出,形成丛生新梢(图 5-4-12)。

3. 增殖培养　将初代诱导出来的丛生新梢剪切成长 1.0cm 左右、带腋芽的茎段，接种到 MS＋BA 0.3mg/L＋NAA 0.05mg/L 增殖培养基上培养，培养条件同初代培养。材料转接 10d 后会在茎段基部分化出 5 个以上的新梢。随着时间的延长，新梢不断伸长，转接 35d 左右，新梢高＞3cm，增殖系数可达 10～20（图 5-4-13）。之后，每 35d 为一个增殖周期，不断增殖。

图 5-4-12　吉塞拉茎段诱导的丛生芽

图 5-4-13　吉塞拉增殖培养的丛生芽

4. 生根培养　将增殖培养 35d 左右的丛生芽，剪切成单株，高＜2.5cm 的单株修剪后接种到增殖培养基中继续增殖培养，高＞2.5cm 的单株转接到生根培养基 1/2MS＋IBA 0.2mg/L＋NAA 0.1mg/L 上进行瓶内生根培养，培养条件同初代培养。生根培养 10d 后，苗基部形成根原基，25d 时苗高＞3.5cm，根长＞3.5cm，瓶内生根率＞98％（图 5-4-14）。

5. 驯化移栽　将生根培养 25d 左右的生根苗从试管内取出，洗去根部附着的培养基，用 1 000 倍海藻酸生根剂浸泡，然后移栽至消毒过的河沙：草碳＝3：1 的基质中（图 5-4-15），搭建小拱棚，棚内湿度＞85％、温度 18～28℃、光照度 2 000～3 500lx，30d 后有新叶萌出代表成活，移栽成活率＞95％。

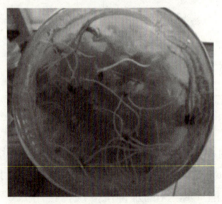
图 5-4-14　吉塞拉试管苗的根系

图 5-4-15　吉塞拉移栽苗

三、大樱桃矮化砧组培影响因素

1. 接种人员的影响　组培操作人员虽然已经过技术培训，了解、熟悉操作程序，但不同接种人员的操作还是存在细微的差异，如个人的卫生情况、接种台的消毒情况、接种时手持镊子的力度、烧烤镊子温度降低的快慢、芽苗暴露于工作台强风下的时间长短、切取芽苗时的谨慎程度、优良幼苗的选取和接种灵巧度等，这些差异均有可能伤及接种的材料和造成污染，表现出组培苗生长的质量差异。

2. 培养架架层的影响 架层对继代苗质量有一定影响，在组培大樱桃吉塞拉系列苗木时，可以根据不同培养层的光照和温度特点灵活运用，能有效解决玻璃化和幼苗生长的快慢。

3. 直射光照与非直射光照的影响 在直射光和非直射光下培养大樱桃吉塞拉系列组培苗结果不同。非直射光下培养的大樱桃吉塞拉系列组培苗在株高、叶色、增殖系数、分化强弱、芽团直径和玻璃化等性状表现上均优于在直射光下培养的组培苗。因而，培养室可以根据情况适当扩大窗户面积，充分利用自然光照，尤其对处理弱苗和即将生根移栽的组培苗非常有必要。

四、大樱桃矮化砧组培常见问题

1. 玻璃化问题 吉塞拉系列矮化砧组培苗在生产中极易出现玻璃化现象。玻璃化是组培苗生长过程的一种异常现象，主要表现为组培苗叶、嫩梢呈水晶透明或半透明水浸状；整株矮小肿胀、失绿；叶片皱缩、纵向卷曲、脆弱易碎；叶表缺少角质层蜡质，没有功能性气孔。组培苗出现玻璃化后，光合能力、酶活性和分化能力降低，很难进行继代增殖或生根，极大影响了规模化生产的进程，增加了成本支出。实践中可从以下几方面预防吉塞拉系列矮化砧组培苗的玻璃化：①适当控制培养基中无机营养成分，减少培养基中的氮素含量；②适当降低细胞分裂素和赤霉素的浓度；③增加自然光照，控制光照时间；④适当提高培养基中蔗糖和琼脂的浓度；⑤控制好温度；⑥在培养基中添加其他物质如间苯三酚或根皮苷；⑦改善培养器皿的通风。

2. 污染问题 污染是植物组培的三大难题之一，也是吉塞拉系列矮化砧组培与快繁中的另一个易发现象。以下是组培污染的几个原因：

（1）操作环境密闭不好，风尘易进入。有风就有沙，有沙就有尘，有尘就有菌，菌尘共存，一旦实验室密封性不好，就给菌尘制造了环境。

（2）操作环境湿度大、潮气重、菌类滋生。高湿会加速菌类滋生和繁衍，长期高湿菌类将无法控制，严重影响组培的进程。

（3）操作人员带菌。在密封性好的环境中，操作人员是最大的带菌者。毛发、衣服、呼出的气体都隐藏大量菌类。

（4）培养材料带菌。一种是外植体材料本身的内生菌，一种是组培苗在培养过程中滋生的杂菌。培养材料所带的菌一旦未被发现，就会引起大量无菌材料带菌。

（5）无菌操作不规范。不正确的操作也会增加污染概率，如开盖太快，灭菌不够，操作过慢等。降低组培污染需要从以下几个方面做起：①改善接种室和培养室的环境条件，保证接种与培养环境清洁无菌；②认真做好外植体的选择和消毒工作，防止外植体带菌；③培养基及接种工器具要严格灭菌，确保灭菌质量；④严格按照无菌操作规程进行无菌操作。

软枣猕猴桃组培快繁技术

任务工单 5-4-3

任务四　香蕉组培与快繁

香蕉主产于热带、亚热带地区。其果实细腻、味香，富含人体所需的各种维生素以及钙、锌、硒等微量元素。且果实中糖含量低，食之可有效预防心脑血管疾病和糖尿病，是兼具食用价值、营养价值和保健价值的大众水果，深受人们喜爱。人们食用的香蕉主要是野生香蕉和四倍体芭蕉杂交产生的三倍体香蕉。三倍体植物的染色体在有丝分裂时无法配对，因而三倍体植株高度不育，无法产生种子，不能进行有性繁殖。香蕉传统的繁殖方式是吸芽分株繁殖，吸芽分株繁殖速度慢，成活率低，易发生病虫害，果实质量差，培育的后代也可能出现种性退化。组织培养是植物育苗的一种现代化生物技术手段，具有取材方便，繁殖速度快，苗木整齐一致的特点，因而，已成为香蕉的主要繁殖方式，并在生产上推广应用。

一、香蕉组培快繁操作流程

香蕉组培快繁操作流程见图 5-4-16。

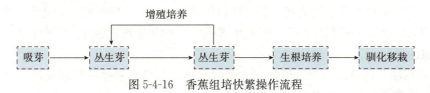

图 5-4-16　香蕉组培快繁操作流程

二、香蕉吸芽培养

1. 外植体选择与处理　从生长健壮、果大均匀、无病虫害、产量高的母株上选取暴露在地面以上的吸芽作为外植体（图 5-4-17），带回实验室。用不锈钢刀将吸芽的根和顶切去，然后置于流水下冲洗 0.5~1h。冲洗后，剥去吸芽外层的包片并切成高 2cm、直径 1.5cm 左右的圆锥体，置于超净工作台上的无菌培养容器内。

在无菌条件下，将培养容器内的吸芽进行消毒处理。先用 75% 酒精消毒 30s，无菌水冲洗 3 次，再用 0.1% 氯化汞溶液持续消毒 20min，无菌水冲洗 5 次，最后置于无菌滤纸上吸干水分备用。

图 5-4-17　处理后的香蕉吸芽外植体

2. 初代培养 将消毒好的备用吸芽 "十" 字形纵切成 4 块，接种到初代培养基 MS＋BA 4.0～10.0mg/L＋IBA 0.5mg/L 上进行诱导培养（图 5-4-18）。培养条件为温度（28±2）℃、光照度 1 500～2 000lx、光照时间 12h/d。材料诱导培养 20d 左右，吸芽开始生长，并在吸芽块上形成新的芽点，随着时间延长，逐渐形成芽丛（图 5-4-19），40d 后可以进行增殖培养。

图 5-4-18 初代培养的香蕉吸芽块　　图 5-4-19 香蕉吸芽诱导出的丛生芽

3. 增殖培养 将初代诱导出的芽苗上部叶片切除，将芽基部切割成芽块，接种到增殖培养基 MS＋BA 2.0～4.0mg/L＋IBA 0.2mg/L 上进行增殖培养，培养条件同初代培养。芽苗增殖培养 30d 左右，又形成新的芽簇（图 5-4-20）。之后每 20～30d 作为一个增殖周期反复增殖，增殖代数一般不超过 12 代。

4. 生根培养 将增殖培养 30d 左右的丛生芽切割成单芽，接种到生根培养基 1/2MS＋IBA 1.0～2.0mg/L＋NAA 0.5mg/L 上进行生根培养，培养条件同初代培养。芽苗接种 7d 后在基部形成根原基。培养 20d 左右，当苗高＞4cm、根 2～5 条、根长＞1.5cm 时即可移栽（图 5-4-21、图 5-4-22）。

图 5-4-20 香蕉增殖培养的丛生芽　　图 5-4-21 香蕉试管苗生根

5. 驯化移栽 将生根培养 20d 左右的生根苗移至温室，在自然条件下常规炼苗 1 周，待芽苗转绿后进行移栽。采用苗床移栽时，基质可选用河沙∶椰糠∶塘泥＝1∶1∶4 的混合基质。选用营养钵直接移栽时，营养钵上层 1/3 基质为河沙，下层 2/3 基质为园土。移栽时，将生根苗从培养容器内取出，洗去根部培养基，并用 0.1％高锰酸钾消毒后移栽至基质上。栽后温度要控制在 28～31℃，湿度控制在＞80％，光照度 2 500～3 500lx。约 1 个月后，新叶生长，代表成活，成活率＞95％（图 5-4-23）。

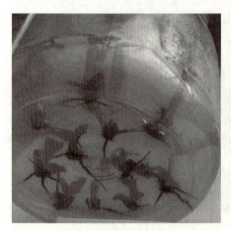
图 5-4-22 香蕉试管苗生根

图 5-4-23 驯化成活的香蕉组培苗

三、香蕉吸芽组培的影响因素

1. 外植体原来着生位置的影响 在香蕉组培快繁中，不定芽的分化情况与球茎切块原来着生的位置和顶芽之间的距离有关。在诱导过程中，带有顶芽的切块、位于顶芽周围的切块发芽早、生长快，不定芽诱导率、分化率高；反之，距离顶芽远的切块发芽晚、生长慢，不定芽诱导率、分化率低。出现这一现象的原因可能是内源激素等生理生化活性物质在香蕉体内成梯度性分布，也可能是植物体内细胞的分化程度不一致，即离顶芽近的切块细胞分化程度低，在外源激素的刺激下，容易改变原来的分化方向，向芽的方向分化；距离顶芽远的细胞分化程度高，在外源激素的刺激下，很难改变原来的分化方向，只能形成愈伤组织，因而表现出不定芽分化的梯度性变化。

2. 外源激素水平的影响 一些学者在香蕉组培的研究中发现，香蕉外植体在没有外源激素的作用下，没有不定芽的发生，而在添加了外源激素 BA、NAA 的培养基中均诱导出了不定芽。且在 BA 与 NAA 浓度比变化不大的情况下，随着 BA 浓度的升高，不定芽的分化率和平均每块外植体分化的不定芽数也逐步升高，但当 BA 浓度达到 7mg/L 以上时，不定芽的分化率和平均每块外植体分化的不定芽数虽然也在上升，但上升幅度不大。因而有学者提出，BA 浓度是促进香蕉不定芽分化的主要因素，其浓度在 5mg/L 时最适合，高于此浓度，芽苗分化数量多，但芽苗质量下降，表现为不定芽密集、节间小，易出现玻璃化等现象，低于此浓度则达不到快繁的效果。

任务工单

任务工单 5-4-4

技能训练

胚 培 养

一、训练目标

掌握胚培养的操作流程；能够进行胚培养外植体选择与处理；熟练进行胚的剥离。

二、材料与用品

经层积处理后的成熟饱满的苹果种子、MS 培养基、无菌水、95％酒精、75％酒精、2％～5％次氯酸钠、超净工作台、解剖刀、酒精灯、75％酒精棉球、培养皿、记号笔、无菌瓶、接种工具、烧杯等。

三、方法与步骤

1. 外植体选择与处理 经层积处理的成熟饱满的苹果种子在蒸馏水中浸泡 12h，然后在超净工作台上用 75％酒精浸泡 10s，再用 5％次氯酸钠浸泡 15min，最后用无菌水冲洗 5 次。

2. 剥离与接种 将一粒种子置于无菌培养皿中，用镊子夹住，用解剖刀先将种皮划破，再用另一把镊子轻轻把种皮剥去，然后用解剖刀沿胚胎边缘小心地剥去胚乳、分离出胚后，用无菌水将每个胚冲洗 3 次，然后接种于 MS 培养基中。

3. 培养 将培养瓶置于黑暗中培养，保持温度在 25℃，3～4d 后转入光下培养，观察其生长情况。

4. 试管苗移栽 待苗长成后，移入温室内盛有蛭石的育苗穴盘中，覆膜保温、保湿，1周后打开 1 个 3～5mm 的小缝通风，以后逐渐加大通风口，直到揭去塑料，当长出新叶时，即可移植到大田中。

四、注意事项

（1）剥离胚时一定要细心谨慎，尽量完整无损伤。

（2）多进行成熟胚和未成熟胚的剥离练习，注意观察成熟胚和未成熟胚所处的位置和成熟度。

五、考核评价建议

考核重点是胚成熟度的区分和胚剥离方法。考核方案见表 5-4-2。

表 5-4-2　胚培养考核评价

考核项目	考核标准	考核形式	满分
实训态度	1. 任务工单撰写字迹工整、详略得当（5分）； 2. 实训操作认真，积极主动完成任务（5分）； 3. 积极思考，有全局观念、团队意识和创新精神（5分）	教师评价	15分
现场操作和管理	1. 能够正确区分成熟胚和未成熟胚（15分）； 2. 胚剥离方法正确（15分）； 3. 操作规范、熟练，工作效率高（10分）	现场操作	40分
分析解决问题能力	1. 观察细心、认真，能够及时发现问题（5分）； 2. 问题分析科学、客观、准确（10分）； 3. 问题解决及时，措施科学合理、针对性强（10分）	口试、讨论	25分
培养与驯化效果	1. 分化率高，污染率≤10%（10分）； 2. 移栽成活率≥90%（10分）	现场检查	20分
合计			100分

知识拓展

组培内生菌污染

内生菌是指存在于健康植物的组织和器官内部的微生物，也包括那些潜伏在宿主体内的病原微生物，这些微生物有真菌、细菌、放线菌、病毒、类病毒、菌质体等。被感染的宿主植物不表现出外在病症，可通过组织学方法或从严格表面灭菌的植物组织中分离或从植物组织内直接扩增出微生物 DNA 的方法来证明其内生。内生菌普遍存在于植物组织中，且难以用常规方法彻底消灭。当植物组织进行离体培养时，这些内生菌就容易引起污染，严重影响组培的进程。

一、内生菌污染特征

内生菌存在于植物细胞内或细胞间，初代培养中，细菌污染会在接种后 3d 内出现，表现为外植体周围或培养基表面产生明显的诸如油污状、水污状、气泡，或干缩的呈现黄、乳白、红等颜色的菌落。内生菌引起的污染，一般会在接种 5d 后在培养过程中不断从培养基上长出形成菌落。

二、常见内生菌种类

常见的内生菌为内生细菌。在植物组织培养中，由于材料内部（细胞内或细胞间）的内生细菌不能被一般的表面消毒方法所清除，随着材料带入培养过程，引起的污染称为内生细菌污染或内源细菌污染。方丽等发现，组培中细菌污染占 52.13%。目前，被鉴定的组培污染内生细菌主要有链格孢属、芽孢杆菌属、土壤杆菌属、葡萄球菌属、镰刀菌属等。

三、内生菌的危害性

内生细菌引起的危害主要表现在早期和晚期两个方面。早期会降低增殖效率，减缓培养物生长，增加玻璃化苗，甚至导致培养失败。晚期会引起试管苗移栽困难或死亡，甚至引起培养物的遗传变异。

四、内生菌污染预防措施

要有效降低内生菌污染，可以通过外植体选择、材料预处理、组培环境调控，抗生素、杀菌剂的使用等措施实现。

1. 外植体的选择 选择洁净环境下的幼嫩茎尖、胚等作为外植体，可以有效降低内生菌污染。植物的地下部分比地上部分带菌多，老熟枝条比幼嫩枝条带菌多。

2. 材料预处理 可以通过改善材料的种植环境，向母株喷洒抗生素或杀菌剂，对母株进行黄化、电击、热击等方式减少内部带菌率。

3. 改进灭菌方法 可以通过真空减压灭菌法、磁力搅拌、超声波振动灭菌法，多次消毒灭菌法，混合消毒液灭菌法等方法进行深入灭菌，达到降低内生菌发生的效果。

4. 酸化培养基或加入抑菌剂 大多数细菌在培养基pH＜4.5时就不能正常生长，利用这一特点，可根据实际情况将培养基pH调整为4.5以下，防止内生菌污染。

自我测试

一、填空题

1. 草莓微茎尖培养时，剥离的茎尖大小为_____。
2. 一般采用_____方法检测花粉发育时期，草莓脱毒苗鉴定常用的方法为_____。
3. 香蕉组培时常用的外植体有_____、_____和_____等。
4. 樱桃常用的脱毒方法为_____。
5. 蓝莓组培的基本培养基是_____培养基。

二、判断题

1. 草莓茎尖培养和花药培养的脱毒苗都要进行脱毒效果鉴定。　　　　（　　）
2. 花药培养和花粉培养都是细胞培养。　　　　　　　　　　　　　（　　）
3. 果树花蕾的低温处理时间只与基因型有关。　　　　　　　　　　（　　）
4. 樱桃多数品种较难生根，一般采取分布移栽来提高移栽成活率。　（　　）
5. 蓝莓试管外生根与常规扦插区别不大。　　　　　　　　　　　　（　　）

三、简答题

1. 蓝莓试管内生根、试管外生根和常规扦插有何不同？
2. 蓝莓培养基与普通培养基的pH有何不同？
3. 如何进行蓝莓组培苗试管外生根？蓝莓组培苗对生根基质有何要求？
4. 草莓花药培养时，选择什么样的花蕾？如何选择花粉的发育时期？
5. 樱桃组培苗对移栽基质有何要求？如何提高樱桃组培苗移栽成活率？
6. 影响香蕉组培苗增殖培养的因素有哪些？

项目五
多肉植物组培与快繁

 知识目标
- 熟悉多肉植物外植体的选取、处理和灭菌方法。
- 掌握不同多肉植物组培快繁的操作流程。
- 熟悉组培过程中出现的异常现象并能正确调控。

 能力目标
- 能够熟练进行多肉植物器官的取材、处理、灭菌和培养。
- 能够熟练进行多肉植物组培快繁的操作。
- 能够对多肉植物组培过程中出现的污染、褐化、玻璃化等问题采取相应措施。

 素质目标
- 具备自学能力和独立分析问题、解决问题的能力。
- 具备良好的动手能力和科学的思维能力。
- 具备吃苦耐劳、团结协作、开拓创新、严谨务实、诚实守信的职业素养。

 知识准备

任务一　玉露组培与快繁

玉露为百合科十二卷属中的软叶类多肉植物，原产于南非，植株低矮，叶片呈莲座状紧凑排列，叶色碧绿，叶片顶端具晶莹剔透的透明窗，故名为玉露，它是百合科中具有代表性的花卉品种。玉露具有良好的市场前景，倍受园艺工作者和花卉爱好者的青睐。玉露通常采用叶插和底座繁殖等无性繁殖方式进行繁殖。这些繁殖方法容易损害母本，且繁殖系数低、繁殖速度慢，无法满足市场需求，导致其价格居高不下。因此，构建高效的玉露组培快繁体系对获得品质优良、性状稳定的玉露种苗，满足市场需求具有重要的现实意义。

一、玉露组培快繁操作流程

玉露组培快繁操作流程见图 5-5-1。

图 5-5-1　玉露组培快繁操作流程

二、玉露叶片培养

1. 外植体的选取、处理和初代培养　以健康、无病害的玉露作为材料，用剪刀剪取玉露的幼嫩叶片作为外植体，流水冲洗 50min。在超净工作台上，用 75％酒精消毒 15～30s，无菌水冲洗 2 次，每次冲洗 2～3min，再放入氯化汞溶液中振荡消毒 8～10min，再用无菌水洗 5 次。将消毒后的叶片置于无菌滤纸上吸干水分后，切成约 0.5cm×0.5cm 大小的组织块，接种于叶片诱导不定芽培养基 MS＋6-BA1.0mg/L 中。培养条件为温度为（22±2）℃、光照时间 12h/d、光照度 2 000lx，湿度保持在 75％左右。

2. 继代培养　接种在不定芽诱导培养基中的叶块，接种 15～20d 后形成大量淡绿色的愈伤组织，进而分化成为不定芽（图 5-5-2 A）。将获得的不定芽转移到增殖培养基 MS＋6-BA 0.5mg/L＋KT 1.5mg/L 中继续培养，每 30d 继代一次，增殖系数一般在 5 左右。在此阶段，将获得大量生长健壮的丛生芽（图 5-5-2 B）。培养条件同初代培养。

3. 生根培养　将增殖培养获得的高度在 2cm 左右的无根苗切下，以单株的方式接种于生根培养基 1/2MS＋NAA 0.5mg/L 中继续培养。待植株生长到具有长 2～3cm 的根系、植株高度达 3cm 时（图 5-5-2 C、D），便可进行炼苗移栽工作。

4. 炼苗移栽　在培养室中，打开瓶盖炼苗 4～5d 后，取出洗净根部培养基并适当风干，随后移栽到经灭菌的培养基质上（草炭∶细沙∶蛭石＝1∶1∶1），用塑料薄膜覆盖保温保

图 5-5-2　玉露离体叶片的组培快繁体系
A. 叶片诱导不定芽　B. 丛生苗　C. 生根苗　D. 生根苗的根系　E. 移栽后 15d 的组培苗

湿,以保证其成活率。待植株长出新根后,再移到苗床上(图 5-5-2 E)。

三、玉露组培快繁的影响因素

1. 外植体　外植体的选择在玉露组织培养过程中非常关键,外植体选择较多,新生侧芽、叶片、花序和种子均可,但新生芽发生在根部,灭菌效果差,容易污染,叶片分生能力弱,分化周期长;种子属杂交产物,获得的种苗与母本相比变异较大;花序为最适外植体,取材方便,不伤害母本,灭菌效果好,愈伤组织诱导率和丛生芽分化率高,获得的种苗完全保留了母本的优良性状。

2. 玻璃化现象　在玉露组培快繁过程中,愈伤组织和丛生芽的玻璃化现象比较严重。如果处理不好也会导致快繁失败,玻璃化现象在木本植物和草本植物离体快繁中都有发生,玻璃化时,愈伤组织或丛生芽呈透明状或水渍状,组织失去分化功能,玻璃化的原因很多,从相关资料来看,外植体的选择、培养基硬度、激素种类和浓度、培养温度和光照等都会导致玻璃化现象的产生。玉露在愈伤组织诱导和丛生芽分化阶段玻璃化现象较严重,研究发现,细胞分裂素 6-BA 浓度较高时玻璃化现象较严重,当 6-BA 浓度≤0.5mg/L,NAA 浓度调整为 0.01mg/L 时丛生芽基本没有玻璃化现象,且丛生芽增殖效果好。

3. 外源激素　促进外植体愈伤组织发生、器官分化最关键的仍然是激素的配比。郭生虎等研究发现,在玉露的诱导分化过程中,细胞分裂素与生长素的高比例有利于丛生芽的分化,当比例<60 时容易出现弱苗和玻璃化苗,比例为 60 时比较合适,丛生芽增殖率达到最高,分化小苗比较健壮。在丛生芽增殖过程中每 40d 更换一次培养基,新鲜的培养基能够使丛生芽保持旺盛的增殖能力,提高繁殖系数。降低矿物质浓度有利于试管苗生根,以 1/2MS 培养基添加 0.5g/L 活性炭为基本培养基,蔗糖为 25g/L,以 IBA 0.5mg/L 和 NAA 0.1mg/L 组合进行试管苗生根培养,生根率高达 97.5%。徐继勇等在进行十二卷属水牡丹组培苗生根时采用 1/2MS 与 IBA 组合培养基,生根率>90%。

任务工单 5-5-1

任务二　万象组培与快繁

万象为百合科十二卷属多年生肉质植物,原产于南非,喜欢温暖干燥和阳光充足的环境,耐干旱,怕积水和暴晒,同时不耐寒冷,要求有较大的昼夜温差。在自然界中存在不多,经人工培养后,万象品种已达 100 多种。万象株型奇特,小巧可爱,深受园艺爱好者的喜爱,常作盆栽观赏植物,极适宜阳台、居室、厅堂、摆放装饰,优雅清新,效果独特,具有很好的观赏性。万象的常规繁殖可用播种、叶插、分株等方法,生长缓慢且繁殖效率低,种苗稀缺，供求失衡。通过组培快繁获得的植株可保持母株的优良性状，而组培过程也可能获取变异的新品种。

一、万象组培快繁操作流程

万象组培快繁操作流程见图 5-5-3。

图 5-5-3　万象组培快繁操作流程

二、万象叶片培养

1. 外植体的选取、灭菌和接种　选取室内生长健壮、无病虫害的母株，取植株上较幼嫩的叶片。用纱布包裹叶片，在自来水下冲洗 45min 左右，然后转至超净工作台上，用 75％酒精消毒 15s 左右，再用 0.1％氯化汞消毒 8～10min，最后用无菌水冲洗 5 次，每次 2～3min。将消毒后的叶片置于无菌滤纸上吸干水分后，切成约 0.5cm×0.5cm 大小的块状，接种于叶片愈伤诱导培养基 MS＋6-BA 2.0mg/L＋KT 1.0mg/L＋2,4-滴 0.2mg/L 上。培养条件为温度（22±2）℃、光照时间 12h/d、光照度 2 000lx，湿度保持在 75％左右。

2. 继代培养　将诱导获得的愈伤组织转移到不定芽分化增殖培养基 MS＋6-BA 2.0mg/L＋NAA 0.2mg/L 中进行不定芽的诱导。一般情况下，叶片诱导获得的愈伤组织会有多种不同的形态，常见的有黄绿色松散状和黄绿色紧凑状两种。其中绿色松散状愈伤组织增殖速度较快，表面可见绿色小点并有分化迹象，可用于继代培养。继代培养 40d 后会出现很多绿色小点（图 5-5-4 A），进而形成绿色球状小体，之后进入分化阶段，约 2 周后可形成大量丛生芽。将丛生芽转移到新的不定芽分化增殖培养基中，进行增殖培养，获得大量的幼芽（图 5-5-4 B）。培养条件同初代培养。

3. 生根培养　在无菌条件下，将生长健康、高 2cm 的幼芽切割分成单株，接种到生根培养基 1/2MS＋NAA 0.1mg/L 中，培养 30d，使幼苗生长健壮和生根（图 5-5-4 C）。培养条件同初代培养。

4. 炼苗移栽　待植株生长健壮且新生的叶片顶端出现品种所特有的"窗"时，可以进行炼苗移栽。移栽前将培养瓶盖拧开，置于培养室中炼苗 3d 后，将苗取出洗净根部附着的培养基，放置于暗处通风干燥 3d，然后移入栽培基质（赤玉土∶鹿沼土∶泥炭颗粒＝1∶1∶1）中（图 5-5-4 D），浇透水，再覆盖一层塑料薄膜来保湿，先在暗处培养一周后，去除塑料薄膜逐渐见光。待植株长出新根和新叶后，即可移栽至苗圃中进行正常的管理。

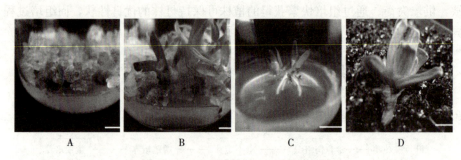

图 5-5-4 万象离体叶片的组培快繁体系
A. 愈伤组织　B. 不定芽　C. 生根苗　D. 移栽后的组培苗

任务工单 5-5-2

任务三　西瓜寿组培与快繁

西瓜寿是百合科十二卷属的小型肉质植物，原产于南非，植株矮小、无茎，叶片肥厚，螺旋状生长，呈莲座状排列，叶的上半部分向外翻转，顶端呈水平三角形，截面透明，形成"窗"状结构，窗上常有不同颜色的纹理，具有非常高的观赏性。花葶细长，小花白色、筒状，因为生长缓慢，繁殖较难，是十二卷中的珍品。该属品种具有自交不亲和性，大多用分株、叶插的方法进行繁殖，不易成活且生长缓慢，通过组培快繁技术可满足市场对种苗的需求。

一、西瓜寿组培快繁操作流程

西瓜寿组培快繁操作流程见图 5-5-5。

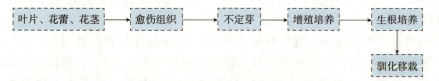

图 5-5-5　西瓜寿组培快繁操作流程

二、西瓜寿叶片培养

1. 外植体的选取、灭菌和接种　选取生长健壮、无病害的西瓜寿为材料，将叶片取下，用纱布包裹并置于流水下冲洗 20~30min，在超净工作台中用 0.1% 氯化汞浸泡

10min，无菌水冲洗5次。将叶片切成约1.0cm×1.0cm大小，接种到愈伤组织诱导培养基 MS+6-BA 1.0mg/L+2,4-滴 0.5mg/L+NAA 0.2mg/L 上，进行愈伤组织的诱导（图5-5-6 A）。培养条件为温度（22±2）℃、光照时间12h/d、光照度2 000lx，湿度保持在75%左右。

2. 继代培养　将愈伤组织转入不定芽分化培养基 MS+6-BA 1.0mg/L+NAA 0.2mg/L 中，培养一段时间。约30d后，愈伤组织分化成不定芽（图5-5-6 B）。将不定芽切下来，接种到增殖培养基 MS+6-BA 0.3mg/L+NAA 0.05mg/L 中进行不定芽增殖培养。培养约40d后可获得大量生长健壮的丛生芽（图5-5-6 C）。培养条件同初代培养。

3. 生根培养　将生长到2～3cm的丛生芽切成单株，接种到生根培养基 1/2MS+NAA 0.1mg/L 中进行壮苗生根培养。约30d后，肉眼可见数量较多、健康的根系（图5-5-6 D）。培养条件同初代培养。

4. 炼苗移栽　选取长势健壮、根数达到5个以上的组培苗，进行炼苗移栽（图5-5-6 E）。打开组培苗瓶盖，加入少量的无菌水，炼苗3～4d，在自来水下冲洗根部的培养基，在自然条件下晾2d，移栽入营养土（珍珠岩：草炭：蛭石=1：1：1）中，置于通风阴凉处7d。待植株长出新根后，可转移到苗圃中。

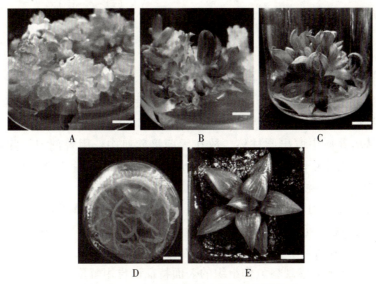

图 5-5-6　西瓜寿离体叶片的组培快繁体系
A. 叶片诱导愈伤组织　B. 愈伤组织诱导不定芽　C. 不定芽增殖
D. 生根苗的根系　E. 移栽后的植株

任务工单 5-5-3

技能训练

离体根的培养

一、训练目标

掌握离体根培养操作流程；能制订合理的培养方案。

二、材料与用品

胡萝卜肉质根、培养基（MS＋IAA 1.0mg/L＋KT 0.1mg/L）、无菌水、95％酒精、75％酒精、2％～5％次氯酸钠、0.05％甲苯胺蓝、超净工作台、无菌打孔器、酒精灯、接种工具、刮皮刀、无菌瓶、无菌滤纸、75％酒精棉球、烧杯、培养皿、玻璃棒、记号笔等。

三、方法与步骤

1. 外植体选择与处理 取健壮的胡萝卜肉质根，用自来水冲净，用刮皮刀削去外层厚1～2mm的组织，横切成厚10mm的切片，然后在超净工作台上将胡萝卜切片放入无菌瓶中，用2.6％次氯酸钠浸泡10min，无菌水漂洗3次，每次30～60s。将胡萝卜切片平放在无菌培养皿中，用无菌打孔器

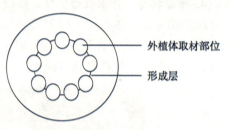

图 5-5-7 胡萝卜肉质根取材部位

沿形成层区域垂直钻取圆柱体若干（图 5-5-7），然后用玻璃棒轻轻将圆柱体从打孔器中推出，放入装有无菌水的培养皿中。反复操作，直到达到接种数量要求。

2. 接种 从培养皿中取出圆柱体，放在无菌培养皿中，用解剖刀切除圆柱体两端各2mm的组织，然后将余下部分切成3片（每片厚约2mm，小圆片直径5mm），用无菌滤纸吸干圆片两面的水分，接种到预先配制的诱导愈伤组织培养基中。

3. 培养 置于25℃恒温箱中进行暗培养。接种几天后，外植体表面开始变得粗糙，有许多光亮出现（这是愈伤组织开始形成的症状），3～4周后形成大量愈伤组织，将长大的愈伤组织切成小块转移到新鲜培养基上，如此反复进行继代培养。

4. 观察记录 用放大镜观察愈伤组织的表面特征。再用解剖针挑取一些细胞置于载玻片上，做成临时装片，在显微镜下观察愈伤组织细胞的特征。也可用甲苯胺蓝染色后再镜检，边观察边记录。

四、注意事项

（1）外植体要求无病、健壮。
（2）用打孔器钻取胡萝卜根的圆柱片时务必打穿组织。
（3）严守无菌操作规程。

五、考核评价建议

加强过程考核、动态考核和跟踪考核，做到定性和定量考核相结合。考核重点是项目方

案的科学合理和可行性、外植体选择与处理方法、培养基的适宜性、无菌操作的规范数量程度、分析解决问题能力和培养效果等。考核方案见表5-5-1。

表5-5-1 离体根的培养考核评价

考核项目	考核标准	考核形式	满分
实训态度	1. 任务工单撰写字迹工整、详略得当（5分）； 2. 实训操作认真，积极主动完成任务（5分）； 3. 积极思考，有全局观念、团队意识和创新精神（5分）	教师评价	15分
方案设计	项目方案设立合理，可操作性强（10分）	教师评价	10分
现场操作和管理	1. 外植体选取正确（10分）； 2. 操作规范、熟练，工作效率高（10分）； 3. 项目管理科学、有效（10分）	现场操作	30分
分析解决问题能力	1. 观察细心、认真，能够及时发现问题（5分）； 2. 问题分析科学、客观、准确（5分）； 3. 问题解决及时，措施科学合理、针对性强（5分）	口试、讨论	15分
培养与驯化效果	1. 建立组培无性繁殖系（10分）； 2. 出愈率、分化率高，污染率≤10%（10分）； 3. 移栽成活率≥80%（10分）	现场检查	30分
合计			100分

知识拓展

植物开放式组织培养

植物开放式组织培养简称开放组培，是在抑生素的作用下，使植物组织培养脱离严格无菌的操作环境，不需要高压灭菌和超净工作台，利用塑料杯代替组培瓶，在自然、开放的有菌环境中进行植物的组织培养，从根本上简化组培环节，降低组培成本。开放组培在一些植物种类上已有报道，若要商业化生产推广仍存在一些问题，有待进一步解决。

一、抑生素选择与有效浓度的确定

抑生素如市售山农1号、益培灵等可根据需要进行选择。药剂本身附带使用说明，若要使效果达到最佳，要根据不同使用对象进一步试验。

二、开放组培新技术体系的建立

培养容器可选择一次性塑料口杯等类似物，并用PE保鲜膜封口；培养基煮好后，根据不同培养目的，加入不同浓度的抑生素，然后分装到培养杯中，用PE保鲜膜封口，封口时间不能太长。接种器具用75%酒精擦洗后，放在30%抑生素溶液中浸泡，接种在相对干净的接种室内，用75%酒精将接种台面和手擦干净，揭开封膜的一角，用已灭菌的接种器具，把植物接种到培养基上，然后再将杯封严即可。置于培养架进行培养时，要定期对培养室进行灭菌，及时清理污染苗，保持一个相对干净的培养环境。

三、开放组培培养条件的简化

开放组培省去了高压灭菌锅、超净工作台等大型仪器,大大降低了成本投入;开放组培对操作人员的技术要求相对较低,单位时间内的产苗量相对提高,在很大程度上降低了单株苗的生产成本;开放组培苗培养空间不再局限于培养室,可以在温室内培养,充分利用自然光,大大降低了人工补光的电能消耗;开放组培培养容器选择空间变大,可以利用价廉的一次性塑料杯或制冰盒等。

自我测试

一、简答题

1. 如何提高玉露增殖培养时的增殖率?
2. 确定多肉植物组培苗培养条件的依据是什么?
3. 不同基因型的西瓜寿不定芽的诱导能力有何差异?
4. 多肉植物试管苗移栽时对于移栽基质有何要求?

二、综合分析题

1. 试分析多肉植物叶片培养和果树、蔬菜等植物的叶片培养有何不同。
2. 请谈谈你对开放组培的理解和认识。

模块五　植物脱毒与快繁技术

项目六
名贵药材组培与快繁

 知识目标
- 熟悉各种药用植物外植体的选取、处理、灭菌和培养方法。
- 掌握药用植物组培快繁的程序、操作流程。
- 熟悉组培过程中出现的问题并能提出合理的解决方案。

 能力目标
- 能够进行植物器官的取材、处理、灭菌和培养。
- 能够规范操作药用植物组培快繁的各个环节。
- 能够正确解决组培过程中出现的污染、褐化、玻璃化等问题。

素质目标
- 具备自学能力和独立分析问题、解决问题的能力。
- 具备良好的动手能力和科学的思维能力。
- 具备吃苦耐劳、团结协作、开拓创新、严谨务实、诚实守信的职业素养。

 知识准备

任务一　铁皮石斛组培与快繁

铁皮石斛又名铁皮兰、节草、耳环石斛等，为兰科石斛属多年生附生型草本植物，是一种名贵的中药材，在民间被誉为"救命仙草"，具有抗癌、防癌、抗辐射、抗衰老、提高人体免疫力、扩张血管、抗血小板凝结等多种功效。目前全国野生的铁皮石斛越来越少，早在1987年就被国家列为野生药材重点二级保护濒危植物，应大力发展规模化人工栽培。但是，铁皮石斛种子极小，在自然条件下发芽率极低，分株、扦插等常规繁殖率又较低，并长期无性繁殖容易造成病毒继代感染，导致品种退化。利用组织培养手段快繁种苗，既可保护自然资源，又能满足生产需求。

一、铁皮石斛组培快繁操作流程

铁皮石斛植株再生途径包括原球茎发生型、丛生芽增殖型、愈伤组织发生型和胚状体发生型等途径（图 5-6-1）。工厂化育苗主要采用前两种途径。以种子为外植体，与茎尖、茎段相比，繁殖效率高，但后代容易发生变异，因此要注意原球茎增殖不宜超过10 代。

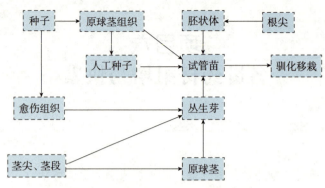

图 5-6-1 铁皮石斛组培快繁操作流程

二、铁皮石斛种子培养

石斛兰种子培养

1. 种子采集和灭菌 选取铁皮石斛成熟蒴果,在流水下冲洗 60min,用洗衣粉液浸泡 20min,继续用流水冲洗干净,在超净工作台上用 75％酒精消毒 30s,无菌水冲洗 3 次,放在无菌瓶中用 0.1％氯化汞消毒 5min 后,再用无菌水冲洗 5 次。

2. 播种 在无菌滤纸上吸干种子外表水分,用刀片将种子切开小口,轻轻抖动果荚,将种子播在无菌诱导培养基 MS+6-BA 1.0mg/L+香蕉汁 120g/L 表面。种子播种后先暗培养 3d,再转入光下正常培养即可。光下培养条件为温度 (25±2)℃、光照时间 12h/d、光照度 2 000lx。

3. 原球茎诱导 播种后,先暗培养 3d,再转入光下培养。培养条件要求温度 (25±2)℃、光照时间 8h/d、光照度 1 500lx。一周后种子变得鲜绿,15d 后胚几乎充满整个种子,30～40d 后种子发育成为原球茎,此时原球茎体积大、颜色浓绿(图 5-6-2 A)。

4. 原球茎增殖 将原球茎转入适宜增殖培养基 MS+NAA 0.5mg/L+6-BA 1.0mg/L+马铃薯汁 100g/L 上。培养条件要求温度 (25±2)℃、光照时间 12h/d、光照度 1 500lx。转接后约 30d 即可形成新的原球茎。如此反复切割增殖,在短时间内就会获得大量原球茎(图 5-6-2 B)。每 35～50d 即可增殖 1 代。

5. 原球茎分化 原球茎转移到分化培养基 MS+NAA 0.5mg/L+马铃薯汁 100g/L 中,20d 后可观察到绿色芽点,并逐渐长成芽苗,培养 40d 后芽苗高 2.0～2.5cm,叶色淡绿,此时应转移到生根培养基(图 5-6-2 C)。培养条件同原球茎增殖。

6. 壮苗和生根培养 将 2cm 左右的不定芽分成单个芽苗,并接种到生根培养基(1/2MS+NAA 0.3mg/L+香蕉汁 30g/L)中,培养 60d 后形成高 4～5cm、根长 3～5cm 的完整再生植株(图 5-6-2 D)。培养条件同原球茎增殖。

7. 炼苗移栽 当幼苗长有 4～5 片完全展开叶、根 5～6 条、根长 2～3cm 时,打开培养瓶瓶盖,在培养室内炼苗一周。待植株能够适应外界环境后,可将其移栽至消过毒的培养基质中,保持湿度 90％以上,置于阴凉通风处(图 5-6-2 E)。移植后一周内不浇水,以防湿度过大造成烂根。两周后可视其长势移栽至苗圃中。

图 5-6-2　铁皮石斛种子培养过程
A. 种子诱导出原球茎　B. 原球茎增殖　C. 原球茎分化为芽苗
D. 试管苗生根　E. 试管苗移栽后

三、铁皮石斛茎段培养

1. 外植体采集和处理　选取铁皮石斛生长旺盛、无病害、粗壮的新鲜植株上的嫩茎段，去除叶片，置于流水下冲洗 30～60min，沥干备用。在超净工作台上，先用 75％酒精消毒 30s，无菌水冲洗 2 次，再用 0.1％氯化汞浸泡 3min，无菌水冲洗 3～5 次，最后无菌滤纸吸干表面水分。

2. 初代培养　将铁皮石斛茎段切成长 1cm 左右、带芽的小段，接种到诱导培养基 MS＋NAA 0.5mg/L＋6-BA 1.5mg/L 上。培养条件要求温度（25±2）℃、光照时间 12h/d、光照度 2 000lx，培养 30～50d 后可在节上长出 1～2 个新芽。

3. 丛生芽诱导和增殖　将新芽切下，转移到继代培养基 MS＋NAA 0.5mg/L＋6-BA 1.5mg/L＋马铃薯汁 100g/L＋活性炭 1g/L 中继续培养。30d 后可获得大量的丛生芽植株。培养条件同初代培养。

4. 壮苗与生根培养　将丛生芽切分成单个芽苗后转接到 MS 壮苗培养基上。培养 40d 后可发育成高＞3cm、具有 2～3 片叶的健壮无根苗。将壮苗培养后的无根芽苗转接到生根培养基 MS＋NAA 0.2～0.5mg/L＋AC 0.1％中。培养 40～60d 后在苗基部便可长出多条肉质、绿色的气生根，形成完整植株。

任务工单 5-6-1

任务二　刺五加组培与快繁

刺五加为五加科五加属植物，别名五加皮、刺拐棒，主要生长在低山、丘陵阔叶林或针阔混交林的林下、林缘，喜温暖、湿润气候，耐寒。刺五加是我国医药珍品，根、茎、叶均可入药，是著名的滋补保健药材，享有国际盛誉。但经过几十年掠夺式采挖，野生刺五加资源破坏严重，保护、开发和持续利用这一宝贵资源已成当务之急。刺五加既可进行有性生殖，又可进行无性繁殖。由于在自然状态下刺五加结实的株丛少、种子虫害较重、产量低、质量差、自然状态后熟时间长、出苗率低、休眠程度深等原因，致使刺五加的有性生殖比较困难，成为制约刺五加种群持续和扩展的内在因素。而植物组织培养及其快繁技术是克服常规种子繁殖速度慢和繁殖率低等缺点的有效途径。

一、刺五加组培快繁操作流程

刺五加组培快繁操作流程见图 5-6-3。

图 5-6-3　刺五加组培快繁操作流程

二、刺五加茎尖培养

1. 外植体的采集和处理　选取野生刺五加当年形成的越冬枝条，室内培养至萌发新芽。将萌发新芽的茎段剪成长 3～4cm 的茎段，在流水中冲洗 30min。在超净工作台上剥去包裹在外植体外部的芽鳞片，取其生长点作为接种对象，用 75％酒精浸泡 30s，0.1％氯化汞消毒 5min，无菌水冲洗 5～6 次，然后用无菌滤纸吸干腋芽表面的水分。

2. 初代培养　将腋芽接种于诱导培养基 WPM＋NAA 0.1mg/L＋6-BA 1.0mg/L 中。培养条件为温度（25±2）℃、光照时间 12h/d、光照度 2 000lx。接种 3～5d 后，茎尖基部变大并有绿色芽点出现，12d 后叶原基发育成可见的小叶，进而形成丛生芽。

3. 继代培养　将丛生芽切分为 2～3 芽簇块接种到增殖培养基（WPM＋NAA 0.05mg/L＋6-BA 0.5mg/L）中，每瓶接种 3～4 芽簇块，培养条件同上。经过 3～4 周的培养可获得由 30～40 个腋芽形成的芽丛，反复多次增殖培养可获得大量丛生芽。

4. 生根培养　将丛生苗切割下来，分成单株，转入生根培养基（White＋IBA 0.5mg/L＋IAA 1.5mg/L）中进行培养。20d 可观察到开始产生新根。

5. 炼苗移栽　生根培养 45d 后，打开瓶盖炼苗。炼苗 5d 后将苗取出，轻轻洗净基部的培养基，移栽至消毒过的培养基质中，浇透水，每 2d 用喷雾器喷水，保持基质潮湿，每周喷一次 1 000 倍的杀菌剂，培养温度控制在 23℃左右。20d 后待幼苗基部出现白色新根，即可定植于苗圃中。

任务工单 5-6-2

任务三　川贝母组培与快繁

川贝母为百合科贝母属多年生草本植物,以其地下鳞茎入药,是中医学常用的一味重要药用植物,因其医疗效果良好,市场需求量很大。川贝母分布区广,种源多样,差异较大,随着中药产业的快速发展,各种传统单方和复方中药对川贝母的需求量逐年增大,而产业发展之初,几乎都是使用野生的川贝母资源,在巨大的商业利益刺激下,林农户到野外天然环境中去采挖野生川贝母,造成川贝母生境的极大破坏,使得川贝母的供求矛盾加剧,野生资源已面临枯竭。

川贝母主要依靠种子进行有性繁殖,人工种植野生川贝母需生长 3~4 年才能收获。川贝母生长周期长,生产成本高,且繁殖系数低,种子发芽困难,严重制约着人工栽培的发展,难以满足市场需求。采用组培快繁技术进行川贝母无性繁殖可以缩短生长周期,降低生产成本,是市场化经营的发展趋势。

一、川贝母组培快繁操作流程

川贝母组培快繁操作流程见图 5-6-4。

图 5-6-4　川贝母组培快繁操作流程

二、川贝母组培快繁技术

1. 外植体的选取、灭菌和接种　川贝母开花之前的幼嫩叶片、鳞茎、花梗、花蕾等都可作为外植体,比较常用的外植体是叶片和鳞茎。

(1) 川贝母叶片的选取、灭菌和接种。选取生长健壮、无病害的川贝母当年新生枝条上生长约 7d 的叶片,置于流水下冲洗 30~60min。在超净工作台上,用 75% 酒精消毒 15~30s,无菌水冲洗 2 次,0.1% 氯化汞浸泡 3~5min,无菌水冲洗 3~5 次,然后用无菌滤纸吸干表面水分,切取形态学下端作为外植体,叶基部直接插入诱导培养基(MS+KT 1.0mg/L+2,4-滴 0.6mg/L)中。叶片培养时,先置于黑暗条件下 7d,然后再置于光下培养。光下培养条件为温度（20±2）℃、光照时间12h/d、光照度1 000～1 500lx。

（2）川贝母鳞茎的选取、灭菌和接种　选择生长健康、无病害的川贝母，挖取新生鳞茎，用软毛刷轻轻刷去根茎表面泥土，流水冲洗干净，晾干备用。在超净工作台上，将鳞茎先用75%酒精浸泡消毒1min，无菌水冲洗1次，然后用0.1%氯化汞浸泡10min，无菌水冲洗5次，最后用无菌滤纸吸干水分。将鳞茎外表皮剥去，取内部鳞茎的鳞片，切成1cm×1cm的大小，接种于愈伤组织诱导培养基MS+2,4-滴0.5mg/L+6-BA 1.0mg/L中。培养条件为温度（20±2）℃、光照时间12h/d、光照度1 000～1 500lx。

2. 鳞茎诱导培养　选取质地较紧密、生长速度快和颜色为黄色或淡黄色的愈伤组织，切成适当大小接种于鳞茎诱导培养基MS+KT 2.0mg/L+NAA 0.3mg/L中。培养一段时间后，愈伤组织上会出现绿色的小芽点，约45d可分化出白色的小鳞茎。培养条件同初代培养。

3. 鳞茎抽苗诱导培养　当小鳞茎直径达到0.6cm时，将其转入鳞茎抽苗培养基MS+IBA 0.3mg/L+6-BA 3.0mg/L中继续培养。约45d后小鳞茎上可长出小幼苗。培养条件同初代培养。

4. 生根培养　待小苗长到高2cm左右时，切取无根苗转入生根培养基MS+NAA 0.3mg/L中培养60d。此阶段培养室可适当增加光照度，约20d即可在植株基部生成数量较多的根。

5. 炼苗移栽　待小苗长至5～7cm高时，打开瓶盖，置于散射光中炼苗3～5d，然后小心取出组培苗，清除根部培养基，可选用多菌灵浸泡，移栽于灭菌的培养基质中，置于阴凉通风处。小苗长出新叶或新根后，可适当增加光照，待小苗长势强壮后移入苗圃。

任务工单5-6-3

任务四　黄精组培与快繁

黄精为百合科黄精属多年生草本植物，又称姜形黄精。其入药部分为根状茎，主要的有效成分为黄精多糖和甾体皂苷，具有增强免疫力、改善记忆力、降血糖、抗细菌、抗真菌及抗肿瘤等功效，是药食同源不可多得的植物，具有很好的开发与应用价值。黄精的繁殖主要有块茎繁殖和种子繁殖两种，生产上，块茎繁殖主要靠采挖野生块茎为种源进行无性繁殖，繁殖系数低，用量巨大，对自然野生资源构成巨大破坏，同时，连续多代的块茎繁殖常造成植株内病毒富积而退化，个体生长势逐渐变弱，产量越来越低。种子繁殖时，因种子休眠期长、不易萌发、发芽率低等原因，生长速度不如块茎繁殖方法。组织培养是一种十分有效的快速繁殖手段，可在短期内大规模繁殖性状稳定的优良种苗。

一、黄精组培快繁操作流程

黄精组培快繁操作流程见图 5-6-5。

图 5-6-5 黄精组培快繁操作流程

二、黄精组培快繁技术

1. 外植体的选取、灭菌和接种 黄精的外植体可选取种子、块茎、根茎芽等。黄精种子的成熟期在每年 8 月，选取种子作为外植体有一定的时间限制。根茎芽的获取一般是在晚秋或早春（3 月下旬）黄精采摘期进行。

（1）种子的选择、灭菌和接种。选择长势良好的黄精植株作为母株，取颗粒饱满、无病虫害、成熟度为 70% 的荚果，用洗衣粉清洗去荚果表面的尘埃，置于流水下冲洗干净，再用纯净水冲洗 2～3 遍，置于超净工作台上用 75% 酒精消毒 30s，用 5% 次氯酸钠消毒 10～15min 并加入 2～3 滴吐温-80，用无菌水冲洗 3～5 次，用无菌滤纸吸干材料表面水分。用无菌手术刀剥除外种皮，把剥除种皮后的种子接种于芽萌发诱导培养基（MS＋6-BA 0.5mg/L＋活性炭 0.5g/L）中。培养条件为温度（23±2）℃、光照时间 10h/d、光照度 2 000～3 000lx。

（2）根茎的选取、灭菌和接种。选择根茎大、无病虫害的黄精根茎为试验材料，用刷子刷去根茎表面的泥土，剪去根系，冲洗干净，晾干备用。在超净工作台上，将带有根茎芽的根茎先用 75% 酒精浸泡消毒 30s，无菌水冲洗 1 次，然后用 0.1% 氯化汞浸泡 5min，无菌水冲洗 5 次，最后用无菌滤纸吸干水分。将根茎表皮、切口与灭菌剂有接触的部位轻轻削去，将剩余根茎组织切成 1cm×1cm×1cm 的组织块，并将根茎芽切离下来，剥去外层芽鞘置于不定芽诱导及增殖培养基 MS＋TDZ 1.0mg/L＋NAA 0.5g/L 上。培养条件同种子初代培养。

2. 继代培养 当种子抽出茎叶并长出胚根时，切取茎段，将其转入芽增殖诱导培养基 MS＋TDZ 0.5mg/L＋6-BA 1.0mg/L＋NAA 0.5g/L 中，培养 30d 即可获得大量的不定芽。将不定芽单株接种于丛生芽继代增殖培养基 MS＋KT 1.0mg/L＋6-BA 1.0mg/L＋NAA 0.3～0.5g/L 中，培养一段时间后获得大量丛生芽。培养条件同种子初代培养。

3. 生根培养 经诱导芽增殖培养后，选取长势健壮、高度约 2cm 的植株，接种到生根培养基 1/2MS＋NAA 1.0mg/L＋活性炭 0.5g/L 中，诱导生根培养 40d，待根数 5～6 条、植株高 5cm 时可进行炼苗移栽。

4. 炼苗移栽 经生根培养后，选取健壮植株的组培苗，置于自然光温环境下炼苗 5～7d，打开瓶盖炼苗 3～5d，将苗取出，并冲洗干净根表面残留的培养基，将植株移栽到消过毒的培养基质中，置于光照度 2 000lx、空气湿度 80％左右的环境中培养。待植株长出白色新根、幼嫩新叶，即可定植于消毒的土壤中。

任务工单 5-6-4

任务五　苍术组培与快繁

苍术为菊科苍术属多年生草本植物，又名南苍术、茅术、京苍术，地下根状茎经炮制作苍术入药，广泛用于治疗风湿病、消化系统疾病及流行性感冒等。传统生产可以利用苍术种子和根茎进行繁殖，但种子存在生命力较差、繁殖系数较低、根茎繁殖时根茎需求量大、品质易退化等弊端。通过组培快繁技术能在短期内获得大量优质无菌苗，满足生产种苗需求，还能与生物技术育种结合选育高产优质的新品种，开辟新的药用资源，并对缓解供需矛盾，保护野生苍术资源具有重要意义。

一、苍术组培快繁操作流程

苍术组培快繁操作流程见图 5-6-6。

图 5-6-6　苍术组培快繁操作流程

二、苍术组培快繁技术

1. 外植体的选取、灭菌和接种　苍术的外植体可选取种子、茎尖、根茎芽等。苍术种子一般在每年11月下旬至12月上旬进行采收，但是在自然条件下，苍术种子的产量很低，且大多数种子生理状态很差，不适宜作为外植体。苍术茎尖的选取一般在每年春季、苍术萌发后生长旺盛时期，此时病虫害较少，获取茎尖作为外植体对母株的生长基本上没有影响。在苍术采收期可选取苍术的根茎芽作为外植体，但是根茎芽带菌量较大，容易造成内生菌污染，且此时根茎芽的生活力不强，增殖效率不高。

（1）种子的选取、灭菌和接种。选择长势良好的苍术植株作为母株，取颗粒饱满、无病虫害的苍术种子，用纱布包裹后，置于流水下冲洗 30~60min，待种子冲洗干净后，将种子分装到10mL的离心管中，加入75％酒精振荡消毒15min。在超净工作台上，再用无水酒精洗2次，最后加入适量无水酒精，将种子倒在无菌滤纸上。待无水酒精挥发完全后，将种子接种于萌发培养基（1/2MS）中。培养条件为温度（23±2）℃、光照时间 12h/d、光照度 2 000~2 500lx。

(2) 茎尖的选取、灭菌和接种。选取野生、健康、无病害的苍术植株当年新生枝条，剪取长约 2cm 的顶芽，置于流水下冲洗 30min，在超净工作台上先用 75%酒精消毒 30s，然后用 0.2%氯化汞浸泡 8min，最后用无菌水冲洗 5 次，置于无菌滤纸上吸干水分，切去下端与灭菌剂接触的部位，接种于不定芽诱导培养基 MS+6-BA 1.0mg/L+NAA 0.5mg/L 中，培养 15d 左右腋芽萌发，形成无菌短枝型芽丛（图 5-6-7 A）。培养条件为温度（23±2）℃、光照时间 12h/d、光照度 2 000~2 500lx。

(3) 根茎芽的选取、灭菌和接种。选择根茎大、无病虫害的苍术根茎为试验材料，刷去根茎表面泥土，剪去根系，冲洗干净，晾干备用。在超净工作台上，将带有根茎芽的根茎先用 75%酒精浸泡 1min，无菌水冲洗 1 次，然后用 0.1%氯化汞浸泡 5~8min，无菌水冲洗 5 次，最后用无菌滤纸吸干水分。将根茎表皮、切口与灭菌剂有接触的部位轻轻削去，将根茎芽切离下来，剥去外层芽鞘置于不定芽诱导及增殖培养基 MS+6-BA 1.5mg/L+NAA 0.5mg/L 上。培养条件与茎尖的选取、灭菌和接种时相同。

2. 继代培养 将培养获得的芽丛切割成单株，接种于丛生芽增殖培养基 MS+6-BA 1.0mg/L+NAA 0.15mg/L 中，培养 40d。培养条件与茎尖的选取、灭菌和接种时相同。接种后 1 周可见新芽出现，陆续长出新叶。随后有更多丛生芽产生，最后形成丛苗（图 5-6-7 B）。

3. 生根培养 取株高 3cm 以上、叶片挺拔、叶色浓绿的单株健壮幼苗，接种于生根培养基 1/2MS+活性炭 0.5%中，培养 15d 左右可见新根生成，30~40d 后根系可达 3~5cm（图 5-6-7 C、图 5-6-7 D）。

4. 炼苗移栽 挑选叶片数 8 片以上、不定根数多于 10 条、苗高>5cm 的壮苗，拧松瓶盖先在温室放置 2d，随后在温室自然光下炼苗 1 周，移栽前打开瓶盖，倒入少量水保持植株不萎缩。取出组培苗注意不要伤到根，洗净培养基后定植于穴盘。将穴盘置于温室，相对湿度保持 80%以上，每周喷施 0.1%多菌灵一次，常规管理移栽苗（图 5-6-7 E）。

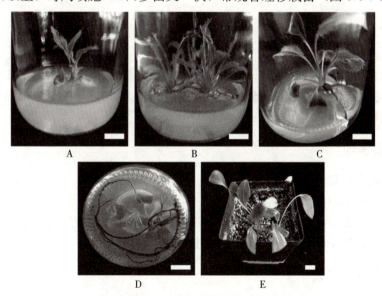

图 5-6-7 苍术茎尖组培过程
A. 苍术茎尖诱导培养 B. 丛生苗诱导增殖培养 C. 苍术生根培养
D. 苍术组培苗根系状态 E. 苍术组培苗移栽后

任务工单

任务工单 5-6-5

技能训练

种子培养

一、训练目标

掌握种子培养的操作流程，熟练进行外植体的选择与处理，规范进行无菌操作。

二、材料与用品

植物种子（长春花、薰衣草等）、种子发芽培养基（MS 或 1/2MS）、无菌水、75％酒精、2％～5％次氯酸钠、平板培养基、超净工作台、酒精灯、75％酒精棉球、培养皿、接种工具、记号笔、无菌瓶、无菌滤纸、烧杯等。

三、方法与步骤

1. 外植体选择与处理 选取饱满的成熟种子置于烧杯内，在超净工作台上先用 75％酒精浸泡 10s，再用 2.6％次氯酸钠浸泡 10～15min，用无菌水冲洗 5 次，最后用无菌滤纸吸干种子表面水分。

2. 接种 将消毒后的种子接种到平板培养基上，用镊子稍压使种子与培养基紧密接触。

3. 培养 接种后培养皿置于培养箱中暗培养，设定温度 26～28℃。培养 10d 左右露白，部分种子长出芽。此时应及时转移到光下培养成健壮的无菌苗。注意观察比较不同植物种子培养时的露白和出芽时间。

四、注意事项

（1）种子消毒尽量使用次氯酸钠。
（2）种子发芽前以暗培养为主。
（3）根据种子表面的形态特点选择合适的消毒剂，并确定适宜的消毒时间。
（4）为了打破种子休眠，需要在培养基中适当添加 GA。

五、考核评价建议

考核重点是平板培养基的分装方法和种子消毒效果。考核方案见表 5-6-1。

表 5-6-1 种子培养考核评价表

考核项目	考核标准	考核形式	满分
实训态度	1. 任务工单撰写字迹工整、详略得当（5分）； 2. 实训操作认真，积极主动完成任务（5分）； 3. 积极思考，有全局观念、团队意识和创新精神（5分）	教师评价	15分
方案设计	项目方案设立合理，可操作性强（10分）	教师评价	10分
现场操作和管理	1. 平板培养基分装方法正确（15分）； 2. 无菌操作规范、熟练，工作效率高（15分）； 3. 项目管理科学、有效（10分）	现场操作	40分
分析解决问题能力	1. 观察细心、认真，能够及时发现问题（5分）； 2. 问题分析科学、客观、准确（5分）； 3. 问题解决及时，措施科学合理、针对性强（5分）	口试、讨论	15分
培养与驯化效果	1. 建立组培无性繁殖系（10分）； 2. 分化率高，污染率≤10%（10分）	现场检查	20分
合计			100分

知识拓展

贝母的药用价值

中药贝母来源于多种百合科贝母属植物的干燥鳞茎。长期以来，贝母作为中药中最重要的镇痰、祛痰和抗高血压的药物之一，备受关注。《中国药典》（2015版）收录了5种贝母，分别为川贝母、平贝母、伊贝母、浙贝母和湖北贝母。其中，川贝母和浙贝母质量上乘，被广泛使用。

贝母具有清肺、化痰、散结、镇咳、止喘、除燥的功效，可用于治疗肺热咳嗽、咯血、瘰疬、痈肿等症状。贝母含有生物碱，其含量见贝母的指标成分。贝母干燥鳞茎普遍含有亚油酸、亚麻酸、棕榈酸、硬脂酸等。亚油酸是一种人体内必须但不能合成的不饱和脂肪酸，是人体组织、细胞的组成成分，与人体的脂代谢有密切关系；具有增强人体免疫力、降血脂、抗动脉粥样硬化和抗血栓等功效。亚麻酸是构成细胞膜和生物酶的基础物质，对人体健康起决定性作用；在体内可转化为DHA、DPA、EPA等，是人体健康必需却又普遍缺乏的一种必需营养素。

自我测试

一、填空题

1. 药用植物组织培养的优点有_____、_____、_____等。
2. 植物组织培养在中药领域的应用有_____、_____、_____等。
3. 利用_____法可进行药用植物育种工作。
4. 苍术组培时，可选用_____、_____、_____等作为外植体。

5. 贝母组培时，可选用_____、_____、_____等作为外植体。

二、简答题

1. 组培无菌播种与传统播种有何不同？
2. 如何提高铁皮石斛试管苗的移栽成活率？
3. 影响川贝母组培中愈伤组织分化为不定芽的因素有哪些？
4. 苍术栽培上出现的问题与前期组培繁苗有何关系？
5. 植物增殖培养时，采用不同培养基交替循环式培养的目的是什么？

模块六　组培苗工厂化生产与经营管理

项目一　组培苗工厂化生产

 知识目标
- 熟悉植物组织培养工厂化生产工艺流程和技术环节。
- 了解组培苗木质量鉴定的内容。
- 掌握提高组培生产效益的措施。

 能力目标
- 能够制订组培苗木生产计划。
- 能够进行组培生产成本核算和效益分析。
- 能够检测组培苗质量。

 素质目标
- 培养团队精神、创新意识和全局意识。
- 具备良好的身心素质和较强的表达能力、沟通能力和适应能力。
- 具备从事组培苗木生产管理人员的素质和能力。

知识准备

任务一　生产计划的制订与实施

生产计划的制订是组培苗商业化生产的关键和重要依据，需要全面考虑、计划周密、工作谨慎，把正常因素和非正常因素均要考虑在内，对各种植物增殖率的估算应切合实际，要掌握和熟悉各种组培苗的定植时间和生长环节、掌握组培苗可能产生的后期效应，根据市场需求和种植生产时间制订全年植物组织培养生产的全过程。初学者可以在相关知识的基础上，先确定年度或订单规定的生产量，再逐步分解成月生产量，最后进行细化人力、物力需求等。

一、生产计划的制订

1. 生产计划制订的依据 我国组培苗木生产的市场经营方式大致分为订单型、产品加工型和产品推广应用型。无论哪种市场经营方式，都需要制订生产计划，并按生产计划安排进行种苗生产。生产计划的制订是进行组培苗商业化生产的关键和重要依据，生产量不足或生产量过剩都会造成直接的经济损失。要做到科学制订生产计划，必须依据以下几个方面综合确定。

（1）市场调研结论。市场调研结论是在市场调查的基础上，通过科学的统计分析与预测得出的，它是市场经济条件下企业制订生产计划、实施科学有效经营管理的重要决策依据。因此，组培苗商业化生产同样也需要认真做好市场调研工作。某些组培企业之所以造成组培苗销路不畅而大量积压，带来很大的经济损失和浪费，就是因为没有搞好市场调研，脱离市场行情和需求，盲目生产的结果。

通过组培苗的市场调查、分析与预测，进而得出科学、相对客观的结论，并以此结论指导组培苗生产计划的制订。只有这样，才能使组培苗的生产做到有的放矢，避免生产的盲目性。对于订单培养和来料加工型的市场经营方式，只需按客户要求的数量、时间来制订生产计划和组织生产即可。

（2）生产工艺流程与技术环节控制。不同植物组培快繁类型不同，所采用的生产工艺流程和技术手段也是不同的。选择采取何种快繁类型与生产工艺，首先要根据组培种苗的定植时间和用苗量来确定；其次是从组培无性系启动到炼苗需要的时间，以及在此时间段内能繁殖的苗量来确定；最后再根据各种快繁类型的特点来确定。一般选择快繁时间短、繁苗量多、种苗健壮、变异率低、移栽成活率高、成本低的快繁类型和相应的生产工艺最合适。如马铃薯最适宜的快繁形式就是在瓶内进行短枝扦插，繁殖速度快，苗量多，苗健壮，成活率高。

为保证按期顺利供苗，企业对技术环节的控制能力是非常重要的，应在种苗正式生产前有充分的估计，实际生产时要严格控制。因为每个技术环节环环相扣，任何一个环节出现问题，都会影响整体生产进程，给生产带来损失，最终不能如期完成生产计划。如外植体诱导中间繁殖体的时间过长，减少了增殖继代次数，不能完成供苗量；外植体诱导中间繁殖体没有达到预期目标，影响了繁殖体增殖继代的数量，也不能完成供苗任务；实际生产中出现大面积污染、玻璃化现象或移栽成活率，都会影响种苗的质量与供苗期。

有经验的生产企业专门成立技术研发部，通过试验性研究与小规模生产，摸索并总结出某种植物组培快繁全套技术标准与实施要求，包括外植体诱导技术、中间繁殖体增殖技术、生根技术、炼苗技术等，作为技术储备，用于指导大规模生产。

（3）供苗数量与供苗时间。供苗数量是指订单中明确的订苗量或根据市场自行确定的生产量。供苗时间一般是指种苗的定植时间。定植时间一般根据种植种类及品种（即组培对象）的栽培周期、栽培形式、当地的地理环境、气候条件和丰产采收时间来综合确定。如蝴蝶兰瓶苗每年3—5月出瓶合适，经18个月栽培管理，在翌年春节前开花上市，给栽培者带来较好的收益，如果出瓶时间过晚，开花时间推迟，在春节后开花，既造成生产成本的增加和浪费，又得不到经济效益。

订单签好后，就可以按照订货量组织生产，保证按期交货。如果供苗时间比较长，从秋季到春季分期分批出苗，则可以在继代增殖4～5代后开始边增殖边诱导生根出苗，因为一般组培苗在第 4~10 次继代时增殖最正常,效果最好;如果供苗时间集中,但又有足够长的时间可供继代增殖,则可以连续增殖,待存苗达到一定数量后再一次性壮苗、生根,集中出苗;如果接到订单较晚,离供苗时间很短,这时往往需要增加种苗基数,在前期加大增殖系数。如果是企业自行生产,在无大量定购苗之前,一定要限制增殖的瓶苗数,并有意识地控制瓶内幼苗的增殖和生长速度。通常可通过适当降温、降低激素水平、在培养基中添加生长抑制剂等方法控制,或将原种材料进行低温或超低温保存。一旦根据市场预测确定组培苗生产数量后,尤其是直接销售组培瓶苗或正处于驯化的组培幼苗,必须明确上市时间。由于受大田育苗季节性限制,一般供苗时间主要集中在秋、春两季。尽量避免高温与寒冷季节大批量供苗,这样可以降低育苗成本。如果企业以前没有生产过订单中的组培植物,一定要给前期研发留有充足时间,再最终确定供苗时间。

(4) 准确估算生产量。准确估算组培苗的增殖率是制订生产计划的核心问题。组培苗的增殖率是指植物快速繁殖中间繁殖体的繁殖率。如果增殖率估算预测能达 90%,就能顺利完成生产任务,否则估算数量与实际出入过大,会直接影响生产计划的完成。估算时要全面考虑,可细化到经预培养采集多少外植体,能产生多少中间繁殖体,中间繁殖体的增殖率多少,等等。估算的增殖数量要比供苗量多一些,略有富余,有择优的余地。

估算组培苗的繁殖量,以苗、芽或未生根嫩茎为单位,一般以苗或瓶为计算单位。年生产量 (Y) 取决于每瓶苗数 (m)、每周期增殖倍数 (X) 和年增殖周期数 (n),可通过公式 $Y=mX^n$ 计算得知。

如果每年增殖 8 次 ($n=8$),每次增殖 4 倍 ($X=4$),每瓶 8 株苗 ($m=8$),全年可繁殖的苗是:$Y=8\times 4^8=52$(万株)。此计算为理论数字,在实际生产过程中还有其他因素如污染、培养条件发生异常等的影响,会造成一些损失。另外,还受到设备和人力的规模与容量的限制,如培养瓶不可能成几何级数增加,接种、做培养基的员工也不可能如此增加。因此,实际生产的数量应比估算的数字低。

2. 生产计划的制订

(1) 繁殖品种的确定。植物组培生产计划的制订要以市场需求为准,提前做市场调研,同时要有前瞻性,要根据市场需要选择有市场发展潜力或生产需要的品种,要能预见此类品种的巨大经济效益,来进行组培工厂化生产。这一计划的制订是最基本、最重要的,同时还要考虑材料在本地区或周边地区的适应性,因此要选择纯度高、无病虫害的植物材料作为繁殖母本。

(2) 出苗时间的确定。要根据市场销售时期、植物材料的生长周期,结合当地的生产环境和气候条件制订本品种的生产时间,对一种材料从取材到培养、炼苗移栽以及销售等流程,确定需要多长时间,要有大概的估算,不能等到大批量的苗子生产出来,而市场早已被其他商品占领。商场如战场,一定要有超前的预见性。一旦确定目标,尽快投入生产以利于获得较高的经济效益。

(3) 生产数量的确定。具体到每个品种什么时候开始进行生产前的准备,需要多少顶芽或其他材料作外植体,一般要提前半年的时间进行准备,同时要根据市场的需求、自身的经济实力、技术水平、仪器设备等因素确定最终的生产数量,最好是订单生产及销售,这样避免材料、人力的浪费,减少不必要的资金投入。组培苗的生产数量一般应比计划销售量加大 20%~30%。

年(月)销售计划量=年(月)实际生产数量×[1-损耗(一般为 5%~10%)]×移栽成活率

以满天星组培苗为例说明全年销售计划量及生产计划量的制订方法,具体见表 6-1-1、表 6-1-2。

表 6-1-1　不同品种满天星组培苗的全年销售计划量

(熊丽等,2003. 观赏花卉的组织培养与大规模生产)

单位：万株

满天星品种	月份												总计
	1	2	3	4	5	6	7	8	9	10	11	12	
总量	2	2	3	3	10	16	40	15	3	2	2	2	100
品种 G1	1.3	1.3	1.5	1	1	2	2	5	1.5	1.3	1.3	1.3	20.5
品种 G2	0.5	0.5	1	0.7	3	5	13	5	1	0.5	0.5	0.5	31.2
品种 G3	0.2	0.2	0.5	1.3	6	9	25	5	0.5	0.2	0.2	0.2	48.3

表 6-1-2　不同品种满天星组培苗的全年生产计划量

(熊丽等,2003. 观赏花卉的组织培养与大规模生产)

单位：万株

满天星品种	月份												总计
	1	2	3	4	5	6	7	8	9	10	11	12	
总量	2.4	2.4	3.6	3.6	12	19.2	48	18	3.6	2.4	2.4	2.4	120
品种 G1	1.5	1.6	1.8	1.2	1.2	2.4	2.4	6	1.8	1.6	1.6	1.5	24.6
品种 G2	0.6	0.6	1.2	0.8	3.6	6	15.6	6	1.2	0.6	0.6	0.6	37.4
品种 G3	0.2	0.3	0.6	1.6	7.2	10.8	30	6	0.6	0.2	0.3	0.2	58

从表 6-1-1 和表 6-1-2 中可清楚地看出全年中的生产旺季和淡季,有利于进行生产安排,包括母本繁殖材料的准备、人员数量的适时调整等。因此,制订生产计划是组织生产的重要依据。

(4) 销售策略的确定。要有超前的销售理念,随时了解市场需求,注意观察市场动态,并及时做出相应的计划调整,同时注意用户的反馈信息,也就是质量意识要加强,只有提高产品的质量,才能在市场中占有较大份额,取得更高的经济利益。

(5) 苗木包装运输。苗木要注意包装,包装箱的质量因苗木种类、运输距离不同而异,近距离运输可用简易的纸箱或木条箱,以降低包装成本；远距离运输采用多层摆放,充分利用自然空间。运输应快速及时,同时注意环境对苗木造成危害,把损害降低到最低限度。

二、生产计划的实施

1. 繁殖材料的准备　生产计划制订后,要安排生产计划的实施。要先准备繁殖材料,使其达到需要的增殖基数。组培种苗生产从取材到商品出售,一般需经过几代到几十代的继代培养,达到几千至上万倍增殖。如果在开始取材时失误,将给生产造成难以挽回的损失。因此必须寻找品种来源清楚、无检疫性病害、无肉眼可见病毒症状、具有典型品种特征的优良单株或群体,作为组培快繁外植体的取材对象。无论是采用顶芽或茎段,还是采用茎尖脱毒诱导培养,当完成外植体的入瓶,并诱导形成 5～10 个繁殖芽时,必须及时进行相关品种的危害性病毒检测,并淘汰带有病毒的材料,对特殊的稀有珍贵品种需脱除病毒后,才能继续作为繁殖材料使用。

2. 存架增殖总瓶数的控制　当合格的培养材料经过增殖达到所需的基数后,存架增殖总瓶数的控制就成为关键。其数量不应过多或过少，如盲目增殖，一定时间后就会因人力或设备不足，处理不了后续工作，造成增殖材料积压，部分组培苗老化，超过最佳转接继代时期，使用于生根的小苗长势不良、瘦弱细长、严重降低出瓶苗质量和过渡苗成活率，使留用的繁殖苗生长势减弱、增殖倍率下降等，既增加生产成本又严重影响种苗质量；反之存架增殖瓶数准备不足，又会造成繁殖母株不够，导致不能按时完成生产计划，延误产苗时期，造成较大的经济损失。存架增殖总瓶数的计算可综合考虑以下因素，即生产计划的数量、每个生产品种的生根率及操作人员的工作效率等，它们之间存在以下关系：

$$存架增殖总瓶数 = \frac{月计划生产苗数}{每个增殖瓶月可产苗数}$$

$$月计划生产苗数 = 每个操作员工每天可出苗数 \times 月工作日 \times 员工数$$

每个增殖瓶月可产苗数，即在一个月内可生根的苗数，与植株的组培生长周期、增殖率等因素有关。生长周期长的，在一个月内转接的次数少，可用于生根的苗数，即产苗数便少；生长周期短的，一个月内可转接的次数多，产苗数便多。增殖倍率高，生根比率大，每工作日需用的母株瓶数较少，产苗数较多；反之增殖倍率低，因维持原增殖瓶数，需要占有最好的材料用于增殖，以致不可能有较多的小苗用于生根，产苗数就少。可见在组培生产中，根据具体生产品种的实际增殖情况，通过及时调整培养基中植物激素的种类及用量，适当调整培养温度、光照等条件，有效提高其增殖倍率是极为重要的。它关系到组培苗的生产效率。从事组培生产的技术管理人员应具有较强的专业技能与丰富的工作经验。

控制组培苗生产过程中的增殖总瓶数，使处于增殖阶段的繁殖苗在一个周期内全部更新一次培养基，让种苗处于不同生长阶段的最佳状态，有利于提高种苗的质量。根据增殖总瓶数及操作员工的工作效率，可计算出生产过程中需要的人力投入，在生产初期便可安排好合适数量的员工，以保证组培生产的顺利进行。例如，在一个进行规模化组培生产的单位，根据市场的需求，在一年中要生产好几个种类的组培种苗，其中满天星在3月需要生产12万株。根据满天星组培苗的增殖能力，每瓶增殖苗一次继代可生根成品苗20株，并保持1瓶增殖苗；满天星组培苗的增殖周期为15～20d，在1个月内可继代1.5次。可计算出在3月需准备好1 000瓶增殖苗以供生产之需。在组培生产中满天星的接种操作相对较为简单，1名操作工人1d可处理60瓶左右的增殖苗，一个增殖周期内可处理1 000瓶增殖苗，因此在满天星组培苗的生产中，需要4名员工便可以了。

当然，按公式计算的数据只是一个供参考的数据，因植物组培快繁的产品是具有生命力的种苗，在生产过程中可能会发生增殖苗长势不好、玻璃化、黄化、污染等常见的问题，而且各月的生产计划都有不同，所以应根据具体情况对增殖苗瓶数进行适时调整，并进行操作人员数量的调动安排。

任务工单

任务工单6-1-1

任务二　生产工艺流程与技术环节

一、组培苗工厂化生产工艺流程

根据植物组织培养的技术路线拟定组培苗工厂化生产流程，具体见图6-1-1。

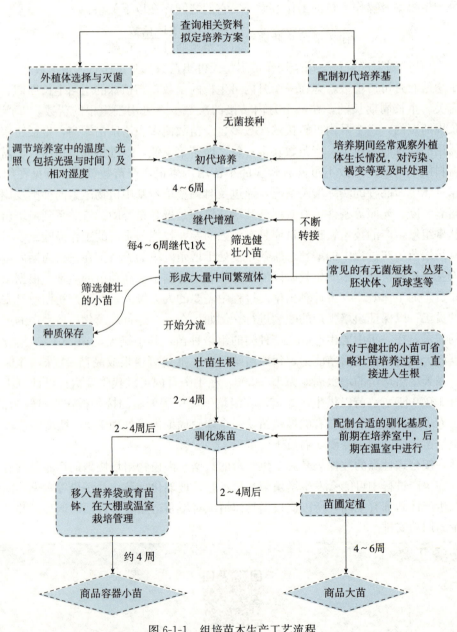

图6-1-1　组培苗木生产工艺流程
（王振龙，2014. 植物组织培养教程）

二、组培苗工厂化生产技术环节

组培苗木工厂化生产的五大技术环节包括种源选择、离体快繁、组培苗驯化移栽、组培苗木质量检测、组培苗木的包装与运输。

1. 种源选择 种源是组培苗工厂化生产的必要条件和首要考虑的问题。选择的植物品种既要适应市场的需求，又要考虑适应当地的环境条件，以便简化生产条件，降低生产成本。种源选择主要有两条途径：一是通过外购、技术转让或种苗交换等方式获得无菌原种苗。外购的原种苗一般是大众化或市场潜力不大的试管苗；种苗交换则以较强的技术实力作后盾；对于有技术力量的组培单位，还是以技术转让的好。这条途径方便、快捷、省时、缩短快繁进程，如果市场需求量大，要求在短时间内形成生产规模，宜采用此法。二是自主研发，从初代培养外植体开始获得无菌原种苗。根据培养目的和植物种类的不同，选择外植体（一般选择顶芽和腋芽），并做好外植体灭菌工作是获得无菌瓶苗的两个技术环节，而建立种质资源圃，加强品种选育和母株培育，则是确保种源纯正、方便采集接种材料、及时更新组培无性繁殖系所采取的必要措施。

2. 离体快繁 经初代培养获得无菌材料、继代快繁增殖、壮苗生根等技术环节和工序，获得健壮生根苗。此技术环节又涉及培养基制备、接种与培养等技术环节。

3. 驯化移栽 组培苗的驯化移栽技术主要是针对组培苗应用无土栽培技术进行组培苗定植前的培育，以提高组培苗对自然环境的适应性和成活率，这是决定组培成败和能否及时满足种苗市场需求的关键技术环节。组培苗驯化移栽操作流程见图6-1-2。

4. 组培苗木质量鉴定
（1）组培苗木质量鉴定的内容
①商品性状。
A. 苗龄相对较大，早熟性较好，质量较高，鉴定级别高，依次排列。
B. 叶片、生长、株高、茎粗、植株展幅、根系状况等农艺性状要根据不同作物要求定级。
②健康状况。
A. 是否携带流行病菌真菌、细菌。
B. 是否携带病毒。
③遗传稳定性。
A. 是否具备品种的典型性状。
B. 是否整齐一致。
C. 采用RAPD或AFLP法对快繁材料进行"指纹"鉴定，以确定其遗传稳定性。

（2）组培苗木的质量标准。作为原种组培苗的质量标准是不携带病毒和病原物，保持品种纯正。生产性组培瓶苗的质量标准要根据根系状况、整体感、出瓶苗高和叶片数4项指标进行判定。各项指标的重要程度依次是：根系状况＞整体感＞出瓶苗高＞叶片数。对于无根、长势不好、色黑的苗，一票否决，定为质量不合格。只有在根系状况达到要求后，才能进行其他指标的综合评定。几种常见花卉组培苗的出瓶质量标准见表6-1-3。

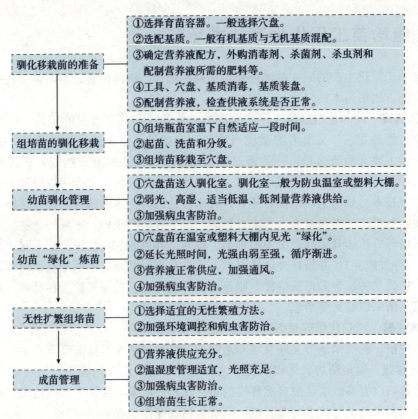

图 6-1-2 组培苗驯化移栽操作流程
(王振龙，2014. 植物组织培养教程)

表 6-1-3 几种常见花卉组培苗的出瓶质量标准
(熊丽 等，2003. 观赏花卉的组织培养与大规模生产)

名称	等级	根系状况	整体感	出瓶苗高/cm	叶片数/片
满天星	1级	有根	苗粗壮硬直，叶色深绿	2～3	4～8
	2级	有根原基或无根		1.5～3	4～8
非洲菊	1级	有根	苗直立单生，叶色绿，有心	2～4	>3
	2级	有根	苗较1级苗小，部分苗叶形不周正，有心	1～3	>3
勿忘我	1级	有根	苗单生，叶色绿，有心	2～3	>3
	2级	有根		2～4	>3
情人草		有根	苗单生，叶色正常	2～4	>3
草原龙胆	1级	有根	苗单生，叶色绿，无莲座化	3～4	>6
	2级	有根		1.5～3	4～6
菊花	1级	有根	苗粗壮硬直，叶色灰绿	2～4	>4
	2级	有根		1～2	>4
孔雀草	1级	有根	苗粗壮挺直，叶色绿	3～4	>5
	2级	有根		1～3	>3

组培苗驯化成活后要出圃种植。出圃种苗的质量影响到种植后的成活率、长势、产量和病虫害防治。出圃种苗的质量标准主要根据茎秆粗度、苗高、根系状况、叶片数、整体感、

整齐度和病虫害损伤等指标来判定。出圃种苗的公共质量标准见表6-1-4，几种常见切花的出圃规格标准见表6-1-5。

表6-1-4 出圃种苗的公共质量标准

（熊丽 等，2003. 观赏花卉的组织培养与大规模生产）

序号	评价项目	等级		
		1级	2级	3级
1	根系状况	根系生长均匀、完整、无缺损	根系生长较均匀、完整、无或稍有缺损	根系完整，生长一般，稍有缺损
2	整体感	生长旺盛，形态完整、均匀和新鲜；粗壮，挺拔，匀称；叶色油绿，有光泽	生长正常，形态完整、均匀和新鲜，较粗壮，挺拔，匀称；叶色油绿，光泽稍差	生长一般，形态完整、均匀，新鲜程度稍差，秆一般或稍有徒长现象；叶色绿，光泽稍差
3	整齐度	同一级别中90%以上的地径、苗高分别在批次种苗平均地径、平均苗高的±10%范围内	同一级别中85%以上的地径、苗高分别在批次种苗平均地径、平均苗高的±10%范围内	同一级别中80%以上的地径、苗高分别在批次种苗平均地径、平均苗高的±10%范围内
4	病虫害损伤	无检疫性病虫害，无病虫害为害斑点	无检疫性病虫害，无病虫害为害斑点	无检疫性病虫害，无病虫害为害斑点

表6-1-5 几种常见切花的出圃规格标准

（熊丽 等，2003. 观赏花卉的组织培养与大规模生产）

序号	种类名称	1级			2级			3级		
		地径/cm	苗高/cm	叶片数/片	地径/cm	苗高/cm	叶片数/片	地径/cm	苗高/cm	叶片数/片
1	满天星	≥0.6	6～8	≥14	0.4～0.6	5～6	11～12	0.2～0.4	4～5	10～11
2	非洲菊	≥0.5	10～12	≥10	0.4～0.5	8～10	4～7	0.3～0.4	6～8	3～4
3	补血草	≥0.5	12～14	≥14	0.3～0.5	10～12	8～10	0.3～0.4	8～10	6～8
4	情人草	≥0.5	11～13	≥12	0.3～0.5	9～11	6～7	0.3～0.4	6～8	4～6
5	草原龙胆	≥0.4	6～8	≥10	0.3～0.4	4～6	6～8	0.2～0.3	3～4	4～6
6	菊花	≥0.6	8～12	≥12	0.5～0.6	6～8	10～12	0.4～0.5	3～4	8～10
7	孔雀草	≥0.5	8～12	≥14	0.4～0.5	5～6	10～14	0.2～0.4	3～5	6～10

5. 组培苗木的包装与运输

（1）包装。

①包装材料。组培苗木包装材料的选择主要根据销售的组培苗商品形式来确定。如果以瓶苗出售，多以硬纸板的包装箱或木条箱；如果以穴盘苗出售，可选用铁制的多层周转筐或穴盘专用包装集运箱；如果是经养护一段时间达到定植苗龄的组培苗木，可选用草包、蒲包、聚乙烯袋、涂沥青不透水的麻袋和纸袋等。附属的包装材料有青苔、苔藓、水苔类的保水材料（或用卫生纸、锯末、细土稀泥代替）及塑料布、塑料包装袋、包装绳等。

组培苗的包装和运输

此外，选用哪种包装材料还要考虑运输方式和运输距离。近距离运输可用简易的纸箱或木条箱，以降低包装成本；远距离运输要多层摆放，充分利用空间，应考虑所选包装材料的容量、强度，以便能够经受压力和长时间的颠簸。目前，有些公司为了降低成本和保持组培苗的长久生命力，开发出适合远距离运输的小包装半透性塑料袋，应用效果很好。

②便于运输的育苗方法。为便于运输，组培苗木驯化移栽成活后一般采用水培和基质培育苗，但起苗后根系全部裸露，根系须采取保湿等措施，否则经长途运输后成活率会受到影

响。相对而言，采用岩棉、草炭作为栽培基质，能够保湿、护根，且重量小，效果较好；穴盘育苗所用基质量少，护根效果好，便于组培苗装箱运输。从苗龄来看，苗龄小的植株具有苗小、叶片少、运输过程中不易受损、单株运输成本低等优点，更适合远距离运输，特别是带基质坨的小苗。但是，在早期产量显著影响产值的情况下，为保护地及春季露地早熟栽培培育的秧苗需达到足够大的苗龄才可以起运，否则不能满足用户的要求。

③包装与标识。包装可选用包装机或手工包装。一般要求分类、分级包装，以方便装卸和分类保存与使用。瓶苗可以直接装箱，而穴盘苗和一般的水培苗或基质培苗在包装前需要对根系作保护性处理，以减少运输的损伤和保证定植后的成活率，以及缓苗速度。一般的水培苗或基质培苗，取苗后基本不带基质，可由数十株至百株（据苗大小而定）扎成一捆，用水苔或其他保湿包装材料将根部裹好再装箱；穴盘苗的运输带基质，应先振动秧苗使穴内苗根系与穴盘分离，然后将苗取出带基质摆放于箱内；也可将苗基部蘸上用营养液拌和的泥浆护根，再用塑料膜覆盖保湿。如果连苗带盘一起运输，可在装运前预先浇少量水或营养液。注意在包装的缝隙或边角处可用青苔、水苔等湿润物填充，可以起到保湿作用。至于达到正常出圃规格要求的大苗，可参照常规做法包装。

包装后一定要注意在包装材料外表附上标签，注明组培苗木的名称、苗龄、数量、等级、苗圃或单位名称、联系方式与地址等。另外，在包装材料的醒目位置作出防震、防压、防倒置的标识。

（2）运输。

①运输工具与运输方式。一般根据运输距离的远近选择运输工具。中短途运输可选择公路运输，运输灵活、方便、快捷。一般是在普通货车上加上一个类似于集装箱的保温箱或制冷保温箱；而冷藏保鲜车是在普通保温箱内加装制冷设备，能够自动调节箱体内的温湿度。远距离运输可用铁路保温车厢。国际间种苗运输首选空运方式，以瓶苗或塑料袋小包装（内带少量基质）包装后运输。目前，在经济发达国家已建立起以低温冷藏为中心的冷链保藏运输系统。未来组培苗木的流通、贮运也可以采用这种冷链保藏运输系统。这是未来活体植物运输的主要发展方向。至于选择哪种运输方式与运输工具，要以最大程度减少苗木损伤和经济适用为原则。

②运输环境条件的要求。良好的运输效果除要求苗木本身具有较好的耐贮运性外，同时还要求有良好的运输环境条件。这些环境条件包括温度、湿度、气体成分、包装、振动要求、堆码与装卸等。

温度是运输过程中的重要环境条件之一。一般组培苗木运输需要低温条件（9～18℃）。果菜苗的运输适温为10～21℃，低于4℃或高于25℃均不适宜；结球甘蓝等耐寒叶菜苗为5～6℃。有些喜温的花卉如蝴蝶兰等组培苗要求运输温度略高些。

湿度对组培苗木短途、短时间运输的影响相对较小，但是长距离运输或运输时间较长时，必须考虑湿度因素。采用防水纸箱或包装内衬塑料薄膜，可有效防止失水，同时也可防止纸箱吸潮。如用带有温湿度调节的运输车运苗，应注意调节温湿度，防止过高或过低的温湿度影响组培苗木的存活和质量。

国外采用气调集装箱运输，但是成本很高。对于较耐二氧化碳的苗木，可采用塑料薄膜袋包装运输，也能达到较好的效果。但是，对 CO_2 敏感的，应注意包装材料的通风。

③运输管理。组培苗木运输的管理目标是要达到合理运输，即要按照商品运输的合理流

向，以最短的里程、最快的速度、最省的费用，把商品安全完好地送达目的地。原则要求是及时、准确、安全、经济。"及时"是指运送及时，即要求按照产、供、销的具体情况，及时地将组培苗木由产地运到销地。及时运送既能减少商品运输的损耗，又有利于把握销售机会。"准确"是指运送准确，即要求切实防止和避免运输过程中可能发生的错发、错收等各种差错。"安全"是指运送安全，即要求在运输过程中不发生损坏、丢失和霉烂等损耗，或把这种损耗控制在最低限度。"经济"要求选择合理的运输路线和运输工具，降低运输费用。

组培苗木远距离运输时，在确定起运日期后，应及时通知客户，中途不宜过长时间停留和多次装卸，运到目的地应尽早交给客户，及时定植。国际运输时，应在运输前做好一切通关准备，特别是检验检疫报告要由国内权威机构出具，并与客户一起积极配合目的地国家海关人员的抽检，以便尽快通关，减少不必要的损失。

冬、春季节应做好组培苗的防寒防冻准备，并在起运前几天应逐渐降温，适当少浇或不浇营养液，以增强秧苗抗逆性。另外，运输前的包装工作应快速进行，尽量缩短时间，减少苗木搬运次数，将苗木损伤减少到最低程度。

组培苗起运后要做好相关文件材料的归档工作，以便日后查验和有利于供需双方沟通。

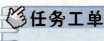**任务工单**

任务工单6-1-2

技能训练

组培技术培训计划的制订

一、训练目标

掌握培训计划的撰写格式，考虑周全，安排合理，针对性强。

二、材料与用品

钢笔、笔记本、计算机；企业员工、下岗工人等培训对象的具体资料；培训场地及相关道具等。

三、方法与步骤

（1）教师拟定针对不同培训对象的培训任务，并提供必要的背景资料。
（2）学生分组通过走访或网络搜索等多种方式，进一步了解培训对象和培训需求。
（3）根据现有条件，确定培训方式、培训时间、培训内容，以及培训期间的组织分工。
（4）小组撰写培训计划。
（5）模拟培训。以实训班级为培训对象，各小组轮流组织，现场培训，教师点评。

四、注意事项

(1) 实训期间充分发挥学生的主观能动性。
(2) 强调培训和培训计划的针对性。

五、考核评价建议

考核做到定性和定量相结合,既重视培训计划的撰写质量,又兼顾模拟培训效果。考核方案见表 6-1-6。

表 6-1-6 培训计划制订考核评价

考核项目	考核标准	考核形式	满分
实训态度	1. 任务工单撰写字迹工整、详略得当(10分); 2. 实训认真,主动、积极思考(5分); 3. 责任心强,有开拓创新精神(5分)	教师评价	20分
培训计划	1. 方案撰写格式正确(20分); 2. 制订科学、全面,安排合理,经济适用(20分); 3. 符合培训目的和实际情况,针对性强(10分)	批阅方案讨论	50分
培训效果	1. 组织协调到位(10分); 2. 培训质量高(10分); 3. 语言表达能力强(10分)	现场考核	30分
合计			100分

任务三 组培效益核算

一个组培工厂的成本指标是反映其经营管理水平和工作质量的综合性指标,也是了解生产中各种消耗、改进工艺流程、改善薄弱环节的依据,还是提高效益、节省资金的必要措施。组培育苗成本核算比较复杂,既有工业生产的特点,可周年在室内生产;也有农业生产的特点,要在温室和田间种植。受气候和季节的影响,需要较长时间的管理,才能出圃成为商品。加之不同种类、不同品种之间的繁殖系数、生长速度均有较大差异,很难逐项精确核算。因此,一般的做法是认真记录一年生产中的各项开支。

教学案例:
如何控制花卉
组培育苗成本

一、组培工厂化生产效益核算

1. 生产成本核算 从事组培快繁的工厂化生产是一种商业行为,成本核算是制订产品价格的依据,种苗在市场上是否具有竞争力,一靠组培苗要保持种源特性,具有无毒无病生长势强的良好质量;二是靠适宜的销售价格,只有质优价廉的产品才能在市场中占有一席之地。通过成本核算可以有效地制止浪费,节省投资,提高效益。植物组培苗工厂化生产中一般包括以下几项开支:

(1) 人工费用。包括技术人员、管理人员、临时工的工资奖金及劳动保险。
(2) 固定仪器设备折旧费。主要指房屋折旧和仪器生产设备的保养、检修、维修。生产办公用房每年按销售收入的 5%～10% 计算，仪器设备按 5%～7% 计算，温室及大棚按 10%～15% 计算。

(3) 生产物资的消耗。指低值易耗品、玻璃器皿、塑料制品及化学试剂、有机成分、植物生长调节剂、蔗糖、琼脂、农药、化肥等的消耗。

(4) 水电费。包括玻璃器皿的洗涤、培养基制备灭菌、仪器设备的操作、培养室温度、光照的控制均需要大量的水电开支。

(5) 市场营销和经营管理开支。一般指销售人员工资、种苗包装费、运输费、保险费、广告费、展销费。

(6) 其他开支。办公用品费、引种费、培训费。

2. 成本核算的方法 成本核算一般从以下四方面进行考虑：直接生产成本、固定资产成本、市场营销和经营管理开支。

(1) 直接生产成本。按生产 10 万株组培苗的全过程中（包括诱导、继代、生根培养等），消耗 1 800～2 200L 培养基计算，制备培养基的药品、技术人员工资、电能消耗及各种消耗品，约需直接生产成本 3.9 万元。其中，组培苗培养过程及培养基制备的电耗常占极大比重。如果能采用自然光，将大大地降低生产成本投入。此外，改进生产技术、注重自动化设备的引进、扩大生产规模也可以有效地降低直接生产成本。一般情况下每株组培苗的直接成本可控制在 0.5 元以内。

(2) 固定资产成本。按年产 50 万株组培苗的工厂规模，需厂房和基本设备投资 140 万元左右计算，如果按每年 5% 折旧推算，即 7 万元的折旧费，则每株组培苗将增加成本费 0.14 元左右。

(3) 市场营销和经营管理开支。一般指销售人员工资、差旅费、种苗包装费、运费、保险费、广告费、展销费等。如果市场营销和各项经营管理费用的开支按苗木原始成本的 30% 运作计算，每株组培幼苗的成本增加 0.1～0.13 元。

从以上各项成本合计计算，每株组培幼苗的生产成本在 0.45～0.75 元。因此，组培育苗工厂在决定生产种类时一定要慎重，避免盲目投入。要选择有发展潜力、市场前景看好、售价较高的品种进行规模生产。否则，可能造成亏损。表 6-1-7 为北京某公司年产 130 万株安祖花商品组培苗的成本核算。

表 6-1-7 安祖花商品组培苗的成本核算

培养月份	培养植株数/株	培养基费用/元	人工费/元	水电费取暖费/元	设备折旧/元	合计/元	单价/元
3	5	0.9	600	1 350	0	1 951	390.2
4	20	0.9	600	600	0	1 201	60.05
5	80	4	600	600	0	1 204	15.05
6	320	15	600	600	5	1 220	3.81
7	1 280	55	600	1 170	20	1 845	1.44
8	5 120	221	1 200	1 360	80	2 861	0.56
9	20 480	887	1 800	2 110	320	5 117	0.25
10	81 920	3 538	6 750	5 200	1 278	16 766	0.20

(续)

培养月份	培养植株数/株	培养基费用/元	人工费/元	水电费取暖费/元	设备折旧/元	合计/元	单价/元
11	327 680	14 155	27 000	17 680	5 119	63 954	0.20
12	1 310 720	56 622	108 000	67 500	20 880	253 002	0.19

从表中可看出，年产130万株安祖花商品组培苗的生产成本中（直接费用和部分间接费用），培养基费用、生产人员工资、水电费和设备折旧（包括维修和损耗）费分别占生产成本的22.38%、42.69%、26.68%和8.25%（管理费用、销售费用及财务费用等不包括在内），生产产量越高，单株成本越低。

3. 效益分析

（1）成本。成本是影响经济效益的主要因素。成本的高低主要取决于经营者的管理水平，操作工人的熟练程度及设备条件，如转接材料速度慢且污染率高，或移栽成活率低，就会增大成本投入，所以在生产实际中应最大限度地降低成本，以获得最大利润。

（2）市场。所有产品最终都要推向市场，要根据市场定产品，要有新颖的市场销售理念，生产销售那些名、特、优、新的植物品种，以降低成本投入，增加经济效益。

（3）规模。生产规模对经济效益有一定影响，在特定生产技术水平下，规模越大则获利越高，但还要根据当地市场条件而定，防止盲目扩大规模造成经济损失。

二、提高组培苗经济效益的措施

进行组培快繁工厂化生产能否取得良好的经济效益，主要受市场因素和组培工厂经营管理两大因素限制。降低生产成本是增强产品市场竞争力、提高组培苗经济效益的可行措施。成本高低虽然受许多因素的影响，但主要取决于设备条件、经营者的管理水平及操作工人的熟练程度。

1. 降低生产成本

（1）掌握熟练的技术技能，制订有效的工艺流程。首先要降低污染率。生产中污染不仅造成人力、财力的浪费，还会造成环境的再污染，所以降低转接污染率是降低成本的有效措施。其次要提高生产效率。生产组培苗中人工费用是一项很大的开支，利用经济欠发达地区的廉价劳动力可以节约开支，增强竞争力。操作工转接苗操作熟练，按计划生产，就能降低成本，提高生产率。最后要操作规范，转接苗时注意技术操作，规范接种工具消毒，彻底提高转接苗的成功率，瓶苗在培养过程中，培养环境要定期消毒，夏季温度高，培养室内要及时查看空调的工作状态，避免对瓶苗造成伤害。

（2）正确使用仪器设备，延长使用寿命。组培工厂化生产需价格昂贵的仪器设备，掌握正确的使用方法及时保养、检修，避免机器设备的损坏，延长机器的使用寿命，是降低成本、提高效益的有效措施。

（3）降低器皿消耗，使用廉价的代用品。工厂化生产中必须使用大量的培养器皿，为降低成本现多使用玻璃瓶，如果损耗超过5%，无疑会加大生产成本。用白砂糖代替蔗糖，过滤的自来水代替蒸馏水等措施都能大大降低成本、增加效益。

(4) 节约电能。用电量在组培苗工厂化生产中占有相当大的比重，培养室可建成自然采光性能好，利用太阳能加温的节能培养室，或者使用节能的灯管以及 LED 灯管，同时合理安排培养架和培养瓶，充分利用空间。尽量避免使用耗电量大的空调机等设备，以降低成本投入。

(5) 严格管理制度。实行经济责任制，生产实行分段承包、责任到人、定额管理、计件工资、效益管理与工资挂钩，激励工人的工作热情与责任心，奖优罚劣是提高劳动生产率的有效措施。

(6) 进行规模化周年生产。生产规模对经济效益也有重大影响。在一定的生产条件下，生产规模越大，纯利润越高。但组培规模的大小要视当地条件、市场情况而定。不顾客观条件，一味追求扩大规模，容易造成严重的经济损失。利用各种植物的生长习性，错开休眠期和迅速生长期，使一年四季工作均衡，减少季节性的停工损失。

(7) 市场是实现产品商业化的关键因素。要根据市场需求，以销定产，应时生产出品种新、质量好、市场畅销的组培种苗投放市场，可减少成本投入，有效提高经济效益。同时可以积极开展出口创汇，拓宽市场，将国内产品逐步进入国外市场，如向日本市场出口菊花切花，向东欧市场出口切花玫瑰，向东南亚市场出口水仙球等都有较高的经济效益。

2. 组培苗增殖　　随着生产技术、经营管理水平的提高和扩大规模提高生产效益，可使生产成本进一步降低。此外，还可以提高组培苗的增殖率，提高工程总体的经济效益。

(1) 利用组培技术繁殖名特优花卉。不论是名特优花卉还是大众花卉，组培繁殖程序和生产成本都基本相同，而名特优花卉的售价却远远高于大众花卉，因此，快速繁殖适销对路的名特优花卉，可带来丰厚的利润回报。

(2) 提高繁殖系数和移栽成活率。在保证原有良种特性的基础上，尽量提高繁殖系数，瓶苗繁殖率越大，成本越低，利用植物品种的特性诱导最有效的中间繁殖体，如微型扦插、愈伤组织、胚状体等，都能加速繁殖速度和繁殖量，但需要注意中间繁殖体不能产生品种变异现象。提高生根率和劣苗成活率也是提高经济效益的重要因素，生根率要达 95% 以上，劣苗成活率要达 85% 以上，这样可以大大降低成本、增加效益。

(3) 培养专利品种组培苗。积极研制和开发具有自主知识产权的专利品种的组培苗生产，加强品牌效应，有利于实现经济的稳定增长，可以加强与科研单位、高职院校生产单位的合作，采取分头生产和经营，互相配合即可发挥优势，又可减少一些投资。

(4) 销售移栽成活的小苗。刚出瓶的瓶苗，移栽成活较为困难，价格难以提高，可以移入营养钵或穴盘中进行销售。这时候瓶苗已移栽入土，成活率有保障，价格也较易提高，一般可增值 30%～50%，如果再到苗圃中生长 1~2 年，按成苗出售则会更加增值，尤其是一些名贵花卉，开花成苗的增值更为可观。对于一些可以分株或者扦插的苗，在驯化成活后可以再次分株、扦插提高苗木增值。

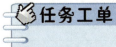

任务工单 6-1-3

技能训练

组培生产计划的制订及效益分析

一、训练目标

根据组培苗生产流程、厂家供货要求及供货数量制订科学、合理的组培苗工厂化生产计划，并能够进行科学合理的成本核算。

二、材料与用品

商业性工厂图纸、各车间主要设备及单价、笔、角尺、计算器、笔记本等。

三、方法与步骤

1. 制订工艺流程　根据组培苗工厂化生产厂房设计制订年产 50 万株组培苗的工艺流程。

2. 制订生产计划　根据工艺流程、供货方式（根据具体要求），假定供货时间为 5 月（时间充足）制订工厂化生产计划。

3. 成本核算　根据制订的图纸、现今房价、各车间主要设备及单价等，参考成本核算相关内容进行成本核算。

四、注意事项

（1）注意计划的准确性和可行性，而且要留有一定的缓冲时间。
（2）成本核算时一定要考虑市场的波动性。
（3）成本核算时要注意主要成本和次要成本对整个生产效益的影响。

五、考核评价建议

考核重点是工艺流程设计的科学性、合理性、可操作性。考核方案见表 6-1-8。

表 6-1-8　组培生产计划的制订及效益分析考核评价

考核项目	考核标准	考核形式	满分
实训态度	1. 任务工单撰写字迹工整、详略得当（10 分）； 2. 操作认真，主动完成任务（5 分）； 3. 积极思考，有开拓协作精神（5 分）	教师评价	20 分
方案制订	1. 工艺流程设计科学、全面、合理（20 分）； 2. 生产计划考虑全面，符合生产实际，针对性强（20 分）； 3. 成本核算科学全面，符合生产实际情况（10 分）	批阅方案、讨论	50 分
效果	1. 准备充分，汇报现场表现好（10 分）； 2. 可操作性强（10 分）； 3. 有一定的攻关能力（10 分）	现场考核	30 分
合计			100 分

知识拓展

瓶苗的质量标准

组培苗的质量直接影响瓶苗出瓶后的移栽成活率,甚至影响到出圃种苗的质量。根据种苗的用途不同,其质量标准也不同。

一、生产性组培瓶苗的质量标准

对仅用于生产的组培瓶苗,主要依据根系状况、整体感、苗高、叶色、叶片数等来判定。

1. 根系状况 根系状况是指种苗在瓶内的生根情况,主要包括根的有无、根量、长势、色泽、粗细。合格的组培苗必须有根,并且长势好、色白健壮。

(1) 根量。根量是提高移栽成活率的基础,有根容易成活,无根的不仅要求管理水平非常高,而且成活率也比有根的大幅度降低,一般有3~4条根。如组培苗错过了最佳的移栽时期,则根量多且长,增加了洗去根部培养基的难度,且容易造成根部菌类污染,造成移栽成活率很低。

(2) 根的长势。包括根的长度和均匀性,一般组培苗出瓶时的根长以1.5~2.0cm为最佳。根太长说明已老化且生命力下降,太短说明根幼嫩,吸收能力及抗性较差。根的均匀性即根的分布情况,尽量避免半边根现象,以免影响移栽成活率。

(3) 根的色泽。根的色泽是组培苗在培养过程中反映出是否受到潜在性细菌的污染,一般根色泽白亮、长有根毛的组培苗移栽容易成活,后期苗的长势也旺盛。而根发黄,甚至发黑的组培苗移栽困难。

2. 整体感 整体感是指对组培苗的整体感观,包括是否长势旺盛、是否粗壮挺直、叶色是否符合本品种的特性等内容。此项指标是一个综合的感观评判项目,依目测评定,故必须由熟悉组培生产及各种组培瓶苗形态特征的专业人员进行检测。长势旺盛、形态完整、粗壮、叶色油绿、挺拔、匀称的组培苗,其抵抗不良因素的能力较强,移栽容易成活,且后期长势旺盛、健壮。而生长瘦弱、叶色发黄或发白,整体感差的瓶苗,在条件很好的培养环境中尚生长不好,到了条件粗放的移栽环境中,往往会因条件不适应而死亡。

3. 苗高 出瓶时组培苗过高或过矮都不利于移栽成活。组培过高说明超过了出瓶的最佳时期,有些徒长苗细弱不利于移栽;过矮说明未达到出瓶的标准。大部分组培苗都由于苗子太高、太弱而影响移栽成活率,标准的高度以不同种类、不同品种而定,如芦荟出苗高度宜在4~5cm、凤仙出苗高度宜在2.5~3.0cm等。

4. 叶片颜色 叶色深绿有光泽,则说明生长势强壮,光合能力强适宜移栽;叶片发黄发脆透明及局部干枯都是病态的表现,不适宜移栽。

5. 叶片数 叶片数是指植株进行光合作用的有效叶片数,直接影响光合产物的产生,适当的叶片数和正常的形态特征是健壮植株的表现。

上述指标中,根系发育状况对组培苗质量影响最大,其次为整体感、苗高以及叶片数等指标。其中根系状况是一票否决的指标,是进行组培苗质量综合评定的前提。

二、原种组培苗的质量标准

原种组培苗是指不直接用于生产,而是用于扩繁生产种苗的组培苗,它是种苗生产的源头与基础,原种组培苗的质量标准,不仅对组培瓶苗质量标准进行检测,还需要在生产过程中进行健康状况和品种纯度的检测,只有通过这两项指标的严格检测,才能从源头上真正保证组培瓶苗的质量。

1. 品种纯度 品种纯度是原种组培苗非常重要的一个质量指标,因为一旦原种苗发生混杂,则用其生产的总苗也会发生大规模的混杂。在生产过程中,外植体进入组培室后,在扩繁前需对每个材料进行编号,生产中所有的材料在转接后要及时做好标记,分类存放,若发现可能有材料混杂,必须全部丢弃或利用分子检测技术进行纯度鉴定,只有在证明了品种纯度与原品种一致的前提下,才能继续进行扩繁生产。

2. 健康状况 在原种组培苗的生产过程中,需要对繁殖的外植体材料进行病毒和病原物检测,若为带毒植株可通过茎尖培养、热处理等方法脱除病毒并进行鉴定,脱毒后再大量扩繁,组培苗出瓶后需在防虫温室中繁殖。在此期间,对多发性病原菌要进行两次或两次以上的检测,当检测出含有病毒的植株,必须连同室内扩繁的无性系同时销毁,以保证原种组培苗处于安全的健康状况条件下。

三、出圃苗的质量标准

组培苗经移栽成活后就可以进入大田或苗圃种植,成品后出圃作为商品进行销售,出圃种苗的质量影响到种植后的成活率、生长势及质量。组培出圃苗的质量标准很难统一,是由植物产品特殊性决定的,现阶段不同植物组培出圃苗的质量标准参考实生苗质量标准进行。主要从以下几个方面进行考虑:

1. 商品特性 苗高、冠幅、叶片数、芽数、叶片颜色、根的数量。
2. 健壮情况 抗病性、抗虫性、抗逆性。
3. 遗传稳定性 品种典型性状、是否整齐一致、遗传稳定性。
4. 适应性 对区域的适应性、环境的适应性。

自我测试

一、选择题

1. 组培苗木工厂化生产的五大技术环节包括(　　)。
   A. 种源选择　　　B. 组培苗驯化移栽　　　C. 组培苗木包装与运输
   D. 苗木质量检测　　E. 离体快繁

2. 组培种源的选择途径有(　　)。
   A. 外购　　　B. 种苗交换　　　C. 技术转让
   D. 自主研发

3. 一般组培苗木运输要求在(　　)的低温条件。
   A. 18~25℃　　　B. 1~9℃　　　C. -4~0℃
   D. 9~18℃

4. 制订生产计划的参考依据是(　　)。

A. 供苗数量与供苗时间　　　　　　B. 准确估算生产量
C. 生产工艺流程与技术环节控制　　D. 市场调研结论

5. 组培苗的年生产量取决于（　　　）。
A. 每周期增殖倍数　　　　　　　　B. 每瓶苗数
C. 年增殖周期数　　　　　　　　　D. 超净台数

二、判断题

1. 组培苗存架增殖总瓶数的计算方法是用月计划生产苗数除以每个增殖瓶月可产苗数。（　　）
2. 组培苗的增殖率是指中间繁殖体的繁殖率，其计算公式是 $Y=nX^m$。（　　）
3. 组培苗市场调研的内容包括市场需求的调查、市场占有率的调查及其科学的分析与预测。（　　）
4. 组培瓶苗的质量标准要根据根系状况、整体感、出瓶苗高和叶片着生位置4项指标进行判定。（　　）
5. 我国组培苗木生产的市场经营方式大致分为订单型、产品加工型和产品推广应用型。（　　）

三、简答题

1. 生产计划与生产工艺流程之间有何关系？
2. 如何合理控制存架增殖瓶数？
3. 全年生产计划分解为各月生产计划时是否考虑季节和农时等因素？
4. 组培苗木质量检测标准与实生苗质量检测标准是否通用？
5. 组培苗木质量对后续的栽培质量与产量有何影响？

项目二
组培企业经营管理

 知识目标
- 了解组培育苗工厂机构设置与部门职责。
- 了解组培苗木生产与经营管理知识。
- 熟悉组培苗木市场调研与销售。

 能力目标
- 熟悉组培技术培训方法和技巧。
- 能够撰写培训计划书。
- 能够高质量做好产品与客户管理,做好售后服务工作。

 素质目标
- 树立良好的调查和管理能力,能具有科学性、针对性和可行性。
- 与团队成员合作良好,具有较好的沟通表达能力。

知识准备

任务一 组培企业机构设置与生产管理

组培育苗工厂的机构设置和各项管理制度的制订实施,虽然不属于组培技术,但是它直接影响到组培技术的贯彻实施,人才及技术设备潜能的发挥和生产效益的高低,常常是一个组培苗生产企业成功与否的关键要素之一。因此,在组培苗的生产实践中,也绝对不能忽视,根据以往的生产实践经验,一般组培苗工厂可由经理或厂长统揽全局,副经理主管日常行政和生产管理,下设必要的部门和机构。

一、经营管理理念与策略

企业经营管理是企业根据市场需求及其变化,协调企业内外部活动,确定企业经营的目标,经营理念是从事经营活动、解决经营问题的指导思想,是随生产力发展和市场变化而变化的,在经营思想指导下形成成套的经营理念,并指导于生产实践。

经营策略是指组培生产企业在经营方针指导下,为实现本企业的经营目标而采取的方法策略,如市场营销、产品的开发及研究都直接影响企业的经营方针,植物组织培养生产企业在正确的经营方针指导下,以市场为导向,利用各种有力资源合理组织生产。

二、组培企业机构设置

组培企业的机构设置要合理，健全管理体制和制度，明确各部门的岗位职责，做到分工明确，创造和谐有序的工作环境。一般组培规模企业的组织机构与管理体系见图 6-2-1。

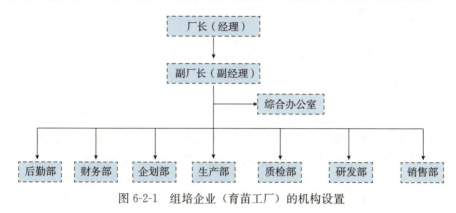

图 6-2-1　组培企业（育苗工厂）的机构设置

三、生产管理

组培工厂化生产管理制度的实施直接影响效益的高低，采用经济责任制，既以经济利益为中心，以提高员工的责任意识为重点，责、权、利相结合，劳动报酬同劳动成果相联系的生产管理制度，同时还要注意"以人为本"的生产管理理念，建立经济责任制要全面，做到任务到人、责任到人，只有这样才能真正提高组培工厂化生产的经济效益。

1. 人才管理　组培工厂化育苗生产是一项高科技产业，具有高投入、高风险、高产出的特点，它不但需要专业技术人才，还需要善于管理、懂得经营的管理人员，要求技术与管理齐头并进，要求技术人员具备精湛的组织培养技术，不断解决生产中出现的技术问题和管理问题，还要不断开发具有市场潜力的新种类、新品种。同时需要对市场调查、信息反馈结果进行科学研究分析，生产适销对路的产品，在人才管理上注重培养人员的责任意识、创新意识。同时也要注意"以人为本"的管理理念。

2. 生产过程控制　组培苗木工厂化生产工艺流程比较复杂，涉及许多生产和技术环节，通过制订合理的规章制度，实施科学化、规范化、标准化的管理，才能使生产按计划有条不紊地进行，保证产品质量，并能避免因人为失误而造成人身及财产的损失。组培企业应制订的主要规章制度有：设备与药品使用登记制度、仪器设备操作规程、培养基配制操作规程、接种操作规范、组培苗驯化移栽管理制度；采种扩繁登记制度、母本及商品种苗检验检疫制度；用工管理制度、生产定额管理制度、岗位责任制与奖惩制度、组培室日常管理规定以及员工培训制度等。此外，各部门需建立"作业指导书"，工作人员严格按照"作业指导书"的要求完成工作任务；不同技术职能部门之间的交接设立"产品放行准则"，把不符合要求的成品或半成品均不予放行至下一生产环节，确保放行的产品符合规定的标准，每一个过程完成后都要有文字记录，有责任人。生产的全过程可实行计算机管理。

3. 产品管理　每一种组培苗的产品均建立完整的档案，其内容包括母株性状和种植（采样）地点、接种日期、继代代数、生产数量、销售地点、种植地点、生长状况等。每一产品用一个编号，便于查询和生产过程中的辨别，以确保产品质量和售后跟踪服务。

四、市场营销

1. 市场预测　市场预测对于组培工厂化生产尤其重要，可以最大限度地减少经营风险，进行市场预测需做大量的市场调研，通过市场调研掌握市场过去和现在的状况，以及将来发展趋势。

2. 市场占有率的预测　市场占有率是指企业某产品的销售量或销售额与市场上同类产品的全部销售量或销售额之间的比率。最大限度地提升影响市场占有率的因素，如种苗的种类、种苗的质量、种苗的销售渠道、包装及新鲜度。注意提高对产品的宣传力度，要使自己的组培产品在质量、价格、供应时间、包装几方面都处于优势地位，同时要生产企业的拳头产品，这样才能提高产品的市场占有率。

组织培养工厂化生产之前，进行市场需求预测时要有一定的超前性，以便正确安排生产种苗的时间，保证产品及时上市，迅速占领市场。同时，要根据市场需求，及时调整种苗生产规模和速度。还要提倡多种畅销产品同时上市，反对单一，这样才能在变幻莫测的市场风云中处于不败之地。另外，还要搞好科研贮备，积极寻找今后有发展前途的新品种，并开发和探索出其工厂化生产的配方及生产流程，贮备技术以适应市场的需求和变化。

3. 经营方法　经营方法是为实现目标所采取的措施和决定。市场调查和预测是经营方法的前提，经营方法是实现目标的手段。

（1）技术环节。组培苗生产是一项技术性、生产设施条件要求较高的生产。为达到预期的生产目标，必须采用相应的技术措施。积极选育、引进优良新品种，选择符合当地自然、经济条件，并有良好效益的适用技术和工艺流程，充分发挥组培技术的优势并和传统的繁殖方法结合，进行大规模生产，尽量降低生产成本，提高繁殖系数、缩短育苗时间，保证产品质量，按时供应市场，获取最大的盈利。

（2）生产资料采购。当生产项目和技术措施确定以后，应进行生产资料的采购，要按时、按质、按量采购组培苗规模化生产所需的各种生产资料，特别应注意保证质量，如化学试剂、消毒剂、琼脂、蔗糖等的质量关系到组培苗生产的成功与失败。

（3）产品的营销。是指采取各种方法向消费者传播产品信息，激发消费者的购买欲望，促使其购买产品的过程。经营者应根据企业自身条件、组培苗产品类型、数量、质量、市场供求状况和价格等因素，确定适当的销售范围和销售形式，如果种苗市场集中可以采用人员销售，这样可以节约广告的费用，如果种苗市场分散则可以采用广告宣传，这样信息传递速度快有利于销售。另外，组培苗产品可以通过参加各种展览会、栽培技术讲座等活动，促进产品的开发和销售。此外，销售过程中要及时补充和更新市场紧缺的新品种、新种类，只有经常不断地推出新、特、稀、优等品种的组培苗，才有可能在激烈的市场竞争中立于不败之地。

任务工单 6-2-1

任务二　组培苗木市场调研与销售

组培苗木销售是企业经营管理非常重要的环节，只有及时批量地完成销售，才能维系企业自身正常运转，企业才能进一步发展。在这个过程中组培苗木市场调研及其结论是科学制订生产与销售计划的重要依据，通过组培苗木市场调研才能合理制订销售计划，做到以销定产、产销结合，制订有效的销售策略。在保证组培苗产品品质的同时，调研和销售就显得尤为重要，这就要求调查人员具有专业的调研知识以及较强的观察分析判断与总结能力，具有高度的责任心、使命感和团队协作精神。同时，学习和掌握组培苗销售策略、方法手段与技巧，对从事组培苗销售工作也是十分必要的。

一、组培苗木市场调查步骤

1. 准备阶段　这一阶段的任务主要是制订调查计划和进行试验调查。调查计划要按照调查的要求制订，计划作出后要进行试验调查。进行试验调查是为了验证调查计划、调查表格制订的是否正确，以免盲目进行正式调查，走了弯路。进行试验调查，一般以收集第二手资料为主，同时通过与人员交谈收集一些第一手资料。试验调查要严格按照规定的要求进行，以保证试验结果的准确性。例如，某花木公司今年蝴蝶兰销售量下降的原因是价格太贵，而且本地区生产经营蝴蝶兰的单位增加，多家经营企业竞争造成的。但是这种认识是否正确呢？调查人员可以进行非正式调查，如向本单位内部有关人员（销售经理、推销员）、精通本问题的专家和有关人员（批发商、零售商等）以及个别有代表性的用户咨询，听取他们对这个问题的看法和意见。通过预备阶段，如果可以找出问题和产生问题的原因，提出改进方案，就可以省略很多步骤。

2. 调查阶段　调查方案的内容包括：调查主题；决定收集资料的来源和方法，即调查内容、调查方法、调查地点、调查对象、调查时间、调查次数等；准备所需的调查表格；抽样设计，即决定抽样的对象、采取什么抽样方法进行抽样、选择被调查者以及确定样本的大小等。调查人员按确定的调查对象、调查方法进行实地调查，收集第一手资料。在调查工作中，如果发现计划不周，应及时加以修正或补充。

3. 结果处理阶段　资料处理是调查的最后阶段，也是重要的环节之一。因为如果没有这一阶段，调查就没有结果，调查中的一切耗费也就没有收获。结果处理阶段有两项工作，一是整理分析研究数据资料，二是撰写调查报告。

（1）整理分析研究数据资料。是将调查收集到的零散的、杂乱的资料和数据编辑整理的过程。将调查收集的资料进行分类、整理、制表、统计，然后通过去粗取精、去伪存真、由此及彼、由表及里的分析研究过程，既要剔除调查资料中可查出的错误部分，又要找出资料间的内在联系，从而得出合乎客观事物发展规律的结论。在分析整理资料时，要估计可能的误差。调查中的误差主要来自3个方面：一是因抽样调查中选取样本没有代表性引起的；二是因调查者的技术不高造成的；三是由被调查者疏忽、遗漏、拒绝回答而造成的。

（2）撰写调查报告。编写调研报告时，应注意报告内容要紧扣调研主题，突出重点，力求客观扼要。文字要简练，观点要明确，分析要透彻，尽可能使用图表说明，以便于经营决策者在最短时间内能对整个报告有概括性的了解。

二、组培苗木市场调查方法

市场调查是指系统地设计、收集、分析并报告与企业营销有关的数据和研究结果的营销活动。市场调查是市场营销活动的起点，是提高企业决策的正确性和有效性的重要途径，对于企业及时发现问题、避免损失、捕捉商机、促进发展具有重要意义。正因为如此，现在的企业纷纷建立市场调研机构，开展市场调研活动，作为生产、经营决策和改进销售措施的参考依据。市场调查有多种方法，以下介绍3种市场调查法。

1. 询问法 询问法是一种最直接的调查方法，是了解被调查者的购买动机、意向和行为时常用的方法，其特点是被调查者知道自己正在被调查。根据调查人员与被调查者的接触方式不同，询问法又可分为以下几种：

（1）面谈调查法。面谈指调查者与被调查者直接交谈。调查方式可采用走出去、请进来或召开座谈会的形式，进行一次或多次调查。调查可根据事先拟定的询问表或调查提纲提问，也可采用自由交谈的方式进行。面谈调查的好处很多，一是当面听取被调查者的意见，印象深刻，也比较详细；二是被调查者对问题理解不够透彻时可以当面解释，回答的内容不够明确时可以当场要求补充，因而获得的资料比较准确；三是可以采取灵活的方式，根据被调查者的态度，有简有繁地进行，并可使被调查者相互启发，取得一些可以回忆或较机密的资料。面谈调查也存在一些缺点，主要表现在：第一，对调查人员的要求较高，要求其具有较高的文化水平、技术水平和良好的工作态度；第二，有很多被调查者因外出或工作关系不能接受调查；第三，会出现因工作人员在谈话记录上的失误而使资料不准确的情况。

（2）电话调查法。由调查人员按照规定的样本范围，用电话询问被调查者的意见。这种方法的优点是成本比面谈低，调查速度快，并可克服被调查者不便接待或不愿接待的困难，对不明确的问题可以作适当解释，比邮寄调查灵活。缺点是调查总体不够完整，不能询问较为复杂的问题，时间不能太长，交谈比较简单，不易深入交谈。

（3）邮寄调查法。邮寄调查法是将设计好的调查表格，通过邮寄送到被调查者手中，由被调查者填好后寄回。这种方法的优点是调查成本较低，节约人力和时间，同时被调查人员有足够的时间考虑问题，回答问题相对比较慎重。缺点是回收率低，影响调查的代表性，并且花费的时间较长。因此，采用这种方法时必须给被调查者一定的物质利益，以补偿被调查者邮寄费用的支出。

（4）设计调查问卷。调查人员将设计好的调查问卷，通过软件或者网络发送给调查人，调查人填好后直接提交，就可回收调查问卷。具有方便、快捷、回收率高的特点。

2. 观察法 当现有的数据不能提供解决市场营销问题所需的数据时，必须进行原始数据的收集。观察法是一种常用的方法。观察法分为现场观察法、实际痕迹观察法和比较观察法,其优点在于客观实在,能如实反映问题,不足之处是运用这种方法需要花很多时间等待,成本高。另外,这种方法很难捕捉到被观察者的内在信息,如他们的收入水平、受教育程度、心理状态、购买动机等。

3. 实验法 实验法是从影响调研问题的许多因素中选出一个或两个因素,将它们置于一定条件下进行小规模的实验,然后对实验结果做出分析,研究是否大面积推广。实验法在园艺产品市场营销调研中应用范围较广,新产品的包装、价格、广告、陈列方法等因素,都可应用这种方法。实验法的优点是方法科学,可获得较正确的原始资料作为预测销售量的重要依据,对试验成功能够广泛推广的产品有很好的促销作用。需要注意的是,实验时间不宜过长,过长会影响正式推出时的效果,被竞争对手效仿。

三、组培市场调查的主要内容

组培苗市场调查的内容主要包括市场需求的调查、市场占有率的调查及其科学的分析与预测。一般根据区域种植结构、自然气候、种植的植物种类及市场发展趋势等预测市场需求。如马铃薯在华北地区、东北地区、华东地区北部种植面积大,种苗市场需求量大;草本花卉种苗在昆明、上海、山东等鲜切花生产基地就有相当大的需求市场;南方草本花卉、观赏树木种苗优势明显;北方球根球茎类花卉种苗繁育,在国内市场份额中越来越大。市场占有率是指一家企业的某种产品的销售量或销售额与市场上同类产品的全部销售量或销售额之间的比率。通过对某种组培植物的品种、种苗质量、种苗价格、种苗生产量、销售渠道、包装、保鲜程度、运输方式和广告宣传等多方面调查来分析预测这种植物组培苗的市场占有率。一般来说,企业生产的种苗在质量、价格、供应时间、包装等方面处于优势地位,则销售量大,市场占有率就高,反之则低。

四、组培苗木销售

组培苗木的销售是组培企业经营管理的重要环节,涉及销售合同制订、销售计划与策略、销售方法与技巧、售后服务与管理等诸多内容。

1. 销售策略 销售部门密切注视市场变化,及时将市场走势情况反馈给生产部门,以便根据需要及时调整生产计划和种苗上市时间。销售部门还要经常与生产部门进行沟通,及时统计和掌握各种可出售种苗的动态数量,了解它们的质量状况,进行统筹销售。进行工厂化组培快繁观赏花卉种苗产品是一类特殊的鲜活产品,其有效商品价值期较短暂,通常不能超过一个月,否则质量显著下降。因此,只有较好地解决了生产品种不对路,产品数量与市场需求脱节,销苗旺季无苗可销,淡季又大量积压等问题,尽量减少不必要的成本浪费,提高产品的有效销售率,才能在市场中占有较大份额,并赢得较高的信誉,使企业产品具有竞争力。

2. 销售管理 做好市场调研与分析预测,准确把握组培产业发展态势和国家政策导向,加大市场开发力度,并结合自身实际,科学制订销售计划和产品宣传、开发与促销策略。根据企业自身条件、产品类型、数量、市场供求状况和价格等因素,确定合理的销售范围,选择合适的销售渠道与销售方式。树立一体化营销理念，建立目标责任制和绩效考核机制，重视营销人员的业务培训，不断优化营销队伍结构，以此加强营销队伍建设。注重信誉和产品质量，按期保质交苗，及时收回货款，最大程度降低销售风险。做好销售统计分析和合同文本等文件的归档管理。

3. 组培苗木售后管理 组培苗木销售后，重点做好以下几方面管理工作：

（1）建立组培产品、合同文本和客户的档案。

（2）热情接待客户的到访和来电来函咨询，及时、准确答复客户提出的问题，妥善处理客户的投诉。

（3）实行客户专人负责制，定期回访客户和举办联谊活动，捕捉销售信息，积极挖掘和拓展新客户。

（4）做好市场预测与销售统计分析，及时调整销售策略。

任务工单

任务工单 6-2-2

技能训练

组培新技术推广方案的制订

一、训练目标

掌握技术推广方案的撰写格式；能够全面具体、科学合理地设计推广方案。

二、材料与用品

计算机、笔记本、钢笔等。

三、方法与步骤

（1）学生分组对本地区或学校所在市区进行组培企业和组培生产状况调查。

（2）各小组制订出某项组培新技术的推广方案。推广方案包括以下几方面：

①项目名称与任务、项目的先进性等简要情况介绍。

②项目的经济技术指标和效益指标。

③主要技术措施和实施方法。

④项目落实的具体安排情况，包括时间、技术培训、交流检查、评估、总结等。

（3）班级内组间交流，模拟进行组培新技术方案的推广。

四、注意事项

强调技术推广方案以市场调研为依据的重要性。

五、考核评价建议

考核做到定性与定量相结合,既重视技术推广方案撰写质量的考核,又要兼顾实训态度与前期准备充分与否的考核。考核方案见表 6-2-1。

表 6-2-1 组培新技术推广方案考核评价

考核项目	考核标准	考核形式	满分
实训态度	1. 任务工单撰写字迹工整、详略得当(10分); 2. 实训认真,主动完成任务(10分); 2. 积极思考,责任心强,有开拓创新精神(10分)	教师评价	30分
方案设计与内容	1. 方案撰写格式正确(20分); 2. 方案制订科学、全面、细化、针对性强(20分); 3. 符合培训目的和实际情况,有较强的可操作性(10分)	审阅推广方案	50分
模拟推广效果	1. 准备充分,现场表现好(10分); 2. 有一定攻关能力(10分)	现场考核	20分
合计			100分

知识拓展

组培苗木销售合同

企业在进行生产销售过程中,为了进一步确保双方的权利和义务,会通过签订相应的合同来规范双方行为,在制订合同时要写明约定的具体内容以及违约后双方应承担的责任,在事后发生争议后,也可以凭借合同通过法律的途径来维权。以下为蓝莓苗木购销合同样本,供参考。

蓝莓组培苗购销合同

需方:_____(以下简称为甲方)
供方:_____(以下简称为乙方)

依照《中华人民共和国合同法》及其他有关法律、法规之规定,甲乙双方本着平等自愿、互惠互利的原则,经过双方充分协商,签订本合同。

一、乙方向甲方提供苗木的名称、数量、规格及单价等

品种名称	规格	数量	价格(含税价)
合计			
备注	表中数量为计划数,结算以实际发生的数量为准。如为浮动价格,以结算单为准。当结算金额超过合同价款时需要签订补充协议。产品的含税价款是指已经包含所有的价外费用及税款,甲方不另行支付其他任何费用,合同另有约定的除外		

二、供苗时间、地点、方式

1. 供苗时间　乙方于＿＿＿＿年＿＿＿＿月＿＿＿＿日至＿＿＿＿年＿＿＿＿月＿＿＿＿日向甲方提供上述苗木。具体交货日期由甲方在上述时间段内自行确定，但须提前3天通知乙方。

2. 苗木交货地点和方式　乙方负责将苗木运送到甲方指定地点交货，运输费用由乙方承担。运输和装卸过程中发生的任何事故责任全部由乙方承担。具体交货地点：＿＿＿＿＿＿＿＿。

三、苗木质量验收标准及验收方法

1. 验收标准　乙方向甲方提供的苗木应满足国家苗木质量标准及甲方的质量要求，并指导甲方进行苗木种植，保证90％移栽成活率。

2. 验收方法　交货时，甲方安排专人到交货地点，按上述质量要求现场验收苗木数量和质量。对不符合验收标准的树苗，乙方无条件负责退换。

四、结算及付款方式

1. 甲方按照总价款的＿＿＿＿＿％预付定金＿＿＿＿＿元，以后甲方根据经甲方签字确认的收货单据给予乙方结算，甲方在支付货款前，乙方均应按照甲方的要求提供与货款实际结算金额一致的税率为＿＿＿＿＿的＿＿＿＿＿＿＿发票。每月结算一次，结算经甲乙方确认后，乙方按结算金额当月提供上述约定的发票。

2. 甲方按照合同约定的单位账户信息支付乙方款项，采用承兑汇票、电汇或者转账支票（转账支票不允许转让背书）等方式进行支付。

五、违约责任

1. 签署合同后，甲方若有减少或增加苗木的购买数量，甲方应在乙方采购前2～4d通知乙方。

2. 乙方未能按甲方要求的时间和质量供货，造成苗木质量达不到要求的，乙方必须无条件退货。因此给甲方或第三方造成直接及间接损失的，由乙方承担全部赔偿责任，包括甲方发生的律师费、诉讼费等一切直接相关的费用，并按合同总价的千分之＿＿＿＿＿向甲方支付违约金。

3. 如乙方提供的发票不符合本合同约定、不符合法律法规要求、不能通过税务认证、涉嫌虚开，甲方有权拒收或于发现问题后退回，并不予资金支付。乙方应及时更换并承担因此给甲方带来的经济损失和其他损失，包括因多缴纳税款发生的占用甲方资金的损失等。并按合同含税价总价的＿＿＿＿＿％支付给甲方违约金。

4. 如乙方按合同约定向甲方开具增值税专用发票的，乙方应派专人或使用挂号信件或快递等方式在发票开具后当月送达甲方（送达时长为开票后15日内），送达日期以甲方签收为准，因逾期送达造成甲方无法抵扣的，乙方应承担因此给甲方带来的经济损失和其他损失，包括因多缴纳税款发生的占用甲方资金的损失等。并按合同含税价总价的＿＿＿＿＿％支付给甲方违约金。

5. 乙方未履行合同约定义务时，应承担给甲方带来的经济损失和名誉损失，并按合同含税价总价的＿＿＿＿＿％支付给甲方违约金。

6. 甲方因资金周转紧张等原因未按合同约定期间支付货款，但在超过付款期间 3 个月内履行了付款义务的，甲方不承担任何违约责任。甲方超过付款期间 3 个月仍未支付，并甲乙双方协商不成，未付款部分按中国人民银行同期活期存款基准利率向乙方支付所欠货款的利息。

7. 其他违约责任_____。（如无内容则填写无）

六、终止、解除

乙方所供产品不符合合同约定的质量标准要求或因产品自身质量问题，甲方有权通知乙方对存在问题进行整改，并对已验收产品有权不予结算。乙方整改后仍不能满足质量标准的，甲方有权单方解除合同，乙方赔偿因此给甲方造成的经济及名誉损失。

七、其他约定

1. 甲、乙方因所在地遭遇人力不可抗的自然灾害（如瘟疫、战争、强震、暴风、洪水），造成甲乙双方不能履行本合同，双方不承担违约责任。

2. 本合同未尽事宜由甲乙双方协商解决，协商不成可向甲方所在地人民法院起诉。

3. 本合同一式两份，双方各持一份，具有同等的法律效用，本合同自双方签字盖章之日起生效。

甲方	乙方
单位名称：（盖章）_____	单位名称：（盖章）_____
法定代表人：_____	法定代表人：_____
委托代理人：_____	委托代理人：_____
手机联系方式：_____	手机联系方式：_____
纳税人识别号：_____	纳税人识别号：_____
地址：_____	地址：_____
固定电话：_____	固定电话：_____
开户银行：_____	开户银行：_____
账号：_____	账号：_____
签字日期：____年____月____日	签字日期：____年____月____日

自我测试

一、选择题

1. 组培苗木一般要求（　　）包装。
   A. 分级　　　B. 分类　　　C. 分品种　　　D. 分培养容器

2. 组培苗木运输的管理目标是（　　）运输，要求及时、准确、安全和经济。
   A. 科学　　　B. 高效　　　C. 迅速　　　D. 合理

3. 组培苗木市场调研的内容主要包括（　　）和（　　）。
   A. 市场占有率　　B. 客户心理　　C. 市场需求　　D. 种苗类别

4. 组培苗木驯化移栽成活后一般采用（　　）和（　　）育苗。

A. 水培　　　B. 基质　　　C. 土壤　　　D. 营养液

二、判断题

1. 采用防水纸箱或包装内衬塑料薄膜，可有效保持运输车内湿度。（　　）
2. 组培苗在贮运中产生的乙烯会诱导花苞、叶的脱落，增加花的畸形。（　　）
3. 多数组培企业以穴盘苗或裸根苗销售组培苗。（　　）
4. 市场调研中的实验法与自然科学中的实验法是相同的。（　　）
5. 市场调研报告一般由标题、目录、概述、正文、结论与建议等几部分组成。（　　）

三、简答题

1. 组培种苗市场调查和作物栽培市场调查有何不同？
2. 组培苗木市场调查应注意哪些问题？
3. 如何做好组培苗木市场开发？

四、论述题

1. 如果你是企业管理人员，你认为如何能让刚毕业的大学生安心从事组培技术员的工作？
2. 试分析刚毕业的大学生如何才能具备组培管理人员的素质和能力？

参考文献

常美花，金亚征，王莉，2012. 铁皮石斛快繁技术体系研究［J］. 中草药，43（7）：65-67.
陈娟，刘琪，张定珍，等，2019. 玉露的组培快繁与变异研究［J］. 园艺与种苗，39（11）：18-21.
陈丽，宋婷婷，2018. 玉露的离体培养与快繁研究［J］. 北京农学院学报，33（2）：2-6.
陈世昌，2011. 植物组织培养［M］. 北京：高等教育出版社.
褚丽敏，孙周平，2009. 刺五加组培快繁研究［J］. 植物研究，29（4）：505-508.
崔德彩，徐培文，2003. 植物组织培养与工厂化育苗［M］. 北京：化学工业出版社.
郭生虎，朱永兴，关雅静，2016. 百合科十二卷属玉露的组培快繁关键技术研究［J］. 中国农学通报（34）：85-89.
黄晓梅，2011. 植物组织培养［M］. 北京：化学工业出版社.
霍志军，郭才，2006. 田间试验与生物统计［M］. 北京：中国农业大学出版社.
李浚明，2001. 植物组织培养教程［M］. 北京：中国农业大学出版社.
李文凯，贾晓鹰，郭海燕，等，2003. 苍术控制植物组培环境污染的研究［J］. 石河子大学学报（自然科学版），7（2）：65.
李媛，何可雷，2017. 珍稀植物万象的组培快繁研究［J］. 中国园艺文摘（5）：17-18.
刘进平，2005. 植物细胞工程简明教程［M］. 北京：中国农业出版社.
刘振祥，廖旭辉，2007. 植物组织培养技术［M］. 北京：化学工业出版社.
潘瑞炽，2006. 植物细胞工程［M］. 广东：广东高等教育出版社.
钱子刚，2007. 药用植物组织培养［M］. 北京：中国中医药出版社.
冉懋雄，2004. 中药组织培养实用技术［M］. 北京：科学技术文献出版社.
石文山，2013. 植物组织培养［M］. 北京：中国轻工业出版社.
宋刚，徐银，史俊，等，2018. 茅苍术规模化组培快繁体系的建立［J］. 江西农业学报，30（9）：63-67.
宋顺，许奕，李敬阳，等，2013. 铁皮石斛的组织培养与快速繁殖研究进展［J］. 中国农学通报，29（33）：286-290.
谭澄文，戴策刚，2004. 观赏植物组织培养技术［M］. 北京：中国林业出版社.
王蒂，2004. 植物组织培养［M］. 北京：中国农业出版社.
王冬梅，朱玮，张存莉，等，2006. 黄精化学成分及其生物活性［J］. 西北林学院学报，21（2）：142-145.
王国平，刘福昌，2002. 果树无病毒苗繁育与栽培［M］. 北京：金盾出版社.
王清连，2002. 植物组织培养［M］. 北京：中国农业出版社.
王玉英，高新一，2006. 植物组织培养技术手册［M］. 北京：金盾出版社.
王跃华，江明珠，何诗虹，等，2013. 川贝母组培苗快速繁殖研究［J］. 四川师范大学学报（自然科学版），36（6）：941-944.
王振龙，杜广平，李菊艳，2012. 植物组织培养教程［M］. 北京：中国农业大学出版社.
王振龙，李菊艳，2014. 植物组织培养教程［M］. 北京：中国农业大学出版社.

温明霞，聂振朋，林媚，等，2007. 铁皮石斛组织培养与快速繁殖研究进展 [J]. 广西农业科学，28（3）：227-230.

肖尊安，2005. 植物生物技术 [M]. 北京：化学工业出版社.

熊丽，吴丽芳，2003. 观赏花卉的组织培养与大规模生产 [M]. 北京：化学工业出版社.

熊庆娥，2003. 植物生理学实验教程 [M]. 成都：四川科学技术出版社.

薛广波，2010. 公共场所消毒技术规范 [M]. 北京：中国标准出版社.

薛建平，2005. 药用植物生物技术 [M]. 北京：中国科学技术大学出版社.

严小峰，刘艳军，黄俊轩，等，2017. 冰灯玉露松散型胚性愈伤组织的诱导方法 [J]. 天津农业科学，23（7）：21-24.

于婧，魏建和，陈士林，等，2008. 川贝母种子休眠及萌发特性的研究 [J]. 中草药，39（7）：1081-1084.

袁学军，2016. 植物组织培养技术 [M]. 北京：中国农业科学技术出版社.

张健夫，2004. 刺五加的组织培养及快速繁殖的研究 [J]. 长春大学学报，14（4）：73-75.

郑子首，孙晨瑜，吕晓倩，等，2017. 铁皮石斛组培体系的建立 [J]. 山东农业大学学报（自然科学版），48（4）：537-540.

朱强，岑旺，余信，等，2015. 黄精组培技术研究 [J]. 经济林研究，33（4）：102-105.

附 录

常见英文缩写与中文名称

缩写	中文名称	缩写	中文名称
A, Ad, Ade	腺嘌呤	GH	生长激素
ABA	脱落酸	h	小时
AC	活性炭	IAA	吲哚乙酸
AR	分析试剂	IBA	吲哚丁酸
BA, BAP, 6-BA	6-卞基腺嘌呤	2-IP	2-异戊烯腺嘌呤
CCC	矮壮素	IPA	吲哚丙酸
CH	水解酪蛋白	KT, KIN	激动素
CM	椰乳	L	升
cm	厘米	LH	水解乳蛋白
CPM	每分钟计算	lx	勒克斯
d	天	LD_{50}	半致死剂量
2,4-滴	2,4-二氯苯氧乙酸	m	米
DW	干重	mg	毫克
DMSO	二甲基亚砜	min	分钟
DNA	脱氧核糖核酸	mL	毫升
EDTA	乙二胺四乙酸	mm	毫米
ELISA	酶联免疫吸附测定	mmoL	毫摩尔
EMS	甲基黄酸乙酯	mRNA	信使核糖核酸
FDA	荧光素双乙酸酯	MPa	兆帕
F_1	杂交一代	M_1	第一次减数分类中期
FAA	福尔马林-醋酸-酒精溶液	MH	马来酰肼
g	克	NAA	萘乙酸
GA, GA_3	赤霉素	NOA	萘氧乙酸

（续）

缩写	中文名称	缩写	中文名称
pg	皮克（10^{-12}）	TIBA	三碘苯丙酸
PGA	叶酸	TMV	烟草花叶病毒
PBA，BAP	多氯苯甲酸（通）	tRNA	转运核糖核酸
PCR	聚合酶链反应	UV	紫外
ppm	百万分之一	μm	微米
PEG	聚乙二醇	VB_1	盐酸硫胺素
pH	酸碱度	VB_3	烟酸
PP_{333}	多效唑	VB_5	泛酸
PVP	聚乙烯吡咯烷酮	VB_6	盐酸吡哆醇
r/min	每分钟转数	V_c	抗坏血酸
RAPD	随机扩增多肽性	V_H	生物素
s	秒	YE	酵母提取物
TDZ	噻重氮苯基脲	ZT	玉米素

读者意见反馈

亲爱的读者：

  感谢您选用中国农业出版社出版的职业教育规划教材。为了提升我们的服务质量，为职业教育提供更加优质的教材，敬请您在百忙之中抽出时间对我们的教材提出宝贵意见。我们将根据您的反馈信息改进工作，以优质的服务和高质量的教材回报您的支持和爱护。

  地 址：北京市朝阳区麦子店街 18 号楼（100125）

      中国农业出版社职业教育出版分社

  联系方式：QQ（1492997993）

教材名称：＿＿＿＿＿＿＿＿＿＿ISBN：＿＿＿＿＿＿＿＿＿＿

个人资料

姓名：＿＿＿＿＿＿＿＿＿＿所在院校及所学专业：＿＿＿＿＿＿＿＿＿＿

通信地址：＿＿＿＿＿＿＿＿＿＿＿＿＿＿＿＿＿＿＿＿＿＿＿＿＿＿

联系电话：＿＿＿＿＿＿＿＿＿＿电子信箱：＿＿＿＿＿＿＿＿＿＿

您使用本教材是作为：□指定教材□选用教材□辅导教材□自学教材

您对本教材的总体满意度：

  从内容质量角度看□很满意□满意□一般□不满意

    改进意见：＿＿＿＿＿＿＿＿＿＿＿＿＿＿＿＿＿＿＿＿＿

  从印装质量角度看□很满意□满意□一般□不满意

    改进意见：＿＿＿＿＿＿＿＿＿＿＿＿＿＿＿＿＿＿＿＿＿

本教材最令您满意的是：

  □指导明确□内容充实□讲解详尽□实例丰富□技术先进实用□其他＿＿＿

您认为本教材在哪些方面需要改进？（可另附页）

  □封面设计□版式设计□印装质量□内容□其他＿＿＿＿＿＿＿＿＿

您认为本教材在内容上哪些地方应进行修改？（可另附页）

＿＿＿＿＿＿＿＿＿＿＿＿＿＿＿＿＿＿＿＿＿＿＿＿＿＿＿＿＿＿＿＿

＿＿＿＿＿＿＿＿＿＿＿＿＿＿＿＿＿＿＿＿＿＿＿＿＿＿＿＿＿＿＿＿

本教材存在的错误：（可另附页）

第＿＿＿页，第＿＿＿行：＿＿＿＿＿＿应改为：＿＿＿＿＿＿

第＿＿＿页，第＿＿＿行：＿＿＿＿＿＿应改为：＿＿＿＿＿＿

第＿＿＿页，第＿＿＿行：＿＿＿＿＿＿应改为：＿＿＿＿＿＿

您提供的勘误信息可通过 QQ 发给我们，我们会安排编辑尽快核实改正，所提问题一经采纳，会有精美小礼品赠送。非常感谢您对我社工作的大力支持！

欢迎访问"全国农业教育教材网"http：//www.qgnyjc.com（此表可在网上下载）

欢迎登录"中国农业教育在线"http：//www.ccapedu.com 查看更多网络学习资源

欢迎登录"智农书苑"read.ccapedu.com 阅读更多纸数融合教材